AF545872

JOCKO WILLINK

DAS NAVY-SEAL-HANDBUCH FÜR FÜHRUNGS-STRATEGIEN

JOCKO WILLINK

DAS NAVY-SEAL-HANDBUCH FÜR FÜHRUNGS-STRATEGIEN

Übersetzung
aus dem Englischen von
Jordan Wegberg

Bibliografische Information der Deutschen Nationalbibliothek
Die Deutsche Nationalbibliothek verzeichnet diese Publikation in der Deutschen Nationalbibliografie. Detaillierte bibliografische Daten sind im Internet über http://dnb.d-nb.de abrufbar.

Für Fragen und Anregungen
info@m-vg.de

2. Auflage 2024

Türkenstraße 89
80799 München
Tel.: 089 651285-0

Die englische Originalausgabe erschien 2020 bei St. Martin's Press unter dem Titel *Leadership Strategy and Tactics: Field Manual.*

Übersetzung: Jordan Wegberg
Redaktion: Bärbel Knill
Umschlaggestaltung: Marc Fischer
Umschlagabbildung: Jocko Willink
Satz: Helmut Schaffer, Hofheim a. Ts.
Druck: Florjancic Tisk d.o.o., Slowenien
Printed in the EU

ISBN Print 978-3-86881-800-0
ISBN E-Book (PDF) 978-3-96267-231-7
ISBN E-Book (EPUB, Mobi) 978-3-96267-232-4

DIESES BUCH IST DEN MÄNNERN
DES SEAL TEAM THREE GEWIDMET, DER TASK UNIT BRUISER,
DIE MICH ZU FÜHREN GELEHRT HABEN, INSBESONDERE:

MARC LEE, DER MICH DEN WERT DES LEBENS GELEHRT HAT.

MIKEY MONSOOR, DER MICH DIE BEDEUTUNG VON
OPFERBEREITSCHAFT GELEHRT HAT.

RYAN JOB, DER MICH ECHTE BEHARRLICHKEIT GELEHRT HAT.

CHRIS KYLE, DER MICH PFLICHTBEWUSSTSEIN GELEHRT HAT.

UND SETH STONE, MEINEM BRUDER, DER MICH LOYALITÄT
UND FREUNDSCHAFT GELEHRT UND NIE IM STICH GELASSEN HAT.
NIEMALS.

INHALT

TEIL 2: FÜHRUNGSTAKTIK

EINLEITUNG

FÜHREN LERNEN – DIE WURZELN

Als ich nach dem Abschluss des Basic Underwater Demolition/SEAL-Trainings (BUD/S) dem SEAL Team One zugeteilt wurde, gab es keinen Leadership-Kurs. Neue SEALs erhielten keine wie auch immer gearteten Lehrbücher oder Materialien zum Thema. Von uns wurde erwartet, dass wir so zu führen lernten, wie SEALs seit Anbeginn ihrer Existenz gelernt hatten – durch OJT – On-the-Job-Training.

Mit Sicherheit hat das OJT einige Vorteile. Es ist von Nutzen, eine erfahrene Führungskraft als Coach und Mentor zu haben, die einen ausbildet, während man die realen Herausforderungen des tatsächlichen Jobs durchmacht. In den SEAL-Teams bedeutet dies, dass ein Vorgesetzter einem sagt, was genau man in verschiedenen Szenarios tun soll, während man sie durchläuft. Falls der Vorgesetzte zufällig eine gute Führungspersönlichkeit ist, dann investiert er gern in einen, und wenn man klug genug ist, aufmerksam zuzuhören, lernt man am Ende etwas über Führung.

Doch diese Methode, Führen zu unterrichten, hat ein paar entscheidende Mängel. Zunächst einmal sind nicht alle Führungskräfte gute Führungskräfte und die SEAL-Teams bilden da keine Ausnahme. Es war das Jahr 1991, als ich in die SEAL-Teams kam. Es gab keinen Krieg. Der erste Golfkrieg war soeben beendet worden, aber die Bodenkämpfe hatten lediglich zweiundsiebzig Stunden gedauert. SEALs führten nur eine geringe Anzahl von Operationen durch und diese waren relativ leicht. Fast alle anderen Einsätze in den annähernd zwanzig Jahren davor waren Friedenseinsätze gewesen. Die Hauptaufgabe der SEALs hatte darin bestanden, das Militär anderer Länder auszubilden. Die Teilnahme an Kampfhandlungen war für mich und die meisten anderen Militärangehörigen nur ein ferner Traum. In Wirklichkeit waren die SEAL-Teams – und das restliche US-Militär – seit dem Ende des Vietnam-Kriegs im Friedensmodus. Das bedeutete, dass Führungskräfte eigentlich nicht auf die Probe gestellt wurden. Ein guter Vorgesetzter in den SEAL-Teams hatte mehr oder weniger dieselben Aufgaben und stieg ebenso schnell auf wie ein schlechter Vorgesetzter.

Es gab keine Garantie, dass ein Zugführer, der junge SEALs betreuen sollte, die Art von Führungskraft war, der man hätte nacheifern müssen. Zudem streben nicht alle Vorgesetzten danach, ihre Untergebenen zu fördern. Außerdem können selbst die besten Führungskräfte ihre Zeit und ihr Wissen nur in ein paar wenige von ihren Leuten investieren. Selbst in Friedenszeiten gibt es jede Menge administrativer Arbeiten zu erledigen, weshalb Führungscoaching und Mentoring oft den Zeitplan sprengen.

Es blieb den jungen SEALs überlassen, achtsam zu sein. Doch es gab auch jede Menge Ablenkungen. Manchmal war es für ein neues Teammitglied schwer zu begreifen, dass er nicht immer der Neue bleiben würde – sondern dass er eines Tages Führer eines SEAL-Zugs sein würde und so viel wie möglich lernen musste, um dafür bereit zu sein.

Ich hatte Glück. Ich hatte ein paar wirklich hervorragende Vorgesetzte, die in mich investierten. Sie nahmen sich die Zeit, mir Dinge zu erklären. Sie sprachen mit mir über Strategie und Taktik. Einige der Vietnam-SEALs erzählten Geschichten, die wichtige Lektionen über taktische Führung vermittelten. Ich hörte zu. Diese Geschichten und Lektionen prägten sich mir ein. Schließlich konnte ich die erlernten Führungstheorien auf die ultimative Probe stellen – im Kampf. Danach erstellte ich eine Liste dieser Lektionen und gab sie weiter an die jungen SEALs, die in den Dienst eintraten. Ich versuchte, ihnen das Führen beizubringen.

Das Ziel des Führens erscheint simpel: Menschen dazu zu bringen, das Notwendige zu tun, um die Mission und das Team zu unterstützen. Aber die Führungspraxis ist für jeden anders. Es gibt Führungsnuancen, die jeder für sich selbst finden muss. Führungskräfte sind unterschiedlich. Gefolgsleute sind unterschiedlich. Kollegen sind unterschiedlich. Jeder hat seine eigenen individuellen Merkmale, Persönlichkeitsmuster und Perspektiven. Was das Führen so schwierig macht, sage ich Führungskräften häufig, ist der Umgang mit Menschen, denn Menschen sind verrückt. Und der Verrückteste, mit dem ein Vorgesetzter es zu tun hat, ist er selbst. Ungeachtet dessen hat selbst die Verrücktheit ein Muster; das menschliche Verhalten folgt Mustern. Wenn man die Muster erkennt, kann man voraussagen, wie die Dinge sich wahrscheinlich entwickeln werden, und Einfluss darauf nehmen.

Nachdem ich beim Militär meinen Abschied genommen hatte, unterrichtete ich zivile Führungskräfte nach den Prinzipien des Führens in Gefechten. Schließlich schloss ich mich mit meinem früheren SEAL-Kameraden Leif Babin zusammen und rief eine Führungsberatungsfirma namens »Echelon Front« ins Leben. Die Grundsätze des Schlachtfelds passten auf jede Führungssituation. Was wir in kriegerischen Auseinandersetzungen gelernt hatten, beschrieben wir in zwei Büchern, die unsere Erfahrungen als Gefechtsführer wiedergaben, und schilderten die

Anwendung der Kampfführung auf Geschäfts- und Privatleben. Die Bücher Extreme Ownership und Die zwei Seiten der Führung erläutern die Prinzipien auf verständliche Weise und illustrieren sie anhand von Geschichten aus dem Gefecht und aus der Geschäftswelt. Die Rückmeldungen von Führungskräften aus aller Welt waren unglaublich positiv, denn sie wendeten die in den Büchern beschriebenen Prinzipien auf ihr Umfeld an.

Doch die Anwendung der Prinzipien kann anspruchsvoller sein, als es den Anschein hat. Zwar ist es recht leicht, das Konzept zu verstehen, aber manchmal braucht es mehr als das. Ein Vorgesetzter muss die Strategie und Taktik begreifen, die zur tatsächlichen Umsetzung dieser Prinzipien notwendig ist – wie die Prinzipien auf pragmatische Weise zur Anwendung gebracht werden. Er muss die strategischen Grundlagen verstehen, auf denen die Prinzipien aufbauen, ebenso wie die zentralen Dogmen, die ihnen zugrunde liegen. Dann muss er die taktischen Fähigkeiten, die strategischen Manöver und die Kommunikationstechniken verstehen, die zum Einsatz dieser Führungsprinzipien verwendet werden. Und darum geht es in diesem Buch.

Wie in den anderen von mir verfassten Büchern beschreibe ich die Erfahrungen aus dem Gedächtnis und das ist nicht perfekt; die Zitate sind keine wortwörtlichen Wiedergaben, sondern Annährungen, um die thematisierten Ideen zu vermitteln. Einige Details wurden abgeändert, um die Identität der betroffenen Personen oder sensible Informationen zu schützen.

Dieses Buch muss nicht unbedingt der Reihe nach von vorne bis hinten gelesen werden. Es ist als Nachschlagewerk geschrieben und konzipiert, damit Führungskräfte rasch die für ihre Situation relevanten Strategien und Taktiken verstehen und umsetzen können. Das Navy-Seal-Handbuch für Führungsstrategien ist ein Praxishandbuch, um Führungskräften dabei zu helfen, das zu tun, was sie tun sollen: führen.

Wer bin ich, dass ich versuche, Führungskräften das Führen beizubringen? Wo habe ich Führung gelernt? Ein Großteil meiner Führungsausbildung war Glück. Ich nenne es Glück, weil es eine Reihe von glücklichen Umständen gab, die mir die richtige Grundeinstellung, die richtigen Lehrer und die richtigen Gelegenheiten verschafften, um zu lernen.

Einer dieser glücklichen Umstände, der meinen Fokus auf das Thema Führung lenkte, war die Tatsache, dass ich eigentlich über keinerlei spezielle natürliche Begabung verfüge. Als Kind war ich nie der Schnellste, der Stärkste oder der Klügste. Ich konnte nicht besonders gut Körbe werfen, Tore schießen oder Baseball spielen. Ich gewann keine Wettläufe und hatte kein Regal mit Pokalen und Medaillen. Auch meine Zeugnisse waren nichts Besonderes. Vielleicht hätte ich mehr leisten können, wenn der Unterrichtsstoff mich interessiert hätte, aber das tat er meistens nicht, und meine Noten spiegelten das wider. Ich war in jeder Hinsicht durchschnittlich.

Dennoch wollte ich im tiefsten Inneren gern gut sein. Ich wollte andere beeindrucken. Ich wollte ein Zeichen setzen, aber meine sportlichen und kognitiven Fähigkeiten ließen das nicht immer zu. Deshalb musste ich schon in jungen Jahren andere mit mehr Talent und mehr Kompetenz dazu bringen, das zu tun, was ich für notwendig hielt. Ich musste führen.

Natürlich betrachtete ich das nicht als Führung. Ich fand, dass ich einfach etwas ins Rollen brachte und meinen Beitrag leistete, indem ich Menschen dazu brachte, zusammenzuarbeiten und einander zu unterstützen, während wir uns einer gemeinsamen Mission widmeten. So eine Mission konnte darin bestehen, ein Lager im Wald zu bauen oder einen Angriff mit Wasserpistolen auf eine Gruppe von befreundeten Jungen zu planen. Was immer es war, im Allgemeinen gab ich denjenigen Anweisungen, die stärker, schneller oder sonst wie fähiger waren als ich. Das schien das zu sein, womit ich am besten helfen konnte, und es war der Bereich, in dem ich einen höheren Grad an Kompetenz aufwies.

Ich hatte auch immer einen Hang zur Rebellion. Vielleicht war das für mich wieder eine Methode, um mich hervorzutun; ich passte mich nicht dem an, was die anderen Kinder taten. Ich verhielt mich anders, hörte Hardcore und Heavy Metal und hatte eine Hardcore-Lebenseinstellung. Diese Haltung hob mich von der Masse ab. Nachdem ich nicht mehr zu den »normalen« Jugendlichen gehörte, war ich ein Außenseiter. Also beobachtete ich. Mit dem Blick von außen nach innen gewann ich ein tieferes Verständnis für die Menschen, die ich beobachtete. Ich betrachtete aus einer unbeteiligten Position heraus ihre Emotionen, ihre Cliquen und ihre Dramen. Ich lernte.

Meine Rebellion erreichte ihren Höhepunkt, als ich beschloss, zur Navy zu gehen. Viele der Jugendlichen aus meinem kleinen Städtchen in New England kifften, tranken Alkohol und hörten Hippiemusik. Nach der Highschool gingen etliche von ihnen ans College oder fingen an, mit irgendetwas zu handeln. Der Militärdienst war eines der radikalsten Dinge, die ein Jugendlicher aus meinem Heimatort tun konnte. Ich trieb es auf die Spitze und bewarb mich für die SEALs.

Ende der Achtziger- und Anfang der Neunziger-Jahre kannte sich niemand mit den SEALs besonders gut aus. Mein Musterungsoffizier von der Navy hatte eine schlechte Kopie des SEAL-Anwerbungsvideos mit dem Titel Be Someone Special dabei. Nach heutigen Maßstäben war es zwar total kitschig, aber es eröffnete mir eine Perspektive auf die SEALs: Maschinengewehre, Scharfschützen, Sprengstoff und Hochgeschwindigkeitsoperationen. Ein Traum schien wahr zu werden. Ich bewarb mich. Als ich meinem Vater erzählte, dass ich zur Navy gehen würde, sagte er: »Du wirst es hassen.«

»Warum?«, fragte ich.

»Weil du ein Problem mit Autorität hast und keine Leute magst, die dir sagen, was du tun sollst.«

»Aber Dad«, erwiderte ich zuversichtlich, »das heißt doch SEAL-Teams. Wir sind ein Team. Wir nehmen keine Befehle entgegen. Wir arbeiten zusammen.«

Was für ein naiver Bengel ich war. Genaugenommen war ich einfach dumm. Ich dachte, die SEAL-Teams wären einfach ein paar Jungs, die als Gruppe zusammenarbeiten, flache Hierarchien, in denen keiner so richtig die Verantwortung trug. Nicht mal ansatzweise. Ich hatte auch gehört, dass die Verlustrate bei den SEALs 50 Prozent betrug und fast keiner es zur Verabschiedung nach zwanzig Jahren schaffte, weil die meisten SEALs irgendwann verwundet oder getötet wurden. Wohlgemerkt, das war 1989, aber mit Ausnahme der Invasion von Panama, wo die Kampfhandlungen nur ungefähr anderthalb Monate dauerten, waren wir nicht im Krieg. Rückblickend bin ich sicher, der Mythos von der 50-prozentigen Verlustrate hatte seinen Ursprung darin, dass die Vorgänger der SEAL-Teams – die Naval Combat Demolition Units oder NCDUs – während der D-Day-Invasion in der Normandie eine Verlustrate von 50 Prozent erlitten hatten. Das wusste ich aber damals nicht. Ich dachte, alle SEALs hätten eine Verlustrate von 50 Prozent, und ich glaubte daran. Das stachelte mich noch mehr an, Teil der SEAL-Teams zu werden. Wie gesagt, ich war dumm. Zäh, aber dumm.

Aber zur Navy zu gehen war trotzdem das Beste, was ich tun konnte. Das war wie ein kompletter Neustart und zeigte mir eine klare Richtung auf. Niemanden bei der Navy kümmerte es, dass ich in der Highschool nicht die besten Noten erzielt hatte. Es spielte keine Rolle, dass ich nicht der beste Sportler war. Keinen interessierte es, woher ich kam, was meine

Eltern machten oder was sonst noch zu meinem Hintergrund gehören mochte. Sie schoren mir den Kopf, gaben mir eine Uniform und sagten mir, was ich tun musste, um erfolgreich zu sein. Mach dein Bett so, falte deine Unterwäsche so, polier deine Stiefel, bis du dich darin spiegeln kannst. Wenn man den Regeln folgte und tat, was man tun sollte, bekam man eine Führungsposition. Ich befolgte die Regeln, ich tat, was ich tun sollte, und es zahlte sich aus. Ich wurde Squad-Führer in einem Bootcamp. Was bedeutet das? Rein technisch nicht besonders viel, aber für mich eine Menge. Ich war erfolgreich. Aber was noch wichtiger war: Ich hatte ein Zuhause gefunden.

BUD/S (ein Trainingskurs für Navy-SEALS über 24 Wochen, Anm. d. Red.) war dasselbe für mich. Ich war immer noch in nichts besonders gut. Nicht der beste Läufer oder Schwimmer. Nicht herausragend beim Hürdenlauf. Aber ich konnte tun, was mir gesagt wurde. Ich konnte das Spiel mitspielen. Und ich würde nicht aufgeben. Manche Leute sagen, dass während BUD/S jeder irgendwann übers Aufgeben nachdenkt. Ich tat das nie. Nicht eine Sekunde lang. Der Gedanke kam mir überhaupt nicht. Die Höllenwoche, ein fünf Tage dauernder Block mit permanentem körperlichem Training fast ohne Schlaf, der die höchsten Ausstiegszahlen aufweist, war geradezu entspannend für mich, denn während der Höllenwoche gibt es keine zeitlichen Vorgaben. Fast alle anderen Aspekte von BUD/S erfolgen in festen Zeitfenstern. Zeitlich festgelegtes Laufen, Schwimmen und Hürdenlaufen findet tagtäglich statt. Wenn man die Vorgabe nicht einhält und durchfällt, kommt man »in die Blase«. Fällt man noch mal durch, fliegt man raus. Das war stressig. Aber in der Höllenwoche gab es keine Zeitfenster. Man musste einfach nur weitermachen. Man durfte einfach nur nicht aussteigen. Für mich war das die leichteste Übung.

Als ich mit BUD/S fertig war, kam ich in SEAL Team One. Ich war total heiß darauf, wie wir alle, die wir in diese geheiligte Riege von Kriegshelden und Legenden aufgenommen wurden. Wir waren stolz, dass wir BUD/S bestanden hatten, und bereit für ein Leben als SEALs. Es gab nur ein Problem: Wir waren noch keine SEALs. Und wie wir bald herausfinden sollten, hatten wir auch keinen Grund, stolz zu sein.

Der Master Chief des Kommandos, der höchstrangige SEAL im Team One, begrüßte uns an Bord. »Es interessiert hier keinen, dass ihr BUD/S geschafft habt. Das haben wir alle. Es bedeutet hier gar nichts. Ihr müsst euch beweisen, um euch euren Dreizack zu verdienen. Also haltet den Mund und sperrt die Ohren auf, vergesst nichts und seid pünktlich. Noch Fragen?« Der »Dreizack« war das goldene Abzeichen, das auf der Uniform getragen wurde und einen als SEAL auswies. Um es zu erhalten, mussten wir eine sechsmonatige Probezeit durchlaufen und uns dann von den Höchstrangigen des Teams schriftlich und mündlich prüfen lassen. Davor hatten wir alle Angst und der Master Chief bot uns keinerlei Trost.

Keiner von uns hatte noch Fragen an den Master Chief. Es war ein demütigender Augenblick. Obwohl wir die BUD/S-Ausbildung geschafft hatten und obwohl man uns sagte, dass sie »elitär« und »besonders« sei, erkannten wir sehr schnell, dass wir das nicht waren. Die anderen neuen Jungs und ich hatten noch eine Menge zu beweisen, aber irgendwie wusste ich, dass ich das konnte. Das ist eins der Grundthemen der SEAL-Kultur: Ruh dich niemals auf dem aus, was du in der Vergangenheit erreicht hast. Du musst immer noch besser werden.

Als ich in den frühen Neunziger-Jahren ins SEAL Team One kam, war der Ausbildungsverlauf noch ein anderer als heute. Wenn man damals ins Team aufgenommen wurde, wurde man irgendwann einem SEAL-Platoon zugewiesen. Dort würde man lernen, ein richtiger SEAL zu sein.

Bis zu diesem Zeitpunkt war die Ausbildung nicht taktisch. Bei BUD/S lernt man nicht allzu viel über die tatsächlichen Aufgaben eines SEALs. Man lernt, durchgefroren, nass, müde und elend zu sein und sich nicht darüber zu beklagen. Aber man lernt keine der beruflichen Fertigkeiten, die einen zu einem professionellen Kampfsoldaten machen. Diese Fertigkeiten werden einem vermittelt, wenn man in einem SEAL-Platoon ist. Dort stürzten die Erkenntnisse nur so auf einen ein. Es gab so viel Wissen, das man sich aneignen musste, so viele Fähigkeiten, die es zu entwickeln galt, so viele Taktiken, die es zu verstehen galt, und man hatte das Gefühl, sich das alles niemals merken zu können. Aber genau wie die anderen Neuen hörte ich zu und lernte. Tag für Tag.

In meinen ersten drei Platoons lernte ich ein paar Grundkonzepte, die mir während meiner gesamten restlichen Laufbahn im Gedächtnis blieben. Sie waren das Fundament für die Prinzipien, die ich irgendwann den anderen SEALs vermittelte, und schließlich auch Unternehmen und Organisationen auf der ganzen Welt. Das sind Beispiele für die glücklichen Umstände, von denen ich weiter oben sprach. Ich war zur richtigen Zeit am richtigen Ort und hatte die richtige innere Einstellung, um das zu lernen, was ich lernte. Dann hatte ich das Glück, weitere Erfahrungen zu sammeln, um das Gelernte zu festigen, und ich begann langsam und unterbewusst, ein Führungssystem zu formulieren. Ich hatte auch das Glück, dieses System dann in einem der anspruchsvollsten Kampfgebiete der Welt anwenden zu können – in der Schlacht von Ramadi im Sommer 2006. Als ich aus diesem Einsatz zurückkehrte, übernahm ich die Ausbildung der West Coast SEALs, wo ich das Erlernte in eine Form brachte, ihm eine Struktur gab und es niederschrieb. Doch die Wurzeln all dessen, was ich am Ende niederschrieb, lagen in einer nicht gerade traditionellen und dennoch hocheffektiven Lernumgebung: im SEAL-Platoon.

Teil 1:

FÜHRUNGS-
STRATEGIEN

KAPITEL 1

GRUNDLAGEN

Erster Platoon: Loslösung

In meinem ersten Platoon lernte ich die Stärke kennen, die darin liegt, sich von dem vor einem liegenden Chaos und Durcheinander loslösen zu können und aus einer gewissen Distanz zu betrachten, was eigentlich geschieht. Es war mein Glück, dass es so geschah, wie es geschah.

Wir übten den Angriff auf Ölbohrinseln im offenen Meer. Im Persischen Golf konnten Ölbohrplattformen aus unterschiedlichen Gründen durch feindliche Soldaten geentert werden, und wir mussten in der Lage sein, sie zurückzuerobern. SEALs hatten seit den Achtziger-Jahren an Einsätzen gegen iranische Bohrinseln in der Region teilgenommen, und es gab Mutmaßungen, dass wir dies erneut würden tun müssen. Also übten wir und bereiteten uns auf die Durchführung dieser sehr spezifischen Mission vor.

Wir verbrachten Zeit auf kommerziellen Bohrinseln an den verschiedensten Orten, um Trainingseinheiten und Übungseinsätze durchzuführen. Es war eine gute Übung, vor allem weil Ölplattformen unglaublich komplexe und gefährliche Bauwerke sind. Viele Teile einer Bohrinsel sind hoch entzündlich und stehen unter erheblicher Druckbelastung, also mussten wir lernen, worauf wir im Falle einer tatsächlichen Mission auf einer Ölbohrinsel achten mussten. Bei einem echten Einsatz mit scharfer Munition und Sprengstoff zum Öffnen von Türen musste uns natürlich bewusst sein, welche Gefahren damit verbunden waren.

Doch was eine Ölplattform wirklich zu einem herausfordernden Ziel macht, ist die Komplexität des Bauwerks selbst. Es ist ein Labyrinth aus Treppen, Fluren, Räumen und offenen Bereichen voller Ausrüstungsgegenstände. Und im Gegensatz zu anderen Zielen, mit denen SEALs zu tun bekommen, ist es ein echtes dreidimensionales Problem, weil viele der Böden aus schweren Metallgittern angefertigt sind, durch die man hindurchsehen kann. Es ist also sehr schwer, die eigenen Bewegungen zu verbergen, und die feindliche Bedrohung ist groß, weil der Feind einen schon aus großer Entfernung sehen kann – er kann schließlich auch durch die Böden sehen.

Als Neuer tat ich mein Bestes, die richtigen Dinge zur richtigen Zeit zu tun, auf die taktischen Kommandos der Vorgesetzten zu hören und diesen Befehlen Folge zu leisten. An diesem Punkt unseres Trainingszyklus vor dem Einsatz hatte der Platoon schon eine Menge zusammen durchgemacht. Wir hatten eine vollständige Bodenkriegsübung durchlaufen, intensive Nahkampfübungen, Übungen in Stadtgebieten, Aufklärungsübungen und diverse Luft- und Seeübungen ausgeführt. Ich war also zwar immer noch ein Neuer, aber die meisten anderen Neuen und ich hatten sicherlich angefangen, die Taktiken zu begreifen, die man uns beibrachte. Wie bei mir üblich waren meine individuellen Fähigkeiten nichts Besonderes. Ich war nicht der beste Schütze, lud nicht am schnellsten meine Waffe nach und stellte definitiv keine Rekorde beim Kampfschwimmer-Übungstauchen auf. Aber ich hatte ein ganz gutes Gespür für die Taktiken, die uns gezeigt wurden, wie sie funktionierten und wie man sie einsetzte. Ich achtete sorgfältig auf meine Zugführung, sah zu, welche taktischen Entscheidungen man dort traf, und versuchte zu verstehen, warum man sich so und nicht anders entschied.

Trotzdem war ich immer noch ein Neuer. Es war für mich ganz gewiss nicht angebracht, taktische Entscheidungen zu treffen oder den Leuten zu sagen, was sie tun sollten.

Während einer Übung auf der Ölbohrplattform geschah dann etwas, das es zuvor nicht gegeben hatte.

Der gesamte Platoon arbeitete sich durch das Gebäude vor. Sie kamen auf eine weitläufige Ebene der Plattform – und waren schlagartig überfordert. Der Bereich war voller mechanischer Geräte und Ausrüstungsgegenstände, die zahlreiche Versteckmöglichkeiten für den Feind bot und ein komplexes taktisches Problem darstellte. Da stand der gesamte Platoon, Seite an Seite, und alle starrten am Lauf ihrer Waffen entlang auf die potenzielle feindliche Bedrohung wie eine altmodische Schützenkette.

Ich stand da wie der Rest des Platoons, suchte nach Zielen und versuchte, gefährliche Hochdruck- oder entzündliche Bereiche ausfindig zu machen, während ich auf eine Entscheidung wartete, die uns Anweisungen zum weiteren Vorgehen lieferte.

Ich wartete noch ein bisschen, hielt immer noch Ausschau und dachte, dass jetzt jemand mal eine Entscheidung treffen müsste, damit wir wussten, was wir als Nächstes machen sollten.

Ich wartete weiter. Immer noch nichts. Aus dem Augenwinkel sah ich die Jungs links und rechts von mir, die alle dasselbe machten wie ich: Die Waffen im Anschlag, hielten sie nach Zielen Ausschau und warteten auf den Befehl.

Aber der kam und kam nicht. Ich wartete noch etwas ab, aber schließlich reichte es mir. Ich hob meine Waffe in die »High-Port«-Position, das heißt, ich richtete sie auf einen sicheren Punkt himmelwärts und von den Gefahren weg. Dann trat ich einen halben Schritt aus der Gefechtskette zurück und sah nach links und nach rechts. Es war deutlich zu sehen: Jeder Einzelne im Platoon – auch der Platoon Commander, der Platoon Chief, der Assistant Platoon Commander und der Leading Petty Officer – richtete seine Waffe auf die Bedrohung und suchte nach Zielen. Aber keiner sah woandershin. Sie konnten nur das sehen, was im Sichtfeld vor dem Lauf ihrer Waffen lag; keiner nahm in dieser Situation irgendetwas anderes wahr. Doch selbst als unbedeutender Neuling konnte ich die gesamte Situation mit vollständiger Klarheit erfassen. Wenn ich an meiner Waffe entlangschaute, sah ich nur das, was direkt in meiner Schusslinie lag. Jetzt, wo ich einen Schritt nach hinten gemacht und mich umgesehen hatte, konnte ich die gesamte Ebene mit all ihren Hindernissen sehen und die einfachste Art, sie zu sichern. Durch den Schritt rückwärts hatte ich mich mental und physisch vom unmittelbaren Problem losgelöst, und nun war es mir ein Leichtes, die Lösung zu sehen, klarer als sogar die erfahreneren SEALs in meinem Platoon.

Ich atmete tief durch und hielt noch eine Sekunde inne, um sicherzugehen, dass kein anderer sich bewegte, sich umschaute oder ein Kommando gab. Niemand rührte sich. Der Platoon war wie erstarrt. Ich musste etwas tun.

»Links halten, rechts vorwärts!«, bellte ich im autoritärsten Tonfall, den ich aufbringen konnte. Noch während ich es aussprach, rechnete ich halb damit, dass jemand hersehen, mich – einen Neuling, der versuchte, ein Kommando zu erteilen – sehen und mich anweisen würde, die Klappe zu halten.

Doch stattdessen taten alle Mitglieder des Platoons das, was zu tun uns immer eingeprägt wird, wenn wir ein verbales Kommando hören – sie gaben es weiter. *»Links halten, rechts vorwärts!«* – *»Links halten, rechts vorwärts!«*, wurde die Reihe entlang wiederholt. Während der Befehl weitergegeben wurde, wurde er auch schon in Aktion umgesetzt. Die Leute auf der linken Seite der Ebene hielten ihre Position, suchten nach Zielobjekten und deckten damit die Leute auf der rechten Seite, die voranstürmten und den Bereich von der rechten Flanke her zu sichern begannen. Das war kein komplexes taktisches Kommando; es war ein normales Vorgehen nach dem Prinzip Deckung-und-Bewegung, das wir unzählige Male praktiziert und geübt hatten. Und sobald die Jungs es hörten, führten sie es auch schon aus.

Während sie den Vorgang ausführten, wurde mir etwas bewusst, das von zentraler Bedeutung ist. Ich erkannte, dass ich durch das Aufwärtsrichten meiner Waffe, durch das Zurücktreten von der Gefechtslinie und durch das Herumschauen – durch die physische Loslösung, wenn auch nur um ein paar Zentimeter, und, was noch wichtiger war, durch die mentale Loslösung von dem vor uns liegenden Problem – in der Lage war, unendlich viel mehr zu sehen als alle anderen in meinem Platoon. Und da ich in der Lage war, alles zu sehen, konnte ich auch eine gute Entscheidung treffen, die es mir, dem Neuen und Rangniedrigsten im Platoon, erlaubte, die Führung zu übernehmen. Bald war die Kellerebene gesichert und wir arbeiteten uns weiter in der Ölbohrplattform voran und sicherten die restlichen Ebenen. Niemand hatte Beschwerden oder Einwände gegen meine Entscheidung, und nachdem wir den Durchlauf beendet hatten, sagte mir einer der Rangoberen, ich hätte einen guten Befehl gegeben.

Die Reaktion meines Platoons bekräftigte diese Idee des Loslösens und ich fing an, das so oft einzusetzen, wie ich konnte. Es war nicht einfach. Manchmal gelang es mir nicht, meinen Fokus von den unmittelbar vor mir liegenden Dingen zu lösen. Aber wenigstens wurde ich mir dessen bewusst. Dann setzte ich mir zum Ziel, mich niemals vollständig von den untergeordneten taktischen Aspekten eines Problems absorbieren zu lassen; mein Ziel war eine mental und physisch erhöhte Position, um mehr sehen zu können. Genau wie auf der Bohrinsel funktionierte die Loslösung auch im Bodengefecht, im Nahkampf und in den urbanen Trainingsbereichen. Sie funktionierte in jeder simulierten Gefechtsumgebung, der wir ausgesetzt wurden. Je öfter ich mich loslöste, desto leichter wurde es, das taktische Gesamtbild zu sehen und zu verstehen, und desto besser wurde ich darin.

Als ich älter wurde, im Rang aufstieg und tatsächlich in Führungspositionen eingesetzt wurde, entwickelte sich diese Loslösung zu einer der Grundlagen meines Führungsstils. Schließlich erkannte ich, dass dieses Loslösen nicht nur in taktischen Szenarien funktionierte, sondern auch im Leben. Wenn ich mich mit jemandem unterhielt, erkannte ich, dass ich losgelöst seine Emotionen und Reaktionen besser entschlüsseln konnte. Mir wurde auch bewusst, dass ich so *meine eigenen* Emotionen und Reaktionen besser einschätzen und kontrollieren konnte. Als ich zum Assistant Platoon Commander, zum Platoon Commander und schließlich zum Task Unit Commander aufstieg, lernte ich, mich aus dem Missionsplanungsprozess herauszuziehen, um mich nicht mit Details zu verzetteln, sondern stattdessen das große Ganze sehen zu können und als das taktische Genie auftreten zu können, das alle Antworten kannte.

Die Loslösung ist eines der mächtigsten Tools, über das eine Führungskraft verfügen kann. Die Frage ist nur, wie geht man das rein pragmatisch an?

Schritt eins ist die Achtsamkeit. Achten Sie auf sich selbst und auf das, was um Sie herum geschieht. Setzen Sie sich das Ziel, in keiner Situation völlig von den kleinen Details in Beschlag genommen zu werden. Lassen Sie das nicht zu. Wenn Sie achtsam bleiben und sich selbst kontrollieren, lässt sich der Tunnelblick mit höherer Wahrscheinlichkeit vermeiden.

Achten Sie auf Hinweise wie Ihre Atmung, Ihre Stimme. Atmen Sie rasch? Heben Sie die Stimme? Achten Sie auf Ihren Körper. Pressen Sie die Kiefer zusammen? Ballen Sie die Fäuste?

All diese Reaktionen sind Anzeichen für eine emotionale Reaktion auf die Situation. Wenn sie auftreten oder wenn eine Situation chaotisch wird, treten Sie einen Schritt zurück. Im physischen Sinne. Heben Sie das Kinn, das erweitert Ihr Sichtfeld und zwingt Sie dazu, sich umzusehen. Sobald Sie physisch von der Situation Abstand gewonnen haben, tun Sie dasselbe auch mental. Atmen Sie tief ein und aus. Schauen Sie methodisch von links nach rechts und wieder zurück. Das ist ein weiterer Hinweis Ihres Körpers an Ihren Geist, sich zu entspannen, sich umzuschauen, das Gesehene aufzunehmen, die Emotionen loszulassen und eine leidenschaftslose und präzise Einschätzung der Lage vorzunehmen, sodass Sie eine gute Entscheidung fällen können.

Wenn Sie anfangen, diese Schritte zu befolgen und sich loszulösen, werden Sie sehen, dass es sich hier um eines der mächtigsten Tools handelt, das eine Führungskraft besitzen kann.

Natürlich hat die Loslösung zwei Seiten, die gegeneinander abgewogen werden müssen. Sie können es übertreiben; Sie können so distanziert werden, dass Sie die Verbindung zum Geschehen verlieren. Das ist ungewöhnlich, aber wenn es passiert – wenn Sie anfangen, den Kontakt zu Ihrem Szenario zu verlieren –, geraten Sie nicht in Panik. Machen Sie einfach wieder einen Schritt vorwärts, nähern Sie sich dem Problem ein bisschen und gehen Sie es an.

Zweiter Platoon: von Arroganz und Demut

Wenn Ihr erster Einsatz als Neuling erst mal erledigt ist, sind Sie kein Neuling mehr. Werden Sie Ihrem zweiten Platoon zugewiesen, so steigen Sie auf vom »Neuen« zur »Eintagsfliege«, das heißt, Sie sind vielleicht kein Neuling mehr, aber Sie wissen noch längst nicht alles – auch wenn Sie das womöglich glauben.

Es gab eine beträchtliche Zahl an Eintagsfliegen in meinem zweiten Platoon beim SEAL Team One. Das Team hatte einige von uns aus unserem vorherigen Platoon zusammengelassen und dann einige der anderen Eintagsfliegen aus anderen Platoons hinzugefügt. Unser Platoon Chief war allerdings ein sehr kluger und erfahrener Senior Chief, ebenso unser Leading Petty Officer (LPO). Zudem hatten wir einen unglaublich talentierten Vorgesetzten als Assistant Platoon Commander, den Rekord-Quarterback der Navy Midshipmen Alton Lee Grizzard. Er besaß nicht nur eine enorme natürliche Führungskompetenz, sondern hatte auch an echten Einsätzen in Somalia teilgenommen.

Die Platoon-Führung war also sehr stark. Alle bis auf den Platoon Commander selbst. Er hatte als Quereinsteiger aus einem anderen Spezialbereich in der Navy zu den SEALs gewechselt. Das heißt, obwohl er ein Senior Lieutenant war, hatte er sehr wenig Erfahrung bei den SEALs. Er hatte noch an keiner SEAL-Übung und an keinem Einsatz teilgenommen.

Er verfügte nicht über die Erfahrung, die ein Platoon Commander normalerweise hatte. Und doch war er für den Platoon verantwortlich.

Das ist an sich keine große Sache; das Militär ist darauf eingerichtet, auf diese Weise zu funktionieren. Ein unerfahrener Offizier ist von erprobtem, erfahrenem Mannschaftspersonal umgeben, das dem Offizier taktische Hinweise gibt und dafür sorgt, dass alles reibungslos läuft. So sollte es zumindest sein. Aber in diesem Platoon funktionierte das überhaupt nicht.

In diesem speziellen Fall wollte der Platoon Commander weder auf die Ratschläge seiner erfahrenen Mannschaftsführung noch auf irgendeinen von uns hören. Obwohl er abgesehen von den Neulingen derjenige mit der geringsten Erfahrung im Platoon war, wollte er sämtliche Entscheidungen allein treffen. Alle Pläne waren *seine* Pläne. Alle Entscheidungen waren *seine* Entscheidungen. Er wollte niemandem zuhören.

Man muss nicht eigens erwähnen, dass das nicht besonders gut ankam. Es ging nicht nur den Mannschaftsführern gegen den Strich, sondern machte auch uns restliche Truppenmitglieder nervös, als wir erkannten, dass er keinerlei Rat von der Mannschaftsführung annahm. Wenn er die Ratschläge der erfahrensten Männer im Platoon in den Wind schlug, ließ uns das an seinen Plänen zweifeln. Und wir sollten recht behalten. Die Pläne, die der Platoon Commander entwickelte und uns auferlegte, waren nicht gut, und das zeigte sich ziemlich schnell. Wir hatten Probleme im Feld. Wir erfüllten unsere Übungsmissionen nicht auf dem erforderlichen Niveau.

Doch unsere mangelhafte Leistung änderte die Einstellung des Platoon Commanders nicht. Als wir bei einer Übungsmission scheiterten, schob er anderen die Schuld zu. Niemals erkannte er oder gestand er ein, dass sein Plan vielleicht nicht der beste gewesen war oder dass die Entscheidungen, die er im Feld getroffen hatte, falsch waren.

Im Rückblick ist offensichtlich, dass dieser Offizier seine fehlende Erfahrung durch ein enormes Ego kompensierte. Damals war mir das nicht ganz klar; ich hatte einfach noch nicht genügend Erfahrung, um zu erkennen, was vor sich ging. Aber jetzt ist mir klar, dass er zu keinerlei Selbstkritik imstande war.

An dieser Stelle muss ich meinen Senior Chief und meinen Leading Petty Officer lobend erwähnen. Wir jungen Mannschaftsleute sahen, dass unsere Mannschaftsführer sich alle Mühe gaben, ihn zu beraten, auf ihn einzureden, ihn zu beeinflussen und zu fördern. Sie nahmen sich eigens Zeit, um ihm zu erklären, wie alles funktionierte. Sie versuchten ihn dazu zu bringen, sein Ego unter Kontrolle zu halten und einigen von ihnen ein paar der taktischen Entscheidungen zu überlassen.

Leider schafften sie es nicht, ihn zu ändern. Die Monate vergingen und das Verhalten des Platoon Commanders besserte sich nicht. Eines späten Abends nach einer anstrengenden Übung in der Wüste hatte unser LPO, der vom Rang her Zweithöchste im Platoon, schließlich genug. Er stimmte dem Plan des Platoon Commanders nicht zu und das sagte er ihm auch. Diese Unstimmigkeit eskalierte zum Streit, dann zum gegenseitigen Anbrüllen, und schließlich holte der Platoon Commander aus und verpasste dem LPO einen Schlag. Wir sprangen alle ein und trennten die beiden, aber es war eine üble Szene.

Man muss dazu wissen, dass es in einem gesunden SEAL-Platoon immer wieder kleinere freundschaftliche Auseinandersetzungen gibt. Verbale Rangeleien führen oft zu dem einen oder anderen gutartigen Schlagabtausch oder vielleicht zu leichten Rangeleien. Aber das hier war etwas anderes. Es war nichts Spielerisches daran. Und was noch schlimmer war: Ein Offizier hatte die Hand gegen ein Mannschaftsmitglied erhoben.

In den nächsten Tagen herrschte im Platoon düstere Stimmung. Uns wurde klar, dass wir ein echtes Problem hatten. Unser Offizier war arrogant und hörte auf niemanden. Das war schon schlimm genug. Aber jetzt hatte er auch noch versucht, unseren LPO zu schlagen. Das war inakzeptabel. Wir konnten das nicht durchgehen lassen. Das Murren über die Situation wurde zum Sturm der Entrüstung und unsere vereinzelten Beschwerden wurden systematisch gesammelt. Wir mussten etwas unternehmen.

Die Mannschaftskameraden hielten ein paar Besprechungen hinter verschlossenen Türen ab. Wir konsultierten unseren Senior Chief und den LPO und schließlich beschlossen wir, unseren Commanding Officer aufzusuchen und ihm zu sagen, dass wir nicht mehr unter unserem Platoon Commander dienen wollten. Wir wollten, dass er abgesetzt wurde. Es war eine Meuterei.

Ich will das Ganze nicht dramatischer klingen lassen, als es war, aber alle Militärangehörigen müssen sich den rechtlichen Regeln des Einheitlichen Militärstrafgesetzbuches fügen: »Wer der versuchten Meuterei, der Meuterei oder der Aufwiegelei für schuldig befunden wird oder es versäumt, eine Meuterei oder Aufwiegelung zu melden, wird mit dem Tod bestraft.« Und genau das taten wir – wir revoltierten gegen unseren Vorgesetzten. Natürlich geschah das in Friedenszeiten und es drohte keinerlei Gefahr, dass die Situation in eine kriminelle Meuterei ausartete, für die man uns vor das Kriegsgericht stellen würde, aber es war eine ernste Lage, wenn untere Mannschaftsgrade darum baten, dass ihr Platoon Commander abgesetzt wurde.

Ein paar Tage später kehrten wir von einer Wüstenübung zum Team zurück. Unser Senior Chief sprach mit dem Master Chief of the Command, dem ranghöchsten Offizier im SEAL Team One, und erläuterte die Situation. Er konnte uns eine Besprechung mit dem Commanding Officer von SEAL Team One vereinbaren.

Unser Commanding Officer war als Vorgesetzter äußerst angesehen. Er war bodenständig und charismatisch und genoss den Ruf, ein sehr guter Taktiker zu sein – was unter erfahrenen Offizieren selten war.

Zum vorgesehenen Termin sprachen die Mannschaftkameraden unseres Platoons im Büro des Commanding Officers vor. Er bat uns herein und forderte jeden Einzelnen von uns auf, die Situation aus seiner Sicht zu erläutern. Einer nach dem anderen erzählten wir ihm unsere Versionen dessen, was wir an dem Abend erlebt hatten, als der Platoon Commander versuchte, unseren LPO zu schlagen, und wir beschrieben auch die allgemeine Stimmung im Platoon. »Der Platoon Commander hört wirklich auf niemanden«, berichtete ich ihm. »Es geht ausschließlich nach seinen Vorstellungen.«

Der Commanding Officer hörte aufmerksam zu. Ich dachte, unsere Worte hätten ihn überzeugt, doch nachdem der letzte Mann geredet hatte, sah er von einem zum anderen und sagte: »Hört mal, Jungs. Ich verstehe schon, dass die Situation nicht ideal ist. Hört sich an, als gäbe es da ein paar persönliche Konflikte. Aber es hört sich auch nach einer Meuterei an. *Und Meutereien dulden wir in der Navy nicht.* Also hört auf damit. Kehrt zurück zu eurem Platoon. Führt euren Dienst aus. Und kommt damit klar. Verstanden?«

»*Ja, Sir*«, erwiderten wir alle.

Das ergab Sinn. Wir hatten uns ausgesprochen und wir hatten die Anweisung erhalten, uns zu fügen. Das taten wir. Weil wir so viel Respekt vor dem Commanding Officer hatten, stellten wir seine Worte nicht infrage. Er hatte gesagt, wir sollten uns fügen, und wir taten es. Wir kehrten zu unserem Platoon zurück und nahmen wieder unseren Dienst auf.

Der Commanding Officer hatte unsere Rebellion niedergeschlagen. Er hatte recht; Meutereien werden in der Navy nicht geduldet und er wollte in seinem SEAL-Team auch keine solche haben.

Doch wie sich zeigte, wollte er auch keinen schlechten Platoon Commander. Während der folgenden Tage beriet sich der Commanding Officer mit dem Command Master Chief, führte weitere Gespräche mit unserem Platoon Senior Chief, nahm eine gründliche Einschätzung der Führungsmängel des Platoon Commanders vor und bestellte auf der Grundlage dieser Einschätzung unseren Platoon Commander ins Büro des Commanding Officers, um ihn von seinen Pflichten als Platoon Commander zu entbinden. Das war keine Meuterei der Truppe; es war eine Entscheidung des Commanding Officers. Der Platoon Commander wurde seines Amtes enthoben und aus dem SEAL Team One entfernt.

Schon das allein hätte für mich als jungen SEAL eine gute Führungslektion sein können: Es funktioniert nicht, arrogant zu sein und sich allein auf seinen Rang zu berufen. Doch ich bin sicher, hätte ich diese Lektion wirklich begriffen, dann wäre das Nachfolgende nicht passiert.

Nachdem der alte Platoon Commander gefeuert worden war, bekamen wir einen neuen, und er war das komplette Gegenteil seines Vorgängers. Alle im SEAL-Team hatten schon von unserem neuen Platoon Commander gehört. Er wurde bei seinen Initialen genannt, nach dem Fliegeralphabet: Delta Charlie.

Delta Charlie hatte einen unglaublichen Ruf als Offizier und Mannschaftskamerad. Er hatte seine Laufbahn als einfacher Soldat begonnen und alle Ränge bis hinauf zum Senior Chief durchlaufen, dem zweithöchsten Mannschaftsgrad in der Navy, gleich nach dem Master Chief. Dann hatte er das Offizierspatent erlangt. Im Laufe seiner Karriere war ihm jede Aufgabe zugeteilt worden, die ein SEAL nur haben konnte.

Anfangs war er beim Underwater Demolition Team gewesen, ehe es in SEAL-Teams umgewandelt wurde. In Richard Marcinkos SEAL-Team war er Plank Owner *(Mitglied der ersten Crew, die auf einem Schiff eingesetzt wird, Anm. d. Red.)* gewesen. Er war bei einem regulären SEAL-Team, dem Special Boat Team, stationiert gewesen, hatte als Ausbilder bei BUD/S gearbeitet und sogar im SEAL Delivery Vehicle Team, dem Stützpunkt der Mini-U-Boote des Naval Special Warfare Command. Obendrein hatte er Kampferfahrung. Er hatte an der Invasion von Grenada teilgenommen mit der Aufgabe, den Hauptsendemast des Landes unter seine Kontrolle zu bringen. Wir wussten nicht viel über diesen Einsatz, aber eines wussten wir: Es war ein echter Einsatz gewesen und keiner von uns hatte bisher je an einem echten Einsatz teilgenommen.

Als ich hörte, dass Delta Charlie übernehmen würde, war ich aufgeregt, aber auch ein bisschen eingeschüchtert. Klar, als Eintagsfliege glaubte ich, über gewisse Kenntnisse zu verfügen, aber ich hatte nicht gedacht, dass diese Kenntnisse sich mit denen eines Delta Charlie würden messen lassen müssen, der unendlich viel mehr Erfahrung hatte als ich oder sonst irgendwer im Platoon. Zudem stellte ich mir vor, dass Delta Charlie diesem Platoon zugewiesen worden war, um uns wieder ins Glied zu bringen, um sicherzustellen, dass dieser Haufen junger Meuterer in seine Schranken verwiesen wurde. Ich nahm an, wir würden nach unserer Rebellion eine ziemlich strenge Führung und strikte Kontrolle erhalten. Ich machte mich auf einiges gefasst.

Dann begegnete ich Delta Charlie zum ersten Mal. Er war nicht im Geringsten so, wie ich es erwartet hatte. Er war kleiner, als ich gedacht hatte, ungefähr eins siebzig, und von recht schlanker Statur mit einem Gewicht von schätzungsweise fünfundsiebzig Kilo.

Außerdem wirkte er entspannt. Er schien sehr gelassen und hatte meistens ein Lächeln auf den Lippen. Als er das erste Mal mit uns sprach, sagte er: »Ich freue mich darauf, *mit* euch allen zusammenzuarbeiten.«

Das war der erste Hinweis darauf, was für eine Art von Vorgesetzter Delta Charlie sein würde. Nur ein subtiler, aber ich bemerkte ihn. Er sagte nicht: »Ich freue mich darauf, euch zu führen«, oder: »Ich freue mich, diesen Platoon zu übernehmen«, oder: »Ich hab den Laden im Griff«, oder auch: »Es ist mir eine Ehre, als euer Commander zu übernehmen.« Stattdessen sagte er, er freue sich darauf, *mit* uns allen zusammenzuarbeiten – seine Verwendung des Wortes *mit* bildete einen starken Kontrast zu dem, was wir von unserem alten Platoon Commander zu hören bekommen hatten, der sich in seinen verbalen Äußerungen immer von uns absetzte. Aber Delta Charlie war anders; er deutete nicht an, dass er über uns stand oder sich von uns unterschied, sondern dass er einer von uns war.

Die Unterschiede zwischen Delta Charlie und seinem Vorgänger gingen allerdings noch weit darüber hinaus. Diese beiden Männer waren in jeder nur denkbaren Hinsicht diametrale Gegensätze und das war ein Glück für mich, denn der Kontrast zwischen den beiden Führungspersönlichkeiten war so groß, dass er starken Eindruck auf mich machte und mein Handeln als Führungskraft für den Rest meines Lebens beeinflussen sollte.

Einer der größten Unterschiede zwischen Delta Charlie und seinem Vorgänger war, dass Delta Charlie enorm viel Erfahrung hatte, während der ehemalige Platoon Commander praktisch keine hatte, genau wie die anderen Neuen. Delta Charlie hatte alles schon mal gemacht; der ehemalige Platoon Commander nichts. Da Delta Charlie über so viel Erfahrung verfügte, erwartete ich, dass er uns genau sagen würde, wie was zu machen war. Schließlich hatte der alte Platoon Commander das ungeachtet seiner fehlenden Erfahrungen und Kenntnisse auch getan. Er hatte immer seine eigenen Pläne geschmiedet, uns gesagt, wie wir sie umsetzen sollten, und dann von uns erwartet, dass wir sie anhand dieser konkreten Befehle ausführten.

Daher fand ich es recht schockierend, genau wie die übrigen Mannschaftskameraden im Platoon, dass Delta Charlie uns überhaupt nicht herumkommandierte. Er hatte nicht für alles einen eigenen Plan. Er sagte uns nicht, wie wir etwas machen sollten. Er praktizierte das klassische Dezentrale Kommando: Er sagte uns, was erledigt werden musste, und dann wies er uns an herauszufinden, wie wir das schaffen wollten. Und wenn ich sage *uns*, meine ich nicht nur die vorgesetzten Mannschaftsgrade, sondern ebenso uns untere Ränge. Er sagte mir oder ein paar der anderen einfachen Soldaten: »Hey, das ist die Mission für heute. Überlegt mal, wie wir das machen sollten, und sagt mir dann Bescheid.«

Das machte uns zwar etwas unsicher, aber gleichzeitig auch begeistert. Wir wollten gute Arbeit leisten und wir gaben uns die allergrößte Mühe, einen taktisch klugen Plan auszutüfteln. Als wir den hatten, stellten wir ihn Delta Charlie vor. Unweigerlich fand er ein paar Fehler darin, die er uns erklärte. Ich war immer beeindruckt, dass wir vier oder fünf Stunden über dem mutmaßlichen Einsatz brüten, Landkarten anstarren, diskutieren und Schwachstellen in unseren Ideen ausfindig machen konnten, und wenn wir dann endlich Delta Charlie unseren Plan vorlegten, nahm er eine rasche Einschätzung vor und wies auf ein paar Probleme hin. Das war bewundernswert. Er kam mir vor wie ein taktisches Genie. Aber später erkannte ich, dass er vom Planungsprozess losgelöst war, deshalb konnte er die Sache aus einer höheren Perspektive betrachten und mühelos erkennen, wo die Schwächen lagen.

Das ist das genaue Gegenteil dessen, was passiert war, wenn unser früherer Platoon Commander auf eigene Faust einen Plan entwickelt und ihn uns aufgezwungen hatte. Dann waren wir diejenigen, die die Schwachstellen in seinem Plan erkannten, und wir konnten uns absolut nicht erklären, wie er auf so einen Blödsinn gekommen war.

Wenn Delta Charlie uns erlaubte, den Plan zu entwickeln, hatten wir außerdem die komplette Verantwortung dafür. Natürlich hatten wir die; es war ja *unser Plan*. Er musste uns nicht erst davon überzeugen; wir waren bereits überzeugt. Und wenn wir ins Feld zogen, um den Plan umzusetzen, waren wir, da es eben *unser* Plan war, fest entschlossen, ihn zu einem Erfolg zu machen. Wenn uns ein Hindernis begegnete, fanden wir einen Weg, es zu umgehen, zu überwinden oder zu beseitigen. Nichts konnte uns davon abhalten, den Plan umzusetzen und die Mission zu erfüllen.

Diese Einstellung war das genaue Gegenteil dessen, was wir bei den Plänen des früheren Platoon Commanders empfunden hatten. Bei ihm waren es seine Pläne, nicht unsere, deshalb trugen wir keine Verantwortung dafür, und er hatte Mühe, uns davon zu überzeugen. Schließlich sind wir Menschen mit eigenen Vorstellungen und unser Ego lässt uns häufig denken, dass unsere Ideen die besten sind. Wenn er uns einen Plan auferlegte, dachten wir automatisch, wie viel besser unser eigener wäre, und das behielten wir im Hinterkopf, besonders wenn wir ins Feld zogen. Wenn sich uns ein Hindernis in den Weg stellte, überlegten wir nicht, wie wir es überwinden konnten, sondern dachten bloß: »Das hat der Platoon Commander wohl nicht bedacht, was? Sein Plan ist für die Tonne! *Mein* Plan wäre viel besser gewesen.« Wenn nicht jeder von einem Plan überzeugt ist, die Verantwortung übernimmt und alles nur Mögliche unternimmt, um ihn durchzuführen und die Mission zu erfüllen, ist die Wahrscheinlichkeit groß, dass man damit scheitert.

Delta Charlie tat noch etwas, das Eindruck auf mich machte: Er brachte den Müll raus. Das ist natürlich keine große Sache und ich hätte wahrscheinlich nicht allzu viel darüber nachgedacht, nur dass ich den früheren Platoon Commander das nie hatte tun sehen. Sie müssen wissen, dass das Platoon-Büro – oder, wie man bei den SEALs sagt, die *Platoon-Hütte* – täglich sauber gemacht werden muss. Im Allgemeinen wird diese Aufgabe den Neulingen zugewiesen. Jeden Abend fegen die neuen Jungs durch, wischen Staub und bringen den Müll raus. Saubermachen ist eine untergeordnete, aber notwendige Aufgabe, und sie sorgt bei den Neuen für Demut. Als Eintagsfliege hatte ich den Eindruck, weit über das Putzen erhaben zu sein; ich musste das nicht mehr machen. Und je höher man in der Hierarchie aufstieg, desto mehr Abstand schien man aus meiner Sicht zur niederen Tätigkeit des Saubermachens zu bekommen.

Außer man war Delta Charlie. Jeden Abend brachte er den Abfall nach draußen. Oder fegte durch. Das war keine große Sache; er brauchte nicht mehr als zwei Minuten zum Kehren, dann sammelte er die Abfälle aus den zwei oder drei Papierkörben der Platoon-Räumlichkeiten, brachte sie hinaus und warf sie in den Müllcontainer. Doch diese zwei Minuten machten Eindruck auf mich. Das war eine greifbare und physische Handlung, die reine Demut signalisierte. Delta Charlie war der *ranghöchste* Mann im Platoon; außerdem hatte er *die meiste Erfahrung*. Aber er brachte den Müll raus. Und da war ich mir zu fein dafür?

Wir brauchten das nur ein paar Mal mit anzusehen, ehe die anderen rangniedrigeren Männer und ich vorsorglich den Müll rausbrachten und die Räumlichkeiten sauber machten, damit Delta Charlie es nicht tun musste. Wir taten das aus Respekt – Respekt, den Delta Charlie nicht einforderte, aber verdiente.

Der frühere Platoon Commander dagegen hatte jede Art niederer

Tätigkeit abgelehnt. Das war unter seiner Würde. Er war der allmächtige Platoon Commander, der diensthabende Offizier; er würde nicht *den Müll raustragen*. Und wenn er sich so aufführte, *nun, dann würden wir seinen Müll auch nicht raustragen*. Keiner der Mannschaftskameraden tat irgendwas, um ihm zur Hand zu gehen. Er war auf sich allein gestellt.

Und auch wenn Delta Charlie ein phänomenaler Taktiker, ein unglaublich guter Planer und ein talentierter Stratege war, so war es doch vor allem seine Bescheidenheit, die den Platoon zu dem Wunsch bewog, gute Arbeit für ihn zu leisten. Wir wollten ihn nicht hängenlassen. Wir wollten ihn in keiner Weise enttäuschen. Und ganz bestimmt wollten wir nicht, dass er unserem Commanding Officer gegenüber in irgendeiner Weise weniger als perfekt erschien. Deshalb machten wir alles, was wir taten, so gut wir nur konnten. Einfach alles. Und diese Hingabe spiegelte sich in den Leistungen des Platoons wider; es war der beste Platoon, in dem ich je war.

Dieser Platoon hat mein Leben verändert und Delta Charlie hatte einen unermesslichen Einfluss auf mich. Denn wenn man ein junger SEAL in einem SEAL-Platoon ist, dann ist dieser SEAL-Platoon für einen die ganze Welt. In diesem Platoon und unter dem vorherigen Platoon Commander war unsere Welt jämmerlich gewesen. Doch als Delta Charlie übernahm, war unsere Welt fast schlagartig gut. Das war eine der stärksten Auswirkungen von Führung, die ich je erlebt habe. Damals dachte ich: »Delta Charlie hat die Welt für diesen gesamten Platoon gut gemacht. Eines Tages, wenn ich das kann, werde auch ich die Welt für sechzehn SEALs in einem Platoon gut machen.« Und genau dieser Gedanke war es, der mich dazu brachte, Offizier zu werden.

Was Delta Charlie mich lehrte, war die Bedeutung von Demut. Er hatte so viel Erfahrung und Wissen, diesen Rang und diese Position; er hatte jeden Grund, sich uns überlegen zu fühlen, jeden Grund, auf uns herabzusehen, jeden Grund, so zu handeln, als sei er besser als jeder andere, aber er behandelte uns niemals von oben herab. Gerade deshalb respektierten wir ihn und wollten ihm folgen, wollten es wirklich. Noch heute versuche ich, seinem Beispiel zu folgen.

Dritter Platoon: die eigenen Grenzen überschreiten

In meinem dritten Platoon war ich wieder mit meinem Kerntrupp von Kameraden zusammen. Wir kannten einander gut, vertrauten einander und arbeiteten zusammen wie ein eingeschworenes Team. Wie das damals bei allen Platoons üblich war, erhielten wir nach der Rückkehr von einem Einsatz mit Delta Charlie als Platoon Commander einen neuen Platoon Commander. Er war ein solider Typ mit einem guten Ruf und wir mochten ihn sehr. Natürlich trat er in große Fußstapfen und das war ihm auch bewusst, aber es machte ihm nichts aus. Er unternahm keinerlei Versuch, Delta Charlie zu sein, sondern ging seinen eigenen Weg und führte durch seine Stärken, was prima funktionierte. Obwohl er nicht so viel Erfahrung hatte wie Delta Charlie, hatten wir Mannschaftssoldaten zu diesem Zeitpunkt bereits so viel von Delta Charlie gelernt, dass wir eine ganze Menge selbst zustande brachten. Der neue Platoon Commander wusste das und fand es gut.

Wir durchliefen ein gutes Training, so nannten wir unsere Ausbildungszyklen zur Einsatzvorbereitung, und dann wurden wir an Bord eines Schiffes der U.S. Navy zu einem Auslandseinsatz geschickt. Es fand kein Krieg statt, deshalb wurden wir in anderen Ländern eingesetzt, entweder in der Ausbildung des Militärs der Gastgebernation oder um uns selbst fortzubilden.

Einmal verließen wir das Schiff und begaben uns in die Wüste eines Landes am Persischen Golf, um eine unilaterale Übung durchzuführen, also nur wir – keine ausländischen Pendants oder anderen amerikanischen Streitkräfte. Wir führten mitten in der Wüste eine Bodenkriegsübung durch, um die Abläufe für unsere Sofortmaßnahmen-Ausbildung (Immediate Action Drill, IAD) aufzufrischen. IADs sind die vorgeplanten Maßnahmen, die ein SEAL-Platoon bei Feindkontakt ergreift, fast wie vorgeplante Spiele eines Football-Teams. Es gibt verschiedene vorgegebene Befehle, die den Mitgliedern des Platoons Anweisungen erteilen, welches Manöver ausgeführt werden soll: den Feind über die Flanke angehen, Kontakt abbrechen, ins Glied treten oder vorwärts, rückwärts, links oder rechts. Diese Befehle werden im Allgemeinen vom Platoon Commander oder Platoon Chief ausgegeben, je nachdem, wo der Feind sich befindet.

Bei dieser speziellen Übung waren wir auf Patrouille und wurden vom Feind »angegriffen«. Das alles hieß in Wirklichkeit, dass wir ein paar Ziele in Form menschlicher Silhouetten erspähten, die dafür aufgestellt worden waren, und auf sie zu schießen begannen. Als Funker war ich ziemlich an der Spitze des Platoons, gleich hinter dem Platoon Commander, der dem Späher folgt.

Als die Schüsse begannen, ließen wir uns alle in unsere Schusspositionen fallen, wie wir es unzählige Male geübt hatten. Rasch checkte ich meine Schussposition, dann löste ich mich mental ab und sah mich nach allen Seiten um, um die Situation einzuschätzen. Wir befanden uns hinter einer kleinen Sandböschung, die den meisten von uns eine gute, solide Deckung gab. Ich war außer Gefahr, deshalb hob ich den Kopf noch etwas höher, um mich besser umsehen zu können. Ich erkannte, dass die Böschung eine gute Fluchtroute abgab, und wir konnten uns einfach einer nach dem anderen dahinter entfernen.

Ich wartete auf einen Befehl des Platoon Commanders, doch er gab keinen. Ich wartete noch ein bisschen. Immer noch nichts. Da ich mir einen Überblick verschafft hatte und hinter der Böschung außer »Gefahr« war, wusste ich genau, was passieren musste. Der Befehl musste erteilt werden, aber er kam immer noch nicht. Ein oder zwei weitere Sekunden vergingen, und schließlich rief ich: *»Nach rechts entfernen!«* Wie wir es geübt hatten, gab jeder das Kommando weiter, und wir begannen damit, uns nach rechts zu entfernen.

Es verlief reibungslos; es war eines der grundlegendsten Kommandos und einfachsten Manöver, die wir gelernt hatten. Ein paar Minuten später, nachdem wir einige Hundert Meter zwischen uns und den »Feind« gebracht hatten, bildeten wir hastig einen Kreis, stellten 360-Grad-Sicherheit her, verteilten neue Munition, bestätigten das Durchzählen und riefen dann die Feuereinstellung und ENDEX aus, das heißt *End of Exercise* (Ende der Übung).

Es fand dann eine kurze Nachbesprechung statt. Der Platoon Commander wirkte frustriert.

»Was fiel Ihnen ein, diesen Befehl zu erteilen?«, fragte er.

»Es wurde kein Befehl erteilt, deshalb habe ich es getan. ›Wenn Anweisungen ausbleiben, übernehmen Sie die Führung!‹«, sagte ich und zitierte damit eine alte militärische Führungsmaxime.

»Von ausbleibenden Anweisungen kann keine Rede sein. Ich war dabei, die Lage einzuschätzen. Ich wollte einen Sturmangriff auf den Feind vornehmen. Sie haben zu früh eingegriffen«, sagte er. Er machte keine große Sache daraus, aber ich merkte sehr wohl, dass er mit meinem Handeln nicht einverstanden war.

Es wäre mir ein Leichtes gewesen, in die Defensive zu gehen und den Platoon Commander zu attackieren. »Sie haben ja keinen Befehl gegeben und irgendjemand musste es schließlich machen!«, hätte ich ihm sagen können. Doch das wäre falsch gewesen. Stattdessen erkannte ich, dass ich einen Fehler gemacht hatte. Es war kein tragischer Fehler, aber ich hatte meine Grenzen überschritten und das hatte negative Auswirkungen auf die Situation, weil wir nicht getan hatten, was der Platoon Commander vorgesehen hatte. Es hatte allerdings eine positive Auswirkung auf mich, weil ich etwas daraus lernte. Von diesem Moment an erkannte ich, dass ich nicht immer führen musste. Ich musste mich nicht immer für die Entscheidung verantwortlich fühlen. Ich erkannte, dass es meine Aufgabe war, das Team und die Mission zu unterstützen, und das bedeutete, den Chef zu unterstützen.

Ich lernte diese Lektion relativ schmerzfrei, aber später erlebte ich dieselbe Art von Fehler bei den SEALs mit schlimmen Auswirkungen, wenn Egos aufeinanderprallten bei der Frage, wer verantwortlich war, wer Befehle erteilte, wer führte und wer folgte. In meiner gesamten Laufbahn – und auch heute noch in der Geschäftswelt – erlebte und erlebe ich, wie Menschen nach Positionen gieren und sich gegenseitig attackieren, statt den Feind zu bekämpfen.

Ich lernte an diesem Tag, dass ich zwar jederzeit bereit sein musste, die Führung zu übernehmen, aber ich musste auch wissen, wann ich den Befehlen zu folgen hatte – und dass ich, um gut führen zu können, auch gut gehorchen können musste. Ich lernte, mein Ego der Mission und meinem Chef unterzuordnen. Heißt das, dass ich schwach bin? Nein, es heißt, dass mir das Team und die Mission wichtiger sind als ich selbst, damit wir siegen können. Und diese einfache Lektion hat sich im Laufe meiner Karriere Tausende Male ausgezahlt.

Die Gesetze des Kampfes und die Prinzipien der Führung

Während der folgenden Jahre und Einsätze lernte ich zahllose weitere Lektionen. Sie wurden bei meinem letzten Einsatz auf die Probe gestellt, als ich das SEAL Team Three, Task Unit Bruiser, in der Schlacht von Ramadi führte. Aus diesem Einsatz stammen die meisten Kampfbeispiele, über die Leif Babin und ich in *Extreme Ownership* und *Die zwei Seiten der Führung* geschrieben haben. Doch die Prinzipien haben sich erst vollständig herauskristallisiert, als ich die taktische Ausbildung für die West Coast SEALs übernahm. Das ist keine individuelle Ausbildung, bei der SEALs persönliche Fähigkeiten wie Scharfschießen oder die Behandlung von Kampfverletzungen erlernen, sondern eine kollektive Ausbildung, bei der SEALs als Platoons und Task Units zusammenarbeiten, um ihre Standardprozeduren genau durchzusprechen, und lernen, ihre Mission durch integrative Kooperation zu erfüllen. Das ist die Ausbildung, in der SEALs lernen zu schießen, sich zu bewegen und zu kommunizieren; hier lernen sie, den Feind anzugreifen und zu besiegen, und sie lernen die Führung im Gefecht.

Die Ausbildung, die ich durchlief, deckt alle taktischen Umgebungen ab. Es wird in der freien Natur trainiert, zum Beispiel in Wüsten, Wäldern oder Gebirgen. Es wird in besiedelten Bereichen wie Städten und Dörfern trainiert und es gibt Nahkampfübungen im Inneren von Gebäuden aller Formen und Größen. Während dieser Ausbildung lernen SEALs, große Distanzen über See in kleinen Booten zurückzulegen oder unter Wasser mit Tauchausrüstungen. Sie springen aus Flugzeugen, seilen sich aus Helikoptern ab und erlernen und üben Gefechtstaktiken mit und aus Fahrzeugen in Formation. All dies tun sie gemeinsam als Team.

Am Ende jeder Ausbildungseinheit steht das, was wir die *FTX-Phase* nennen. *FTX* steht für *Field Training Exercise (Feldausbildungsübung)* und sie besteht aus vollständigen Missionen, bei denen die SEAL Task Units den gesamten Vorgang eines Übungseinsatzes durchführen – von der Planung über Proben, Einbringung, Infiltration und Handlungen am Ziel selbst, gefolgt von Exfiltration und Rückzug zur Basis. Wenn sie wieder im Stützpunkt sind, analysieren sie die zusammengetragenen Informationen und nutzen diese dann, um nachfolgende Einsätze zu planen und vorzubereiten.

Die FTX-Phase umfasst im Allgemeinen fünf bis sieben Tage des kontinuierlichen Einsatzes. Geschlafen wird nur wenig und der Stress ist beträchtlich. Der Planungszyklus ist kurz und erfordert gute Voraussicht und Organisation. Sind die Platoons dann erst im Feld, erreicht der Stress das Maximum.

Der Ausbildungskader gibt sich große Mühe, den Kampf zu simulieren. Die Platoons werden mit Paintball-Munition ausgestattet oder mit einem millionenteuren Lasertag-System, das auf die echten Waffen der SEALs aufgesetzt wird. Für das Lasertag-System müssen die SEALs auch Sensoren tragen, die anzeigen, wenn sie von einem Schuss getroffen worden sind; die Sensorweste verfügt über kleine Lautsprecher, die bei einem Treffer angeben, welche Art von Verwundung der SEAL erlitten hat oder ob er getötet wurde. Außerdem spielen die Lautsprecher auch Soundeffekte von vorbeizischenden Projektilen oder Explosionen in der Nähe ab.

Durch die Paintball- und Lasersysteme können SEALs aktiv gegen andere SEALs kämpfen, die die Rolle der bösen Jungs übernehmen – oder der *OPFOR*, wie wir sie nennen, die Kurzform von *Opposing Force (gegnerische Kraft).* Die OPFOR sind erfahrene SEAL-Ausbilder, die sich mit den SEAL-Taktiken auskennen. Ganz ohne Frage sind sie die härtesten Gegner, denen SEAL-Platoons und Task Units je gegenüberstehen werden.

Abgesehen von ihrer Funktion als OPFOR, die sich als Feinde verkleiden, tun die Ausbilder noch anderes, um die Ausbildung realistisch zu gestalten. Mithilfe professioneller Set Designer lassen sie die Übungsbereiche aussehen wie Irak, Afghanistan oder andere Gebiete, in denen die SEALs zum Kampf eingesetzt werden könnten. Die Gebäude erhalten Fassaden und andere Merkmale, die an ausländische Architektur und Baumaterialien erinnern. Es gibt Straßenschilder und Graffiti in fremden Sprachen. Sogar ganze Marktplätze werden aufgebaut, einschließlich lokaler Waren, die zum Kauf oder Handel bereitstehen.

Bestandteil dieser Szenen sind neben den OPFOR auch andere Darsteller, die keine feindlichen Aufständischen oder Terroristen spielen, sondern unschuldige Zivilisten. Dafür stellen die Übungsleiter Schauspielerinnen und Schauspieler mit ethnischem Hintergrund ein, die nicht nur wie die von ihnen verkörperten Personen aussehen und gekleidet sind, sondern auch die Sprache sprechen, was für die auszubildenden SEALs ein weiteres Hindernis darstellt.

Die letzte Komponente der Stresserzeugung ist der Einsatz von Spezialeffekten und Pyrotechnik. Explosionen, Rauch, Feuer, Raketen, Granaten und simulierte Bomben werden verwendet, um Stress zu erzeugen und das Szenario noch realistischer zu gestalten.

Durch die Kombination all dieser Elemente ist die Ausbildung extrem wirklichkeitsnah. Wenn man durch Nachtsichtgeräte schaut und die Details der Gebäude sieht, die herumlaufenden Menschen und die Explosionen, kann man sich nur schwer vorstellen, dass man in einer Übung ist und nicht im Krieg.

Für diese Ausbildung war ich verantwortlich, nachdem ich aus der Schlacht von Ramadi zurückgekehrt war. Ein paar Tage nach Übernahme der Ausbildung und selbst gerade frisch aus dem Gefecht zurückgekehrt, fuhr ich in die Wüste hinaus, um eine SEAL Task Unit bei ihrer Bodenkriegs-FTX-Phase zu beobachten.

Es war ein totales Desaster. Ein absolut jämmerlicher Reinfall.

Ich hatte schon Bedenken, als ich den Teilnehmern bei der Planung zusah. Die Situation war extrem komplex; sie sollten ein Ziel in der Wüste treffen, ein großes Gebäude in einem kleinen Tal, umgeben von sechs kleineren Gebäuden. Sie hatten ihre Streitkraft in sechs verschiedene Gruppen aufgeteilt, die sich dem Ziel alle aus unterschiedlichen Richtungen näherten. Das schien zwar die beste Methode zu sein, das Ziel zu isolieren und zu verhindern, dass jemand entkam, war aber auch sehr kompliziert. Die Teams hatten dadurch kaum eine Möglichkeit, einander zu unterstützen oder miteinander zu kommunizieren. Wenn Teams aufgeteilt werden, hat das oft Verwirrung zur Folge. Wenn Teams in sechs unterschiedliche Elemente aufgeteilt werden, multipliziert sich diese Verwirrung. *So einfach wie möglich* ist eine uralte Militärmaxime, die für jede Art der Planung gilt. Diese Task Unit schaffte es nicht, die Sache so einfach wie möglich zu gestalten.

Draußen beim Ziel wurde es dann noch schlimmer. Der Angriff begann und fast augenblicklich gerieten einige der Gruppen unter feindlichen Beschuss. Doch aufgrund ihrer Distanz zu den anderen SEAL-Gruppen konnte ihnen nicht geholfen werden. Keine der anderen Gruppen konnte ihnen Feuerschutz geben, das heißt, die Gruppen, die unter Beschuss waren, waren bewegungsunfähig. Als sie versuchten, sich ohne Feuerschutz fortzubewegen, gab es weitere Opfer. Das war eine Lektion, die ich von den Vietnam-SEALs gelernt hatte, die mich ausgebildet hatten, eine Lektion, die bei allem, was wir in den SEAL-Teams taten, bestärkt wurde: *Deckung und Bewegung.* Wenn man sich bewegen will, muss man jemanden haben, der einem Deckung geben kann, der einen schützt. Das kann jemand sein, der tatsächlich aktiv schießt, damit die Feinde die Füße stillhalten, oder jemand in einer guten Position, der aktiv nach Feinden Ausschau hält, während Sie sich bewegen. Das ist die fundamentale Taktik bei allem, was wir als SEALs tun. Wenn wir als Schützenpaar – nur zwei Männer – einen Feind gefangen nehmen müssen, hält ein SEAL seine Waffe auf den Feind gerichtet, während der andere SEAL die physische Kontrolle über den Gefangenen zu erlangen versucht. Falls der Gefangene zu entkommen versucht, kann der SEAL mit dem Gewehr die Gefahr abwehren.

Wenn ein Platoon eine »gefährliche Überquerung« vornimmt, also einer Straße oder eines Flusses, bringen wir immer zusätzliche Sicherheitsleute mit ein, um die Straße zu sichern und dafür zu sorgen, dass kein Feind sich nähert – und wenn ein Feind es doch tut, ist das zusätzliche Sicherheitspersonal bereit zum Angriff und zur Deckung des Platoons, während der sich über offenes Gelände bewegt.

Wenn wir uns durch einen Korridor bewegen, richten immer ein oder zwei SEALs ihre Waffen den Flur entlang und decken die Bewegung des restlichen Platoons.

Wenn wir als Schützenteams in der freien Natur eingesetzt sind, bewegt sich ein Team und das andere sorgt für Feuerschutz oder sucht zumindest das Gelände nach dem Feind ab. Dasselbe geschieht während eines Zielangriffs; ein Team errichtet eine Basisposition und gibt Feuerschutz, während das andere sich auf das Ziel zubewegt, und während dieses Vorangehens bewegt sich das Feuer des Basisteams und bleibt immer vor dem Manöverteam.

Deckung und Bewegung wird sogar in größerem Maßstab angewandt; wenn ein Platoon oder eine Task Unit sich zu einem Zielgebiet begeben, werden sie häufig von einem Flugzeug begleitet, das ihnen durch die Beobachtung mittels leistungsfähiger optischer Sensoren Deckung gibt, die Gegend absucht und nötigenfalls Feuerschutz bietet.

Aber bei dieser speziellen FTX waren die verschiedenen Gruppen gar nicht in der Lage, einander Deckung zu geben. Außerdem geriet eine der größeren Gruppen in dem weitläufigen Hauptgebäude des Ziels in massive Schwierigkeiten. Sie wurden aus mehreren Richtungen mit Paintballs beschossen und einige der Männer waren bereits verwundet worden. Es gab viele ängstliche und um Hilfe schreiende unschuldige Zivilisten und der Vorgesetzte wusste nicht, wo all seine Leute waren, deshalb wollte er, aus Angst, jemanden zurückzulassen, das Gebäude nicht verlassen.

Ich beobachtete den Vorgesetzten. Er versuchte, Hilfe für seine Verwundeten zu bekommen. Er versuchte, einen Überblick über seine Leute zu bewahren. Er versuchte, die Zivilisten unter Kontrolle zu bringen. Und schließlich versuchte er noch herauszufinden, von wo seine Gruppe beschossen wurde. Was er nicht zu begreifen schien: Wenn er den Feind nicht daran hinderte, auf ihn zu schießen – wenn er dieses Gefecht nicht gewann oder wenigstens den feindlichen Beschuss beendete –, würde keines seiner anderen Probleme noch eine Rolle spielen, weil sie dann alle tot wären. Er versuchte, zu viele Dinge gleichzeitig zu tun, und weil er versuchte, alles zu tun, erreichte er gar nichts. Er musste sein größtes, vorrangiges Problem identifizieren und einen Plan ausführen, um dieses Problem zu lösen, ehe er zum nächsten überging. Er musste *Prioritäten setzen und ausführen.*

Während er sich mühte, seine Truppen dazu zu bringen, was er wollte, gab er lange, verschachtelte und komplizierte Anweisungen. Derart komplexe Befehle bei all dem Chaos und Durcheinander führten dazu, dass niemand verstand, was er eigentlich wollte. Er drückte sich zu verschwurbelt aus. Da sie nicht verstehen konnten, was er von ihnen wollte, hatten die Leute auch keine Chance, seine Befehle auszuführen. Hier galt wieder die alte Regel: *So einfach wie möglich*. In diesem Fall bedeutete das, er musste es mit seinen eigenen Worten sagen. Die komplexen Anordnungen ließen auch das letzte Problem erkennen, das mir auffiel: Jeder im Team wartete darauf, dass man ihm sagte, was er tun solle. Die Platoon Commander warteten auf Anweisungen vom Task Unit Commander. Die Gruppenführer warteten auf einen Befehl der Platoon Commander, die Feuerteamführer warteten auf Anweisungen der Gruppenführer, und die einzelnen SEALs – die Maschinengewehrschützen und Angreifer, der Sanitäter und der Funker – sie alle warteten darauf, dass man ihnen sagte, was sie tun sollten. Befehle kamen ausschließlich vom höchsten Vorgesetzten; alle Kommandos waren zentralisiert. Während sie auf Anweisungen warteten, erstarrten sie und taten gar nichts.

Doch was sie alle tun mussten, war, die Initiative zu ergreifen; sie mussten etwas in Gang setzen. Sie mussten die grobe Richtung des Vorgesetzten verstehen und dann handeln. Was sie brauchten, war *Dezentrales Kommando*.

Bald wurde klar, dass die Task Unit vollkommen gefechtsuntauglich war, deshalb sagte ich dem OPFOR, er solle abbrechen und keine weiteren Angriffe mehr durchführen. Die Task Unit war am Ende und ihre Mitglieder gaben sich ihrem Elend hin, während sie langsam genügend Planung aufbrachten, um ihre Toten und Verwundeten vom Schlachtfeld zum Sammelpunkt zu schaffen. Das erforderte erhebliche Mühen, denn über die Hälfte der Task Unit waren »Unglücksfälle«. Die zwei- bis dreihundert Pfund schweren leblosen Körper vier oder fünf Stunden lang über steiles, schwieriges Gelände zu schleppen, gab den Teilnehmern reichlich Gelegenheit, darüber nachzudenken, was sie falsch gemacht hatten.

Auch mir gab es reichlich Zeit zum Nachdenken.

Am stärksten war mir aufgefallen, dass diese Task Unit nur aufgrund einer einzigen Schwachstelle so jämmerlich versagt hatte: der Führung.

Dann erkannte ich, dass es meine Aufgabe war, diesen SEALs das Wichtigste von allem beizubringen: das Führen. Ich musste auf die Lektionen zurückgreifen, die ich im Laufe meines Dienstes gelernt hatte, Lektionen, die bis zu unseren Vietnam-SEAL-Vorvätern zurückverfolgt werden konnten, die diese Lektionen von ihrer Zeit im Gefecht mitgebracht hatten. Lektionen, mit denen ich in den Irak entsandt worden war und die sich in der Feuerprobe des anhaltenden Gefechts herauskristallisiert hatten. Ich musste diese Lektionen aufgreifen und sie auf etwas eindampfen, das diese jungen SEAL-Führer leicht verstehen und in ihren Platoons und Task Units umsetzen konnten.

Als ich an diesem Abend in die Kaserne zurückkehrte, setzte ich mich an einen Tisch in der Kantine und schrieb auf, was ich für die wichtigsten und fundamentalen Prinzipien der Gefechtsführung hielt, das, was ich letztlich die Gesetze des Kampfes nennen würde:

- *Deckung und Bewegung*
- *Einfach*
- *Prioritäten setzen und ausführen*
- *Dezentrales Kommando*

Deckung und Bewegung standen an oberster Stelle, weil das die Wurzel aller anderen Taktiken ist und weil es sich um Teamwork handelt. Eine

Einheit, die im Feld auf sich gestellt ist, ist nur ein Bruchteil dessen, was sie ist, wenn sie von einer anderen Einheit unterstützt wird. Zwei Teams, die zusammenarbeiten, die einander Deckung und Bewegung verschaffen, verdoppeln nicht einfach nur ihre Effektivität; sie multiplizieren ihre Schlagkraft und ihre Fähigkeiten exponentiell. Ohne Koordination und Kooperation von Individuen, von Gruppen innerhalb eines Teams und von Teams untereinander ist alles verloren.

Eine der ernstesten Warnungen, die ich SEAL-Feuerteams, Gruppen, Platoons und Task Units mit auf den Weg gab, lautete, eine *Unterstützungsdistanz* zwischen den Elementen aufrechtzuerhalten – ein Lehrbegriff, der für kleine Einheiten bedeutet, dass die Distanz zwischen zwei Einheiten wirkungsvoll durch ihren Beschuss gedeckt werden kann. Ich würde dem noch hinzufügen, dass die Distanz durch primäre oder wenigstens sekundäre Kommunikation abgedeckt werden können muss. So kann jede Gruppe nötigenfalls Hilfe bekommen. Sobald sich eine Gruppe außerhalb der Unterstützungsdistanz befindet, sind sie alle zum Untergang verdammt. Deshalb haben Deckung und Bewegung – Teamwork – die höchste Priorität innerhalb der Gesetze des Kampfes.

An nächster Stelle kommt *Einfach*. Sobald wir Deckung und Bewegung gewährleistet haben – wir haben ein Team, das zusammenarbeiten kann –, brauchen wir ein einfaches und festgelegtes Ziel. Jeder im Team muss dieses Ziel begreifen. Es muss klar sein. Zusätzlich müssen Pläne und Anweisungen einfach, klar und verständlich an der Hierarchie entlang weitergegeben werden, damit sie von allen nachvollzogen werden können. Einfachheit ist von zentraler Bedeutung, denn wenn die Teammitglieder das Ziel oder den Plan zur Erreichung dieses Ziels nicht verstehen, können sie nichts ausführen. Halten Sie es also so einfach wie möglich.

Das nächste Gesetz lautet *Prioritäten setzen und ausführen*. Es wird etliche Aufgaben geben, die erfüllt werden müssen, oder mehrere Probleme, die zu lösen sind. Wenn der Vorgesetzte oder die Teammitglieder versuchen, zu viel auf einmal zu schaffen, schaffen sie am Ende wahrscheinlich gar nichts. Die wichtigste Aufgabe oder das größte Problem muss zuerst angegangen werden, dann das nächste, dann das nächste und so weiter, bis man alles im Griff hat.

Das letzte Gesetz ist *Dezentrales Kommando*. Damit ein Team Dezentrales Kommando anwenden kann, muss es die anderen Gesetze beherzigen. Dann wird Dezentrales Kommando lebendig; jeder im Team muss in der Lage sein, vorzutreten und die Führung zu übernehmen.

Eine Task Unit besteht aus acht vier- oder fünfköpfigen Feuerteams. Jedes dieser Feuerteams hat einen Teamführer. Ich habe die Task Unit Commander immer gefragt: »Was wäre, wenn jeder dieser Feuerteamführer genau wüsste, welche Absicht Sie verfolgen und was von der Task Unit erwartet wird, und wenn sie dann die Initiative ergreifen würden, um diese Absicht umzusetzen?« Es war eine rhetorische Frage, denn sie kannten die Antwort. Würden die Feuerteamführer ihre Teams auf eigene Initiative ans Ziel des Commanders führen, wäre alles für den Task Unit Commander viel einfacher.

Doch das hing alles davon ab, dass der Task Unit Commander seine Absichten einfach und klar vermittelte. Nur wenn die Feuerteamführer diese Absichten verstanden, konnten sie irgendetwas umsetzen. Und diese Umsetzung hing auch davon ab, inwieweit sie sich eigenverantwortliche Entscheidungen zutrauten, und von ihrem Gefühl, inwieweit sie selbstverantwortlich handeln durften. Nur wenn die Feuerteamführer sich dazu ermächtigt fühlten, etwas in Gang zu setzen, würden sie die Initiative ergreifen und führen. Dieses Empowerment musste in den

Köpfen der nachrangigen Führungskräfte verankert sein; es musste in die Teamkultur eingebettet sein.

Diese vier Konzepte, *Deckung und Bewegung, Einfach, Prioritäten setzen und ausführen* und *Dezentrales Kommando*, sind die vier Gesetze des Kampfes, und sie funktionieren. Ich habe es immer und immer wieder erlebt. Wenn die SEAL-Platoons im Laufe der verschiedenen Übungseinheiten ihre Fähigkeiten verbesserten, diese Gesetze anzuwenden, verbesserte sich auch ihre Fähigkeit, Aufgaben zu erfüllen und Probleme zu lösen, und am Ende konnten die wirklich guten Einheiten die OPFOR besiegen, egal was diese auch anstellten.

Gelang es dagegen einer Task Unit nicht, die Anwendung dieser Gesetze zu erlernen, scheiterten ihre Missionen. Und dieses Scheitern ging immer unmittelbar zurück auf das Unvermögen der Einheiten, ein oder mehrere der Gesetze effektiv anzuwenden. Die Gesetze waren solide, aber nicht leicht zu bewältigen. Sie zu beherrschen erforderte Übung, und bis dahin erlebte man auch Misserfolge. Doch wenn die Gesetze erst einmal verinnerlicht waren, funktionierten sie.

Es gab noch zwei weitere Führungskomponenten, die ich mir während meiner Zeit als Commander der Ausbildungseinheit aneignete und ausbaute: *Extreme Ownership* und *die zwei Seiten der Führung*.

Extreme Ownership ist die innere Haltung, sich nicht herauszureden und die Schuld nicht auf andere oder die Umstände zu schieben, wenn Probleme auftreten. Anstelle von Anschuldigungen oder Ausflüchten übernehmen gute Führungskräfte und gute Teams die volle Verantwortung für die Probleme, suchen Lösungen und setzen diese Lösungen um. Wenn es nicht gelingt, Verantwortung zu übernehmen, führt dies zu Problemen, die nie gelöst werden, und zu Teams, die sich nie verbessern.

Die zwei Seiten der Führung stehen für gegensätzliche Kräfte, die

Führungskräfte gleichzeitig in verschiedene Richtungen ziehen. Jede Eigenschaft, Technik oder Einstellung kann rasch zu stark in die eine oder andere Richtung gehen. Um gut zu führen, muss ein Vorgesetzter ausgewogen sein. Führungskräfte müssen beispielsweise reden, aber wenn sie zu viel reden, überfordern sie ihre Mitarbeiter mit Informationen. Sprechen sie dagegen zu wenig, sind die Leute nicht ausreichend informiert. Also muss der Vorgesetzte die Balance zwischen nicht zu viel und nicht zu wenig Kommunikation finden. Eine Führungskraft muss aggressiv sein, ist sie aber zu aggressiv, kann sie sich einem unnötigen Risiko aussetzen. Wenn sie andererseits nicht aggressiv genug ist, macht sie keinerlei Fortschritte. Auch hier muss der Führende die Balance finden. Die Liste der Gegensätze lässt sich endlos fortsetzen, und immer lautet die Antwort, dass ein Vorgesetzter die Balance wahren muss.

Als ich die Platoons bei den Übungen beobachtete, erkannte ich immer und immer wieder die Bedeutsamkeit sowohl von *Extreme Ownership* als auch der *zwei Seiten der Führung*. Diese Prinzipien waren der Zement, der die Gesetze des Kampfes zusammenhielt, wenn die Platoons mit anstrengenden Übungen und Kampfszenarios zu tun hatten.

Doch die Gesetze und Prinzipien gelten nicht nur für die taktische Gefechtsführung. Je besser ich die Gesetze des Kampfes verstand, desto stärker fand ich sie in allem wieder, was ich tat. Ich sah sie auf den Jiu-Jitsu-Matten. Ich sah sie in meinem Familienleben. Und ich sah, dass die Gesetze des Kampfes auch auf jegliche Art der Führung zutrafen – das Manövrieren durch komplizierte Beziehungen, das Schaffen von Koalitionen und das Überzeugen anderer von Plänen und Ideen. Der Umgang mit Befindlichkeiten und Persönlichkeiten. Das Verstehen und Beeinflussen von Menschen und Teams. Hier galten dieselben Gesetze.

Und so, wie die Gesetze aus der taktischen Perspektive während des

Gefechts schwierig zu beherrschen sind, sind sie auch in Führungssituationen schwierig zu beherrschen, die nichts mit Gefechten zu tun haben. Doch je häufiger eine Führungskraft die Gesetze des Kampfes sieht, je mehr Perspektiven, aus denen sie sie betrachten kann, desto besser versteht sie die Gesetze und Prinzipien von Extreme Ownership und den zwei Seiten der Führung und kann sie anwenden.

Die Macht von Beziehungen

Dies ist ein weiteres zentrales Element für die Führung jedes hervorragenden Teams: Beziehungen. Führung erfordert Beziehungen; gute Beziehungen mit den Menschen, die in der Hierarchie über, unter und neben Ihnen stehen, sind maßgeblich für ein starkes Team. Je besser die Beziehungen, desto offener und effektiver die Kommunikation. Je mehr Kommunikation, desto stärker das Team.

Zum Beispiel gibt es Situationen, in denen ein Chef einen keineswegs idealen Weg eingeschlagen hat und in eine neue Richtung gelenkt werden muss. Wenn Sie eine gute Beziehung zum Chef haben, können Sie taktvoll erläutern, was Sie Ihrer Vorstellung nach als Fehler betrachten. Wie immer ist es wichtig, welche Vorgehensweise Sie bei dieser Diskussion anwenden. Übernehmen Sie die Verantwortung dafür, dass die Idee nicht sinnvoll erscheint. Zum Beispiel so: »Wissen Sie, Chef, ich würde den Plan gern nach Kräften unterstützen, aber es fällt mir wirklich schwer zu verstehen, wie ich diesen Teil davon umsetzen soll. Können Sie mir erklären, warum Sie es so gemacht haben wollen, damit ich alles richtig machen kann?« Jetzt ist das Gespräch eröffnet und Sie können herausfinden, welche Vorstellungen der Chef hat und was Sie tun können, um Einfluss darauf zu nehmen. Doch ehe Sie an diesen Punkt gelangen, sollten Sie sich ein paar einfache Fragen stellen. Zunächst einmal: Wie viel ist damit gewonnen, wenn Sie den Chef ansprechen und ihn von einer Planänderung zu überzeugen versuchen? Ist der Unterschied nur gering, so lohnt es sich wahrscheinlich nicht, Zeit oder Mühen darauf zu verwenden. Fragen Sie sich anschließend, wie viel von Ihren Bedenken nur auf *Ihr eigenes* Ego zurückgehen; es besteht die Möglichkeit, dass Sie *Ihr* Vorgehen für »klüger« und »effizienter« halten als das vom Chef angeordnete. Falls dies der Fall ist und Sie nicht wirklich davon überzeugt sind, dass durch Ihre Methode viel gewonnen werden kann, lassen Sie es auf sich beruhen. Plustern Sie Ihr Ego nicht auf. Und zuletzt stellen Sie sich die Frage, ob Sie das Verhältnis zu Ihrem Chef durch das Ansprechen dieses Themas eher verbessern oder schädigen. Das ist wichtig, denn Sie sollten jederzeit versuchen, diese Beziehung zu stärken. Sie stärken die Beziehung nicht, damit Ihr Vorgesetzter Ihnen Vorteile verschafft; nein, Sie versuchen, die Beziehung zum Chef zu stärken, damit er Ihnen vertraut und auf Sie hört, damit Sie und das Team die Mission erfolgreicher erfüllen können. Seien Sie aus diesen Gründen sehr achtsam damit, ob, und wenn ja welche Auseinandersetzungen Sie beginnen.

Es liegt auf der Hand, dass es wichtig ist, eine vertrauensvolle Beziehung zu Ihren Vorgesetzten aufzubauen. Aber wie machen Sie das? Eine der einfachsten Methoden ist offensichtlich, wird aber oft übersehen – Leistung. Ihr Chef erwartet, dass Sie bestimmte Aufgaben erledigen. Also erledigen Sie sie. Tun Sie es pünktlich, innerhalb des Budgetrahmens und mit möglichst wenig Aufhebens. Erfüllen Sie einfach die Mission. Dazu gehören auch Dinge, mit denen Sie vielleicht nicht zu 100 Prozent einverstanden sind. Ich habe dies mein ganzes Berufsleben hindurch getan und es hat mir immer gute Dienste erwiesen. Der Chef will, dass ich zusätzliche Formulare ausfülle? Ich mache es. Ich soll für den Chef den Wechsel eines Teammitglieds befürworten? Ich habe verstanden. Der Chef braucht jemanden, der ein administratives Chaos wieder in Ordnung bringt? Ich springe ein. Der Chef hat eine unangenehme, undankbare Aufgabe, die erledigt werden muss? Ich nehme sie ihm ab.

Bei jedem dieser Probleme bin ich die Lösung. Mit jedem von mir gelösten Problem steigt das Maß an Vertrauen, das der Chef in mich setzt. Und ich folge diesem Weg weiter. Ich beschwere mich nicht und versuche nicht, ungeliebte Tätigkeiten anderen zuzuschieben, und ich bin auch nicht nur auf Lob aus. Ich halte einfach den Mund und mache meine Arbeit. Im Laufe der Zeit erkennt der Chef, dass ich derjenige bin, der die Dinge ins Rollen bringen kann. Und was noch wichtiger ist, ich gewinne Einfluss auf den Chef. Das ist das Gegenteil des Untergebenen, der jammert und Einwände hat oder immer glaubt, er könne es besser; dieser verliert an Einfluss beim Chef, wann immer er den Mund aufmacht. Jeden Einwand von diesem Untergebenen betrachtet der Chef als eine seiner typischen Ausreden. Je mehr Sie reden, desto weniger hört man Ihnen zu.

Tue ich dagegen, was getan werden muss, vertraut der Chef darauf, dass ich die Dinge am Laufen halte. Und er weiß, wenn ich einen Einwand erhebe, gründet sich dieser vermutlich auf solide Fakten und sollte Beachtung finden. Da ich die Dinge am Laufen halte und nicht pausenlos Bedenken äußere, hört der Chef mir tatsächlich zu. Ich habe diese Strategie immer bei meinen Vorgesetzten angewendet und sie hat gut funktioniert. Ich hielt die Dinge einfach so oft wie möglich am Laufen.

Aber wie stellt sich das aus der Perspektive Ihrer Untergebenen dar? Wenn ich beispielsweise erkenne, dass der Plan meines Chefs ein paar

Mängel hat, sehen meine Untergebenen das doch sicherlich ebenfalls. Was soll ich ihnen sagen? Wie bewahre ich mir ihren Respekt, wenn sie glauben, ich würde die Fehler nicht erkennen, die der Chef macht? Die Antwort ist ganz einfach – ich sage ihnen die Wahrheit. »Hey, Leute, ich weiß, es würde vielleicht bessere Methoden geben, diese Sache anzugehen, aber derzeit wäre es fast genauso aufwendig, den Plan zu ändern, wie es einfach laufenzulassen. Also machen wir es einfach. Und ich will euch mal sagen, was wir noch tun, indem wir es erledigen – wir bauen beim Chef Vertrauen auf. Mit jeder kleinen Aufgabe, die wir erledigen, vertraut er uns mehr, und das führt dazu, dass er irgendwann auf uns hört. Also, wenn dann etwas ansteht, das wirklich keinen Sinn ergibt, dann hört er uns zu. Deshalb werden wir diesen Plan so gut umsetzen, wie wir nur können.«

Das ist die Wahrheit und das Team sollte diese Perspektive verstehen. Natürlich liegt darin ein Zwiespalt. Wenn etwas gefordert wird, das absolut keinen Sinn ergibt, könnte es an der Zeit sein, dem Chef ein paar Einwände vorzulegen. Tun Sie das nicht, erkennt Ihr Team Ihre Unfähigkeit, mit dem Chef zu reden, und Sie könnten als Schwächling dastehen; Sie könnten wirken wie ein Teamführer, der einfach ohne jeden Vorbehalt allen Befehlen des Vorgesetzten gehorcht. Das ist nicht nur in diese Richtung der Hierarchie negativ, sondern auch in die Aufwärtsrichtung. Ein ewiger Jasager ist nie gut. Ein guter Chef sollte sich jedes Feedback und jede Kritik an seinen Plänen anhören und begrüßen. Das ist zwar nicht immer der Fall, aber wenn Sie einmal Einfluss auf den Vorgesetzten gewonnen haben, können Sie durchaus mit ihm reden. Sie können ihm Ihre Bedenken gegen seine Idee oder seinen Plan vorlegen und er wird zuhören. Das führt uns zum Anfang zurück – eines Ihrer stärksten Werkzeuge ist die gute Beziehung zu Ihrem Chef. Und es hört bei Ihrem

Chef nicht auf. Solide Beziehungen in beide Richtungen der Hierarchie sind die Grundlage guter Führung.

Das Spiel mitspielen

Sie müssen das Spiel mitspielen. Um genauer zu sein, Sie müssen das lange Spiel mitspielen. Das will keiner hören, schon gar nicht von mir. Die Leute wollen nichts von Beziehungsaufbau hören. Sie wollen, dass ich sage: »Ihr erringt den Sieg durch unmittelbare Gewalt. Wenn euch jemand im Weg steht, *rennt ihn einfach um*. Jede politische Situation, die sich nicht nach euren Wünschen entwickelt, kann mit einer *Streitaxt* geklärt werden!«

So eine hyperaggressive Einstellung nach dem Motto »Keine Gefangenen machen« ist sicherlich einfach und schnörkellos und oft erwarten und wünschen sich die Leute solche Führungsratschläge von mir. Da diese Einstellung so einfach und geradlinig ist, scheint sie kaum scheitern zu können. Und oft scheitert sie tatsächlich nicht – jedenfalls nicht sofort. Ein unbarmherziges und feindseliges Vorgehen funktioniert im Allgemeinen eine Zeit lang. Sie können die Leute vielleicht ein oder zwei Tage lang dazu nötigen, das zu tun, was Sie von ihnen wollen, vielleicht eine Woche, vielleicht sogar ein paar Monate lang. Vielleicht können Sie durch rücksichtsloses und aggressives Vorgehen ein paar Projekte durchprügeln.

Aber solche Erfolge sind kurzlebig. Wenn Sie Beziehungen zerstören, Brücken hinter sich abbrechen und verbrannte Erde hinterlassen, werden Sie schon nach kurzer Zeit erkennen, dass Sie am Ende sind. Sie haben für den kurzfristigen Gewinn alles zerstört. Ihnen ist nichts geblieben.

Tun Sie das nicht. Sie müssen stattdessen das Spiel mitspielen. Das heißt, ich versuche, meinen Chef zu unterstützen, und übe meine Pflichten nach Kräften aus. Indem ich das Spiel mitspiele, baue ich bei meinem Vorgesetzten Vertrauen auf; ich baue eine Beziehung auf. Warum ist eine gute Beziehung zu meinem Chef so wichtig? Damit ich befördert werde? Damit mir leichtere Aufgaben zugeteilt werden? Nein. Ich versuche nicht, die Beziehung zu meinem eigenen persönlichen Vorteil aufzubauen; ich versuche, die Beziehung zu meinem Vorgesetzten aufzubauen, damit wir die Mission besser erfüllen können.

Und das Spiel wird nicht nur die Hierarchie aufwärts gespielt; es geht auch die Hierarchie abwärts. Wenn Sie der Chef sind und Ihre Untergebenen Einwände haben gegen etwas, das Sie sagen, hören Sie zu und bitten Sie um Alternativen, und wenn man Ihnen eine vernünftige gibt, sagen Sie ja und wenden Sie sie an. Selbst wenn die Alternative nicht ganz so effektiv oder effizient scheinen mag wie Ihre Methode, lassen Sie zu, dass sie es so machen. Das schafft Vertrauen und eine Beziehung zu den Menschen, die in der Hierarchie unter Ihnen stehen. So oft Sie können, hören Sie zu und sagen Sie ja. Wenn dann ein Untergebener aus dem Team mit einer Idee zu Ihnen kommt, die keinen Sinn ergibt, können Sie nein sagen und er wird es Ihnen nicht übelnehmen. Sie erklären einfach, welches Problem es bei dieser Idee gibt und warum Sie es nicht so machen werden, und das wird für ihn in Ordnung sein. Man wird Ihre Anweisungen akzeptieren, ohne das Gefühl zu haben, dass Sie nicht zuhören, und man wird mit allem Engagement handeln, um die Mission zu erfüllen.

Ich habe es immer so gemacht. Ich habe immer das Spiel mitgespielt. Ich habe für jede nur vorstellbare Art von Führungskräften gearbeitet. Manche waren inspirierende, zurückgenommene Vorgesetzte mit unglaublichen taktischen Fähigkeiten. Andere waren Egomanen ohne gesunden Menschenverstand, die sich im Kleinkram verzettelten. Manche waren paranoide, risikoscheue Zauderer. Doch egal, für welche Art von Vorgesetzten ich arbeitete, mein Ziel war immer dasselbe: eine Beziehung zu ihnen aufzubauen, damit sie mir vertrauten, mir gaben, was ich brauchte, um meine Aufgabe zu erfüllen, mir nicht im Weg standen und mich die Mission erfüllen ließen. Es war nie leicht, diese Beziehungen aufzubauen. Manches musste dafür getan werden, das vielleicht nicht optimal war. Manchmal musste ich meinen Stolz herunterschlucken. Ich musste das Spiel mitspielen.

Das Spiel mitzuspielen ist nicht einfach, aber es schafft Vertrauen und Beziehungen, verbessert die Integrität des Teams und versetzt das Team besser in die Lage, die Mission zu erfüllen. Lassen Sie nicht zu, dass Ihre Befindlichkeiten oder die des Teams Unruhe stiften. Reißen Sie sich am Riemen und spielen Sie das Spiel mit.

Manche glauben, wenn sie das Spiel mitspielen, wenn sie ihren Chef zufriedenstellen, wenn sie die Kröte schlucken, wenn sie nicht immer ihren eigenen Vorstellungen folgen, seien sie schwache, unkritische Schleimer. Das ist falsch. Wenn Sie das Spiel mitspielen, sind Sie nicht schwach. Sie sind kein Speichellecker Ihres Chefs. Vielmehr versuchen Sie, die Dinge zu optimieren, damit Sie und Ihr Team die Mission bestmöglich erfüllen können. Sie versuchen, Beziehungen aufzubauen und Einfluss zu gewinnen, damit Sie die Dinge auf den richtigen Weg bringen können. Sie tun das nicht zu Ihrem persönlichen Vorteil. Sie tun das nicht, um befördert zu werden. Sie spielen das Spiel mit, damit das Team gewinnen kann.

Kann man dabei auch zu weit gehen? Allerdings. Tun Sie das nicht. Seien Sie kein Arschkriecher, der dem Chef sagt, alle seine Vorstellungen seien perfekt. Aber seien Sie professionell. Seien Sie höflich. Seien Sie aufrichtig daran interessiert, den Chef zu unterstützen, ein weiterer zentraler Faktor, den die Leute oft nicht beherzigen. Wenn ich erläutere, wie Sie mit Vorgesetzten sprechen sollen, indem Sie beispielsweise sagen: »Hey, Chef, ich wollte nur sicherstellen, dass ich richtig verstehe, warum Sie das auf diese Weise erledigt haben wollen, damit ich Ihren Plan voll unterstützen kann«, dann empfehle ich Ihnen nicht, das nur zu tun, um Beziehungen aufzubauen und damit mehr Einfluss zu gewinnen. Ich empfehle es Ihnen, damit Sie *wirklich verstehen, warum der Chef es auf eine bestimmte Art erledigt haben will.* Das ist einfach nur die Wahrheit. Es ist keine Manipulation. Das Ziel ist, *Ihren Chef tatsächlich zu unterstützen;* ein zusätzlicher Nutzen ist, dass Sie die Beziehung stärken, und diese Beziehung kann letztlich wichtiger sein als alles andere.

Wenn Sie etwas Geringfügiges für Ihren Chef erledigen und das Gefühl haben, es könnte nicht die beste Vorgehensweise sein, sind Sie kein Duckmäuser, nur weil Sie seinen Anweisungen folgen. Sie sparen sich einfach Führungskapital auf für einen Zeitpunkt, an dem es wirklich darauf ankommt. Daran ist nichts verkehrt. Es macht Sie nicht zum Duckmäuser; es ist clever.

Also, wenn es etwas gibt, woran Sie wirklich nicht glauben oder wovon Sie wissen, dass es für die Mission und das Team in eine Katastrophe mündet, dann ist es Ihre Pflicht, nein zu sagen. Doch solche Fälle sind eher selten. Solange Sie also nicht aufgefordert werden, etwas zu tun, das verheerend ist für Sie, das Team und die Mission – spielen Sie das Spiel mit und bauen Sie Beziehungen auf.

Wann ist Meuterei zulässig?

So wichtig es ist, Beziehungen aufzubauen: Es gibt Zeiten, da muss man einem Vorgesetzten den Gehorsam verweigern. Das sollte aber das absolut letzte Mittel sein. Ungehorsam führt zu erheblichen Verwerfungen innerhalb des Teams, behindert den Fortschritt, kann den Missionserfolg aufs Spiel setzen und letztlich zum vollständigen Scheitern der Mission und zur Auflösung des Teams führen.

Aber wenn ein Vorgesetzter das Team auffordert, etwas Illegales, Unmoralisches oder Unethisches zu tun, ist es die Pflicht der Mitarbeiter, sich dieser Anweisung zu widersetzen. Das ist offensichtlich. Es ist unentschuldbar, etwas zu tun, nur weil jemand es Ihnen befohlen hat. Es gibt keine Entschuldigung für unmoralisches Verhalten. Wenn eine Person sich der Immoralität ihres Handelns nicht bewusst ist oder dieses Handeln in einem gegebenen Augenblick unvermeidlich ist, muss der Untergebene den Vorfall so schnell wie möglich seinen Vorgesetzten melden, um sicherzustellen, dass keine weiteren illegalen oder unmoralischen Aktivitäten stattfinden.

Es gibt noch andere Anlässe, bei denen ein Mitarbeiter seinem Vorgesetzten den Gehorsam verweigern muss. Wenn ein Vorgesetzter das Team in eine Richtung führt, die katastrophales Scheitern zur Folge haben wird, besteht die Möglichkeit, dass man sich den Anordnungen widersetzen muss. Napoleon sagte, wenn eine untergeordnete Führungskraft eine Mission umsetzt, von der sie weiß, dass sie falsch ist, dann handelt die untergeordnete Führungskraft schuldhaft. Das ist die Wahrheit.

Leider sind nur wenige Situationen so klar definiert. Noch einmal: Ungehorsam oder die Weigerung, den Anordnungen eines Vorgesetzten zu folgen, sind ein absolut letztes Mittel, weil dies eine finale Maßnahme ist. Sobald ein Befehl verweigert wird, gibt es praktisch keine Möglichkeit, dies rückgängig zu machen. Zum Glück gibt es viele Gelegenheiten, direkte Verweigerung oder Ungehorsam zu vermeiden, ehe die Situation bis zu diesem Punkt eskaliert.

Ehe Untergebene diesen letzten Kampf antreten, sollten sie den Chef bitten, noch einmal die Zielsetzung der Mission darzulegen, dann sollten sie erklären, wie sie dieses Mission Statement einschätzen und dem Vorgesetzten ihre Bedenken erklären. Aus der übergeordneten Perspektive des Chefs sieht er vielleicht manches Detail nicht und versteht nicht, wie sich der Plan an vorderster Front auswirkt. Es liegt in der Verantwortung der Untergebenen, diese Informationen weiterzugeben und dem Chef zu verdeutlichen, worin die Bedenken liegen.

Es besteht die Chance, dass der Chef dann ein Detail anführt, das der Mitarbeiter an der Front nicht kannte, was aber die Pläne des Vorgesetzten rechtfertigt. Das ist etwas Positives. Der Untergebene versteht nun die Zusammenhänge und warum der Chef sich für eine bestimmte Maßnahme entschieden hat, und er kann das seinem ihm unterstellten Team erläutern.

Es ist auch möglich, dass der Chef auf die Erklärung der Besorgnis des Mitarbeiters hin ein Detail erkennt, das er zuvor nicht gesehen oder nicht verstanden hat. Idealerweise legt der Untergebene dem Chef nicht nur seine Bedenken vor, sondern schlägt auch eine Lösung des Problems vor – eine andere Maßnahme, die seine Befürchtung berücksichtigt. Mit dieser Erkenntnis bewertet der Chef den Plan dann neu und fügt ihm entweder die Lösung des Untergebenen ein oder entwickelt eine andere Methode, um das Problem abzustellen.

Beide Ergebnisse sind positiv. Entweder versteht der Untergebene, warum der Plan des Vorgesetzten sinnvoll ist, und stimmt ihm zu, oder der Plan wird aufgrund seiner Rückmeldung verändert. So oder so wird der Plan nun sowohl vom Chef und der unterstellten Führungskraft als auch vom restlichen Team für durchführbar angesehen, sobald er entlang der Hierarchie erläutert wurde.

Doch dieses Ergebnis wird nicht immer erzielt. Manchmal ändert der Chef seine Meinung nicht. Ob es seine Eitelkeit ist oder sein Stolz oder einfach seine Unfähigkeit, sich auf andere Ansichten einzulassen, es kommt vor, dass ein Chef die Änderung seines Plans ablehnt und den Untergebenen einfach befiehlt weiterzumachen. Wenn dies der Fall ist, muss die ihm unterstellte Führungskraft ihre Bemühungen verdoppeln, dem Chef ihre Bedenken auf taktvolle Weise mitzuteilen. Gehen Sie noch mal an den Zeichentisch und schauen Sie, ob es irgendeine Möglichkeit gibt, den Plan des Chefs umzusetzen, ohne die Mission oder das Team aufs Spiel zu setzen. Vielleicht können kleinere Veränderungen vorgenommen werden, die immer noch den Plan des Vorgesetzten stützen, aber auch die Befürchtungen der Mitarbeiter berücksichtigen. Wenn dies effektiv möglich ist, können Sie vielleicht wie angeordnet weitermachen, vorausgesetzt, die Risiken sind nicht zu groß. Sind diese Risiken jedoch immer noch ein Problem, nehmen Sie sich die Zeit, alles durchzugehen und potenzielle Ergebnisse detailliert zu erfassen, die dem Chef vorgelegt werden können, damit er die Risiken vollständig versteht. Legen Sie ihm dann eine logische, nicht emotionale Erläuterung des Problems vor.

Es ist wichtig, dass in all diesen Fällen Einwände gegen den Chef nicht auf offensive Weise vorgebracht werden. Äußern Sie Bedenken nicht mit »Das ergibt keinen Sinn«, »Der Plan ist doch lächerlich« oder »Wieso zum Teufel sollten wir das machen?«. Derartige Äußerungen sind auf zwei Ebenen falsch. Zum einen werden sie als emotional wahrgenommen, und wenn Menschen emotionale Argumente vorbringen, nimmt man sie nicht vollständig ernst. Zum anderen sind diese Äußerungen beleidigend gegenüber demjenigen, der den Plan ursprünglich entwickelt hat: dem Chef. Indem Sie den Plan des Chefs angreifen, greifen Sie den Chef an, und damit sorgen Sie wahrscheinlich dafür, dass er sich verschanzt und in die Defensive geht.

Es ist viel besser, eine indirekte Vorgehensweise zu wählen. Es ist besser, wenn der Untergebene Fragen stellt, mit denen er den Fehler bei sich selbst sucht. Versuchen Sie es auf diese Weise: »Ich will sichergehen, dass ich Ihre Denkweise verstehe, damit ich lerne, diese Probleme selbst zu überdenken«, oder: »Es fällt mir schwer, das genau zu begreifen, weil ich nicht so viel Erfahrung habe wie Sie.« Jede dieser Vorgehensweisen entwaffnet den Vorgesetzten und sorgt dafür, dass er sich nicht angegriffen fühlt.

Das ist auch eine gute Strategie, um dem Chef einen Ausweg zu ermöglichen. Wenn Sie Ihre als die einzige Option präsentieren, kann das bei Ihrem Vorgesetzten den Eindruck erwecken, als würde es seine Führungsposition infrage stellen, wenn man den Plan eines anderen verfolgt. Das stimmt natürlich nicht, aber es ist eine Wahrnehmung, die häufig auftritt. Deshalb ist es sehr hilfreich, dem Vorgesetzten Ideen so vorzustellen, dass er die Möglichkeit hat, sie für seinen eigenen Plan zu übernehmen. Sie könnten vielleicht eine der anderen Maßnahmen anbieten, die er schon einmal erwähnt hat, egal wie beiläufig. Manchmal reicht es schon aus, zu sagen: »Ich habe über Ihre Anmerkung nachgedacht und das hat mich darauf gebracht, dass wir vielleicht …«, um eine Idee mit dem Vorgesetzten zu verknüpfen, damit er und sein Ego sich dabei wohlfühlen. Das geht auch auf anderem Wege, aber zumindest sollten Sie Ihre Idee nicht gegen die des Chefs ausspielen. Das würde an seiner Eitelkeit kratzen und kann sich negativ auf die Entscheidungsfindung auswirken. Versuchen Sie stattdessen, Ihre Idee auf den Chef zurückzuführen, damit sie eine direkte Verbindung zu ihm aufweist. Fast immer finden die Menschen ihre eigenen Ideen besser als die von anderen.

Wenn der Chef die Argumentation gegen seinen Plan begründet und nachvollziehbar findet, wird er wahrscheinlich entweder weitere Details erläutern, um die Bedenken der Untergebenen zu zerstreuen, oder die Schwachstellen seines Plans erkennen und Anpassungen vornehmen. So oder so ist das Team jetzt mit dem Plan einverstanden.

Doch dies ist nicht immer der Fall; der Chef kann auch auf seinen Anweisungen beharren und anordnen, den Plan wie befohlen umzusetzen. Nun sollten die Untergebenen noch mal zurückgehen und die Anweisungen und den Plan noch genauer unter die Lupe nehmen, jede Möglichkeit betrachten, Risiken zu vermeiden, die Ergebnisse detaillierter analysieren und eine noch stärkere Argumentation gegen den Plan des Chefs erarbeiten. Sobald das erledigt ist, werden dem Vorgesetzten die Einwände erneut vorgelegt.

Mit diesen noch ausführlicheren und gut dokumentierten Bedenken, die immer noch negative Ergebnisse aufweisen, selbst wenn Maßnahmen zur Risikovermeidung angewendet werden, wird der Chef hoffentlich einlenken. Er erkennt ein hohes Potenzial für das Scheitern der Mission, das ihm auf nicht beleidigende Weise präsentiert wird, und entscheidet sich für eine andere Methode. Das ist gut.

Aber selbst das funktioniert nicht immer. Manchmal bleibt der Vorgesetzte trotz allem stur und ändert seine Meinung nicht. Ist das der Zeitpunkt für eine Meuterei? Ist es Zeit, ein Zeichen zu setzen? Sie könnten dem Chef sagen: *»Auf keinen Fall. Ich mache das nicht so, wie Sie sagen.«*

Es könnte an der Zeit sein, das zu tun. Vielleicht aber auch nicht. Viele Variablen müssen dafür berücksichtigt werden.

Betrachten wir zunächst einmal, was ein Risiko ist. Vielleicht geht nur ein kleines bisschen Effizienz verloren. Sollte dies der Fall sein, lohnt der Kampf nicht. Vielleicht geht etwas mehr Effizienz verloren, aber nicht in großem Maße. Auch in diesem Fall lohnt es sich nicht, darüber eine Auseinandersetzung zu führen.

Doch vielleicht gibt es auch ein anderes, signifikanteres Risiko. Es kann sich lohnen, noch mal zurückzugehen und zu versuchen, wirklich genau zu erläutern, worin dieses Risiko besteht und auf welche Weise es sich negativ auf die Mission auswirken wird. Diese Idee setzt sich fort – der Untergebene wägt die Risiken ab und wie viel Einfluss sie auf das Endergebnis haben werden. Schließlich kann er an einen Punkt gelangen, an dem er sich sicher ist, dass das Resultat des Plans seines Vorgesetzten absolut inakzeptabel ist. Der Untergebene weiß, dass es katastrophale Folgen für das Team und die Mission hat, wenn er seinem Chef Folge leistet und alles wie angeordnet durchführt.

Doch selbst dann muss der Untergebene abwägen, ob direkte Befehlsverweigerung die beste Entscheidung ist. Möglichen Folgen, die es haben kann, wenn ein Untergebener sich den Anweisungen widersetzt, können sein:

1. Der Vorgesetzte erkennt, dass der Untergebene extreme Bedenken gegen den Plan hat – so große, dass er seine Karriere aufs Spiel setzt und eine Bestrafung riskiert –, weil der Plan wirklich schlecht ist. Das ist das bestmögliche Ergebnis. Der Vorgesetzte wird durch die Weigerung seines Untergebenen, den Plan umzusetzen, wachgerüttelt, geht noch mal seine Optionen durch und beschließt eine

andere Art der Umsetzung. Nun sollte der Untergebene wieder ins Team zurückkehren und gemeinsam mit dem Team den Plan unterstützen und ausführen.

2. Der Vorgesetzte schaltet auf stur und ändert den Plan nicht. Da der Untergebene seine Teilnahme verweigert hat, wirft der Vorgesetzte ihn hinaus und setzt einen anderen an seine Stelle, der speziell wegen seines bedingungslosen Gehorsams ausgewählt wurde. Für den Chef ist das Problem gelöst, doch das Team muss es ausbaden, denn nun wurde die Stimme der Vernunft durch einen der Speichellecker des Chefs ersetzt. Der Plan des Chefs wird umgesetzt und basta. Keiner hat eine Wahl oder irgendeine Kontrolle über die Situation. Das ist eine furchtbare Situation. Um das zu vermeiden, müssen Sie beachten, dass ein Chef, der sich bereits weigert, Vorschläge zum Plan anzuhören, vermutlich ein großes Ego hat und recht wahrscheinlich einen Jasager einsetzen wird, der seine Vision ohne zu zögern umsetzt. Wenn dies ein mögliches Ergebnis ist, muss es sorgsam abgewogen werden.

3. Wenn ein Untergebener ein Zeichen setzt und sich weigert, einen Plan umzusetzen oder aus Protest seine Stelle kündigt, verliert er damit augenblicklich jeglichen Einfluss auf den Vorgesetzten. Der Untergebene hat zwar ein sehr lautes und deutliches Statement abgegeben, doch danach kann er nichts mehr unternehmen. Für das weitere Ergebnis spielt er keinerlei Rolle mehr.

4. Hat der Untergebene jede mögliche Methode angewendet, um den Chef davon zu überzeugen, dass sein Plan falsch ist, und

> sieht keine Möglichkeit mehr, dessen Meinung zu ändern, ist es vielleicht die bessere Option für ihn, ein letztes Mal seine Bedenken zu äußern und dann das Team so zu führen, dass es den Plan nach seinen besten Möglichkeiten umsetzt. Auf diese Weise kann der untergebene Teamführer wenigstens sein Bestes tun, um die negativen Auswirkungen des schlechten Plans abzuschwächen, die schädlichen Ergebnisse dokumentieren, um sie dem Chef explizit erklären zu können, und weiterhin das lange Spiel mitspielen, indem er eine Beziehung zu seinem Vorgesetzten aufbaut, sodass er ihn auf lange Sicht von besseren Umsetzungsmethoden überzeugen kann. Das Risiko bei diesem Vorgehen ist, dass der Untergebene, wie Napoleon sagte, immer auch die Schuld an den Folgen mitträgt.

Egal für welche Vorgehensweise Sie sich entscheiden, wenn Sie Widerstand gegen Ihren Vorgesetzten leisten, Sie müssen sie sehr sorgfältig abwägen, denn manche Folgen davon haben katastrophale Auswirkungen auf das Team, die Mission und den Teamführer. *Seien Sie also vorsichtig!*

Woher kommt Führung?

Das ist eine uralte Frage: Wird man als Führungskraft geboren oder dazu gemacht? Die Antwort lautet: beides.

Schauen wir uns zunächst mal an, womit Menschen geboren werden. Natürlich kommt jeder mit Stärken und Schwächen in verschiedenen Bereichen zur Welt. Die körperlichen Merkmale sind offensichtlich; manche sind größer, andere kleiner, manche sind von Natur aus stärker, andere beweglicher, die einen haben explosive, schnelle Muskelfasern, die anderen ausdauernde, langsame Muskelfasern. Sportliches Training kann sicherlich die körperlichen Fähigkeiten jedes Menschen verbessern. Gewichttraining macht stärker, Laufen verbessert die Ausdauer, Stretching steigert die Beweglichkeit. Doch man wird mit seinem eigenen genetischen Aufbau geboren und ist durch ihn eingeschränkt. Diese Merkmale und ihre Beschränkungen spielen beim Sport und bei körperlichen Wettkämpfen eine deutliche Rolle. Wir können versuchen, unser genetisches Potenzial auszuschöpfen und vielleicht leicht darüber hinausgehen, aber letztlich werden wir von unserer DNS begrenzt.

Menschen kommen auch mit unterschiedlichen kognitiven Fähigkeiten zur Welt. Natürlich können sie mit etwas Übung ihre intellektuellen Leistungen maximieren, aber sie bleiben dennoch eine Grenze. Wer durchschnittlich intelligent ist, wird auch mit noch so vielen Studien nicht zum Einstein werden. Aber Lernen, Lesen und Übungen können die Denkfähigkeit erhöhen. Je mehr man liest, desto besser begreift man die Zusammenhänge der Welt. Je mehr man eine Sprache übt, desto besser wird das Vokabular. Je mehr Fragen man stellt, sich Antworten dafür überlegt und so seine Denkfähigkeit schult, desto besser wird man irgendwann denken können. Genau wie die körperlichen Fähigkeiten kann man also auch seine intellektuelle Kompetenz steigern, bis man die Grenzen der eigenen Erbanlagen erreicht hat.

Dasselbe gilt auch für Führungseigenschaften. Bestimmte Eigenschaften, die manchen Menschen angeboren sind, begünstigen eine Führungsfähigkeit.

Eine davon ist die Fähigkeit, sich gut auszudrücken. Je besser jemand seine Vorstellungen auf einfache, verständliche Weise kommunizieren kann, desto effektiver kann er führen. Und manche Menschen können sich von Natur aus besser artikulieren als andere.

Ebenfalls sehr vorteilhaft für Führungskräfte ist eine natürliche Begabung, komplexe Probleme zu analysieren und in einfache, leicht verständliche Konzepte herunterzubrechen. Wenn ein Vorgesetzter irgendein Vorhaben angehen muss, ist es wichtig, dass er dieses Vorhaben in einfache Worte fassen kann, nicht nur um dem Team das Vorhaben besser vermitteln zu können, sondern auch, um eine einfache Lösung zu finden, die sich hinter einem komplexen Sachverhalt verbirgt.

Je mehr Selbstvertrauen und Charisma eine Führungskraft hat, desto besser kann sie führen. Und auch wenn Charisma schwer zu quantifizieren ist, ist es ein deutlich erkennbares Merkmal, über das manche Menschen in unterschiedlichem Maß verfügen. Manche haben eine enorme natürliche Anziehungskraft und andere fühlen sich zu ihnen hingezogen. Andere dagegen schaffen es kaum, auch nur ein wenig Aufmerksamkeit von anderen zu ergattern.

Sogar eine Eigenschaft wie Lautstärke ist eine gute Führungsqualität. Wenn Sie führen wollen, müssen die Menschen Sie hören können, ist Ihre Stimme jedoch nicht laut, kann das Team Ihre Anweisungen nicht hören und sie deshalb auch nicht umsetzen.

Auch die Fähigkeit, andere zu durchschauen, ist sehr wichtig, doch auch sie ist nicht jedem in die Wiege gelegt. Manche Menschen tun sich sehr schwer im Umgang mit anderen. Sie sind sozial unbeholfen und gehen auf die Emotionen und Reaktionen anderer nicht ein.

Alle Führungskräfte haben Stärken und Schwächen. Zum Glück können sie besser werden. Aber wie?

Erstens kann ein Vorgesetzter redegewandter werden. Er kann das Reden üben, seinen Wortschatz erweitern und lesen und schreiben, um die

Fähigkeit, seine Gedanken zu ordnen und zu kommunizieren, zu üben und zu verbessern. Mit diesen Maßnahmen nimmt seine Wortgewandtheit im Laufe der Zeit zu.

Eine Führungskraft kann auch besser darin werden, Dinge zu vereinfachen. Indem sie Abstand gewinnt und abstrakter über Probleme nachdenkt, indem sie Vereinfachungen an ihrem Ziel vornimmt und indem sie fortwährend weniger wichtige Dinge neu nach Prioritäten ordnet oder entfernt, verbessert sie im Laufe der Zeit und mit etwas Übung ihre Fähigkeit, einfachere Lösungen zu entwickeln.

Das Charisma zu verstärken kann für eine Führungskraft schwierig sein, aber auch hier lassen sich einige Fortschritte erzielen. Man kann auf seine Haltung und Mimik achten. Mit wachsender Erfahrung steigt auch das Selbstbewusstsein, was sich positiv auf das Charisma auswirkt. Zudem kann eine Führungskraft darauf achten, Menschen beim Sprechen in die Augen zu sehen, anderen aufmerksam zuzuhören und sich mit bescheidener Autorität klar auszudrücken. Sie kann dafür sorgen, dass ihre Stimme gut zu hören ist. All diese Kleinigkeiten tragen zu einem stärkeren Charisma bei.

Um seine Menschenkenntnis zu verbessern, kann der Vorgesetzte stärker auf Körpersprache, Mimik und Tonfall achten. Wenn er Aufmerksamkeit darauf verwendet, kann er herausfinden, welches Standardverhalten ein Mensch aufweist, und dann feststellen, wann er von diesem Standard abweicht, was ihm dabei hilft, seine Emotionen oder Stimmungen einzuschätzen.

Es gibt also durchaus quantifizierbare Methoden, mit denen Führungskräfte ihre natürlichen Führungseigenschaften verbessern können, aber es wäre unrealistisch anzunehmen, dass ein Vorgesetzter sich in irgendeiner Kategorie von einem sehr niedrigen zu einem außergewöhnlich hohen Niveau steigern könnte, ebenso wie es unrealistisch wäre, einen Spitzen-Marathonläufer in einen olympischen Gewichtheber verwandeln zu wollen. Die Gene sind einfach nicht vorhanden.

Wie kann also eine Führungskraft hervorragend werden, wenn ihm oder ihr die für Führung notwendigen natürlichen Eigenschaften fehlen? Die Antwort ist einfach: Eine gute Führungskraft baut ein gutes Team auf, das ihre Schwächen kompensiert.

Das habe ich erlebt, als ich die taktische Ausbildung für die SEALs durchführte. Es gab einen für zwei SEAL-Platoons zuständigen Task Unit Commander, der einfach keine laute Stimme hatte. Er war klug und taktisch geschickt und er schien den Respekt seiner Leute zu genießen, aber er hatte die Stimmgewalt einer Maus. Zwar ist es für jeden Vorgesetzten von Vorteil, über eine tragende Stimme zu verfügen, aber für einen Kampfführer ist es absolut maßgeblich, sich Gehör zu verschaffen. Der Grund dafür liegt auf der Hand: Während eines Maschinengewehrfeuers wird es extrem laut. Da müssen Anordnungen mit lauter und donnernder Stimme erteilt werden, damit das Team sie hören und weiterleiten kann.

Leider lag dies jenseits der Fähigkeiten dieses SEAL-Offiziers. Ich erteilte ihm dazu einen direkten Rat. »Ihre Männer können Sie nicht hören. Sie müssen lauter werden.«

»Ich weiß nicht, ob ich das kann«, sagte er.

»Tja, das sollten Sie aber, denn im Moment macht Ihre schwache Stimme Sie als Führungskraft ineffektiv«, sagte ich so freimütig, wie ich konnte, um ihn dazu zu bringen, etwas an der Situation zu ändern.

Während der nächsten Übung beobachtete ich ihn und hörte ihm zu. Es war immer noch nicht besser geworden. Sein Team hinkte hinterher, weil es seine Befehle nicht hören konnte.

Nach dieser Übung sprach ich das Thema bei dem Offizier erneut an. Bei der nächsten Mission war es immer noch nicht besser geworden.

Ich begann mich zu fragen, ob diese Person wirklich als SEAL-Führer taugte, und meine Vermutungen tendierten in Richtung nein. Ich habe von Natur aus eine laute Stimme und diese Stimme hatte mir als SEAL-Führer immer gute Dienste erwiesen. Ich dachte über die Gelegenheiten nach, bei denen meine laute Stimme den Lärm der Schüsse und Explosionen übertönt und von meinen Männern gehört worden war. Das war eine entscheidende Fähigkeit. Vielleicht meinen Sie, dass unsere Funkgeräte mit ihren hochentwickelten Noise-Cancelling-Headsets dieses Problem lösen, aber das tun sie nicht. Während des Gefechtschaos können die Leute ihre Funkgeräte oft nicht tragen, und selbst wenn, können sie nicht immer darauf achten. Kommandos gehen im allgemeinen Tumult unter.

Verbale Kommandos sind dagegen etwas anderes. Jeder SEAL wird vom ersten Tag seiner Grundausbildung darauf gedrillt, das Feuer einzustellen, wenn er ein gebrülltes Kommando hört, denjenigen anzuschauen, der das Kommando gebrüllt hat, es ihm gegenüber zu wiederholen, dann den anzuschauen, der ihm in der entgegengesetzten Richtung am nächsten steht, ihm den Befehl weiterzuleiten und darauf zu warten, dass er ihn zurückgibt, um sicherzugehen, dass er ihn verstanden hat. Das geschieht aber nicht, wenn Befehle über Funk erteilt werden; deshalb gehen Kommandos und Anweisungen im Funkverkehr so häufig unter.

Ich begann das Potenzial des leisen SEAL-Offiziers wirklich anzuzweifeln und besprach es weiterhin mit ihm. »Wissen Sie, ich sehe, dass Sie Ahnung von Taktik haben. Ich sehe, dass Sie gut planen können. Ich sehe sogar, dass Sie gute taktische Entscheidungen treffen. Aber das alles spielt keine Rolle, wenn Ihre Männer Sie nicht hören können. Sie müssen lauter werden, und zwar sofort, sonst schaffen Sie es nicht.«

Er war von meiner Äußerung enttäuscht, aber nicht verärgert. Ich glaube, er erkannte wirklich seine Unzulänglichkeit und wie stark sie sich auf seine gesamte Task Unit auswirkte.

Bald war es an der Zeit für die nächste Übung. Erneut behielt ich den leisen jungen Task Unit Commander im Auge. Im Verlauf der Mission wuchsen Chaos, Durcheinander und Lärm. Automatische Waffen feuerten Tausende Schuss Übungsmunition ab. Nachgemachte Artilleriegranaten jaulten und explodierten. Es wurde sehr schwierig, etwas zu hören, aber es musste ein Befehl erteilt werden. Das Team musste ein Gebäude betreten, sichern und Posten aufstellen, ein Manöver, das wir als *Strongpoint* bezeichnen. Es war absolut klar, was zu tun war.

Ich sah zum Task Unit Commander hinüber. Er sah aus, als wisse er, was zu tun war, aber konnte er laut genug bellen, um sich bei allen Gehör zu verschaffen, damit sie es umsetzen konnten? Gerade als ich mich das zu fragen begann, sah ich, wie er zu einem seiner Leute, nennen wir ihn mal Bill, sagte: »Sag allen, *Strongpoint* bei dem Gebäude da und Posten aufstellen!«

Ich erkannte sofort die Brillanz des Task Unit Commanders; Bill war das lauteste Großmaul in der gesamten Task Unit. Kaum hatte er den Befehl von seinem Vorgesetzten erhalten, donnerte Bill auch schon los: »Okay, alle Mann – *Strongpoint* bei dem Gebäude da und Posten aufstellen!«

Ganz wie sie es beigebracht bekommen hatten, leiteten die Leute, als sie den Befehl hörten, die Worte direkt an den SEAL neben ihnen weiter, und der an den nächsten. Bald hatten nicht nur alle Mitglieder der Task Unit den Befehl gehört, sondern sie setzten ihn auch schon um, nahmen das Gebäude ein und stellten Posten auf. Es war fantastisch anzusehen. Es bewies, dass mündliche Kommandos funktionieren. Doch es bewies auch, dass ich mich geirrt hatte.

Der SEAL-Offizier war absolut in der Lage, Menschen im Gefecht zu führen. Er musste nur herausfinden, wie er die Leute in seinem Team einsetzte, um seinen Schwachpunkt zu kompensieren.

Und genau das tut eine gute Führungskraft – andere suchen, die das ins Team einbringen, was ihre Defizite wettmacht. Auf diese Weise können sogar die größten Unzulänglichkeiten der Führungseigenschaften überwunden werden. Wenn das auch noch mit harter Arbeit kombiniert wird, um diese Schwächen zu verringern, kann jeder seine Führungsfähigkeiten drastisch verbessern.

Nun, ich sollte vielleicht sagen: *fast* jeder. Denn es gibt einen Typus von Menschen, der sich nie zu einer guten Führungskraft entwickeln kann: derjenige, dem es an Demut fehlt. Menschen mit einem Mangel an Demut können nicht besser werden, weil sie sich ihre eigenen Schwächen nicht eingestehen. Sie arbeiten nicht daran, um sie zu lindern, und sie würden nie jemand anderen aus dem Team wählen, um ihre Defizite zu kompensieren. Ein solcher Mensch wird niemals besser. Unter keinen Umständen. Doch alle anderen können besser werden. Man kann vielleicht einen grauenhaften Vorgesetzten nicht in einen herausragenden verwandeln, aber ganz sicher kann man einen schlechten Vorgesetzten zu einem besseren und einen guten zu einem hervorragenden machen, egal was ihnen in die Wiege gelegt wurde.

Führung und Manipulation

Führung und Manipulation sind eng miteinander verwandt und doch gilt das eine als schlecht und das andere als gut. Sie sind deshalb so eng verwandt, weil sie beide dasselbe Ziel verfolgen: Sowohl Führung als auch Manipulation wollen Menschen dazu bringen, das zu tun, was ein anderer von ihnen will. Die höchste Form sowohl von Führung als auch von Manipulation bringt Menschen dazu, das zu tun, was ein anderer von ihnen will, weil sie es selbst tun *wollen.*

Sowohl Führungskräfte als auch Manipulatoren verwenden weitgehend dieselben Techniken. Sie beide bauen Beziehungen auf, nutzen ihren Einfluss und taktieren, um die gewünschten Ergebnisse zu erzielen. Sowohl Führungskräfte als auch Manipulatoren nutzen das Ego, die persönlichen Pläne und die individuellen Stärken und Schwächen anderer Menschen, um ihre eigenen Ziele zu erreichen.

Doch trotz der vielen Ähnlichkeiten zwischen Führungskräften und Manipulatoren gibt es einen entscheidenden Unterschied: Manipulatoren versuchen, Leute zu etwas zu bringen, was dem Manipulator nutzt, während Führungskräfte versuchen, Leute zu etwas zu bringen, was dem Team und den Leuten selbst nutzt. Dieser Unterschied ist entscheidend. Der Manipulator versucht, eine Beförderung oder einen besseren Job für sich selbst zu ergattern. Der Manipulator versucht, sich selbst aufzuwerten, um vor seinen Vorgesetzten gut dazustehen. Der Manipulator hat eine einzige ultimative Priorität bei allem, was er tut: Diese Priorität ist der Manipulator selbst.

Eine Führungskraft dagegen setzt sich selbst ans Ende der Prioritätenliste. Die Mission und das Wohl des Teams überwiegen alle persönlichen Belange der echten Führungskraft.

Beide Einstellungen werden am Ende für alle offenbar. Manipulatoren können vielleicht eine Zeit lang einige Leute täuschen, aber nicht alle Leute die ganze Zeit *(angelehnt an das berühmte Zitat von Abraham Lincoln, Anm. d. Red.).* Für echte Führungskräfte gilt dasselbe; sie erhalten vielleicht nicht immer die Lorbeeren, die ihnen zustehen, weil sie sie anderen Teammitgliedern überlassen, doch im Lauf der Zeit werden sie für ihre Führungsqualitäten auf jeden Fall anerkannt, bewundert – und wahrscheinlich befördert.

Das heißt allerdings nicht, dass die Führungskraft am Ende immer über den Manipulator triumphiert. Manchmal hat ein Manipulator gute Karten, macht auf sich aufmerksam und erringt den Sieg. Doch dieser Sieg ist kurzfristig. Andere für sich selbst zu opfern zahlt sich auf lange Sicht nie aus; irgendwann merken es die Leute, wenn jemand nicht zum Wohle des Teams, sondern zu seinem eigenen Wohl handelt, und ziehen die Konsequenzen daraus. Wenn sie das bemerken, folgen sie demjenigen nicht mehr allzu lange.

Dasselbe passiert auch einer guten Führungskraft; ihre wahren Ziele werden letztlich offenbar. Wenn eine gute Führungskraft Opfer bringt und andere Leute und die Mission über sich selbst stellt, wird auch das schließlich erkannt, und die Menschen folgen ihr. Gute Führungskräfte tun das Richtige aus den richtigen Gründen; sie arbeiten fleißig, unterstützen das Team und sorgen für eine solide Umsetzung. Auf lange Sicht überstrahlt der Ruf einer guten Führungskraft bei Weitem den des ruhmsüchtigen Manipulators und am Ende wird die gute Führungskraft, die auf die Mission und das Team achtgibt, überlegen sein.

Zügeln Sie Ihren Stolz

In unserem Führungsberatungsunternehmen Echelon Front begannen Leif und ich mit einem Unternehmen zu arbeiten, das rasch wuchs und gute Gewinne machte. Sie erkannten, dass sie dem Wachstum voraus sein mussten, indem sie junge Führungskräfte ausbildeten, damit diese größere Verantwortung übernehmen konnten.

Der Einstieg sollte ein Assessment sein, bei dem Leif und ich Menschen aus jeder Führungsebene befragen wollten, um mehr über ihre Geschäftsabläufe zu erfahren, und dann einen Plan zur Schulung der jungen Führungskräfte zu entwickeln.

Am ersten Tag kamen wir mit den Geschäftsführern des Unternehmens zusammen. Ich war von allen sehr beeindruckt. Der COO war klug und fähig. Der CFO brachte die Dinge auf den Punkt, war scharfsinnig und detailorientiert. Der CTO, der Personalchef und die übrigen obersten Führungskräfte waren allesamt solide.

Dann lernte ich den CEO kennen. Ich hatte meine Recherchen gemacht und auf dem Papier schien er der Beste der Besten zu sein. Er war NCAA-College-Sportler. Er hatte seinen MBA an einer Eliteuniversität gemacht. Und er war jung, noch nicht mal Mitte dreißig, führte aber bereits ein Hundert-Millionen-Dollar-Unternehmen.

Auch sein Erscheinungsbild war beeindruckend; er war mindestens eins fünfundachtzig groß und hatte wohl gute 250 Pfund Muskelmasse.

Doch er war nicht nur körperlich groß; sobald wir einander die Hand schüttelten, erkannte ich, dass auch sein Ego gewaltig war. Sein Gesichtsausdruck schrie: *Ich bin was Besseres als du!*, und ich konnte beinahe spüren, wie er die Brust nach vorne schob wie ein Teenager, der besonders hartgesotten wirken will.

Eine unmittelbare Spannung ging von ihm aus – fast schon Selbstgefälligkeit, während er auf mich herabschaute.

Kein Problem, dachte ich, als ich ihn mir ansah. Im Militär wie in der Unternehmenswelt hatte ich schon mit vielen großen Egos zu tun gehabt.

Doch bald merkte ich, dass dieser Fall eine besondere Herausforderung war. Jede einzelne seiner Bemerkungen war überheblich und arrogant. Alles, was ich sagte, wurde mit so einem überlegenen Gesichtsausdruck aufgenommen, der sagte: *Das wusste ich schon.* Ich dachte, er würde sich im Laufe des Tages wenigstens für ein paar von meinen Ideen öffnen, aber das tat er nicht; sein Dünkel und seine Herablassung trafen mich mit beinahe jedem seiner Worte wie ein Baseballschläger.

Wir brachten den Tag mit den Geschäftsführern hinter uns und am nächsten Tag trafen wir uns mit der mittleren Managementebene und den Führungskräften an vorderster Front. Ich stocherte ein bisschen herum, während wir uns mit ihnen unterhielten, und suchte nach Ressentiments gegen den CEO – um herauszufinden, was sie über seine übertriebene Arroganz dachten. Doch keiner von ihnen sagte etwas gegen ihn; genau genommen sagten die meisten, dass sie ihn mochten und respektierten. *Er führt sie alle an der Nase herum,* dachte ich.

Als wir fertig waren, verließen wir die Firma und begannen, unseren Plan für die nächsten Schritte zu entwickeln. Während ich über die Diskrepanz zwischen der Einstellung des CEO und seiner Beurteilung durch das Team nachdachte, kam ich zu der Vermutung, dass er vielleicht einfach einen schlechten Tag gehabt hatte, als wir miteinander sprachen. Vielleicht hatte er sich über irgendetwas aufgeregt – eine versäumte Frist oder ein gescheitertes Projekt –, und dieser Ärger hatte seine Einstellung mir gegenüber beeinflusst. *So muss es gewesen sein,* dachte ich. Vor allem, weil ich mir etwas darauf einbilde, mit jedem klarzukommen, und ich sah keinen vernünftigen Grund dafür, warum er mich mit solcher Überheblichkeit behandelt hatte. Ich nahm an, wenn wir das nächste Mal wieder mit ihm arbeiteten, würde er von seinem hohen Ross herabsteigen und mir mit Respekt begegnen.

Ich irrte mich. Erneut lief es hervorragend mit den restlichen Mitgliedern der Geschäftsführung, als wir auftauchten, um mit dem Führungstraining für das Team anzufangen. Sie freuten sich, uns zu sehen, und waren gespannt auf den Lehrgang.

Bis auf ihn. Selbst beim Händedruck spürte ich seine arrogante Selbstüberschätzung. *Was zum Teufel stimmt mit diesem Typen nicht?*, fragte ich mich. Als ich die erste Unterrichtseinheit eröffnete, änderte sich seine Einstellung nicht. Als ich die Führungsprinzipien erläuterte, hörte er zu, doch gleichzeitig bemühte er sich, nicht allzu interessiert zu erscheinen. Er sah auf sein Handy und tuschelte mit einigen Leuten. Er stand sogar auf und ging ein paar Minuten hinaus, als ob alles andere unendlich viel wichtiger sei als die Führungslektionen, die ich gerade unterrichtete. Nachdem ich mit der ersten Unterrichtseinheit fertig war, übernahm Leif die zweite. Ich saß da, betrachtete diesen egomanischen Blödmann und fragte mich, wie er so geworden war und warum er nicht merkte, was für ein lächerlicher Wichtigtuer er war. Ich überlegte, wie sich dieses Problem in den Griff bekommen ließ, das *er* hatte. Wie konnte *er* so egozentrisch sein? Warum konnte *er* seine eigene Arroganz nicht erkennen?

Dann dachte ich ein bisschen genauer nach. Wie konnte es sein, dass seine Kollegen in der Geschäftsleitung offenbar kein Problem mit seinem Ego hatten? Wie kam es, dass seine Führungskräfte an vorderster Front nicht dieselbe Arroganz und Überheblichkeit wahrnahmen, die ich sah?

Moment mal, dachte ich. *Kann es sein, dass das Problem auf meiner Seite liegt?*

Das traf mich wie ein Blitzschlag. Konnte es sein, dass mein eigenes Ego dieses Problem verursachte? Bestand die Möglichkeit, dass mein fragiles Selbstbild durch dieses Tier von einem Mann ins Wanken geriet, der nicht nur über die körperlichen Gaben von Größe, Stärke und

Sportlichkeit verfügte, sondern auch außerordentlich klug, eine mutige Führungskraft und Leiter eines Hundert-Millionen-Dollar-Unternehmens war – alles im Alter von zweiunddreißig Jahren? War es möglich, dass mein Ego von alldem eingeschüchtert wurde und ich derjenige war, der sich wie ein Idiot aufführte?

Natürlich. Jetzt, da ich sah, was vorging, war es offensichtlich – unsere beiden beträchtlichen Egos prallten aufeinander und sorgten für Zündstoff.

In der nächsten Pause ging ich zu ihm und sagte: »Hey, kann ich Sie mal kurz draußen sprechen?«

Er grinste schief und schnarrte dann: »Klar ... wollen Sie mich *coachen?*«, wobei er all seine Verachtung in das letzte Wort legte.

Ich deutete mit einer Kopfbewegung nach draußen und ging zur Tür des Seminarraums. Er folgte mir. Wir gingen den Flur hinunter, um uns außer Hörweite des restlichen Teams zu begeben. Ich hielt an, wandte mich um und musterte sein Gesicht; er sah aus, als hätte ich ihn gerade für eine Schlägerei vor die Tür geholt.

»Und?«, sagte er schließlich.

Ich lächelte. »Tja«, erwiderte ich, »ich wollte Ihnen eine kurze Einschätzung dessen geben, was ich bisher erkennen konnte. Ihre Führungskräfte sind solide. In Ihrem Unternehmen herrscht eine ausgezeichnete Arbeitsmoral und alle haben die Mission wirklich begriffen.« Sein Gesichtsausdruck veränderte sich leicht. Er sah ein bisschen entwaffnet aus. Das war nicht das, was er erwartet hatte.

»Aber das Beeindruckendste, was ich bis jetzt gesehen habe«, fuhr ich fort, »sind *Sie*. Sie sind intelligent; Sie haben eine starke Präsenz. Jeder hier versteht Ihre Vision. Es ist offensichtlich, dass alles Gute, was ich in diesem Unternehmen feststelle, eine Widerspiegelung Ihrer Führung ist, und die ist wirklich herausragend. Und das ist keine Überraschung. Sie haben im College Ball gespielt, Sie haben eine Eliteausbildung, Sie halten sich gut in Form und haben dieses leistungsfähige Unternehmen aufgebaut. Das ist wirklich beeindruckend. Ich empfinde nichts als Respekt für Sie, für das, was Sie geleistet haben und was Sie noch leisten werden.«

Als ich den letzten Satz beendete, hatte sich seine Miene völlig verändert. Die Arroganz war verschwunden und durch einen bescheidenen, fast verlegenen Ausdruck ersetzt worden.

»Auf keinen Fall!«, stieß er hervor. »Ich bin bloß ein Geschäftsmann. Sie sind derjenige, der Respekt verdient! Sie haben Ihr ganzes Leben bei den SEALs verbracht! Sie sind aufgestiegen! Sie haben Männer in Gefechten in unglaublich schwierigen Umgebungen geführt. Das ist es, was Respekt verdient!«

Wir lachten beide, als die Spannung zwischen uns schwand. Binnen Sekunden wandelte sich unser Verhältnis um 180 Grad. Wir gingen zurück in den Seminarraum und er stieg vollkommen auf alles ein, was ich über Geschäft, Führung und Leben sagte. Er fing sogar an, sich einzubringen und von seinen eigenen Erfahrungen zu berichten, um die von mir unterrichteten Prinzipien zu unterstützen.

Das Problem war gelöst. Wie ich das gemacht habe? Ganz einfach. Sobald ich mich loslösen konnte und erkannte, dass hier ein Zusammenprall der Persönlichkeiten stattfand, musste ich nichts weiter tun, als eine Minute lang Demut zu zeigen; ich musste meinen eigenen Stolz zügeln, um die Spannung abzubauen. Nachdem ich das getan hatte, war das Problem gelöst.

Stolz ist wie ein reaktiver Panzer; je heftiger man ihn angreift, desto heftiger schlägt er zurück. Hätte ich den CEO auf seine Einstellung angesprochen und ihm gesagt, dass er ein großes Ego hat, hätte er nur auf stur geschaltet. Deshalb tat ich das Gegenteil. Ich entwaffnete seinen Stolz, indem ich meinen eigenen überwand.

Vielleicht befürchten Sie, dass Ihr Stolz niedergetrampelt wird, wenn Sie ihn überwinden. Aber das wird kaum passieren, weil das Überwinden des eigenen Stolzes ein Zeichen für sehr großes Selbstbewusstsein ist. Ein solches Maß an Selbstsicherheit verdient Respekt. Anfänglich mag es vielleicht so scheinen, als hätten Sie gekuscht, aber in Wirklichkeit haben Sie die Stärke und die Zuversicht bewiesen, dem anderen etwas zuzugestehen, und er wird das anerkennen und respektieren, entweder bewusst oder unbewusst.

Und das ist wahr. Um Ihr Ego unter Kontrolle zu bringen, um Ihren Stolz zu überwinden, brauchen Sie ein enormes Selbstvertrauen. Falls Sie glauben, Sie könnten Ihr Ego nicht kontrollieren, weil Sie fürchten, es könne Sie schwach aussehen lassen, dann – raten Sie mal. Dann *sind* Sie schwach. Seien Sie nicht schwach.

Überwinden Sie Ihren Stolz, bauen Sie Beziehungen auf, und gewinnen Sie das lange Spiel.

Führungskräfte sagen die Wahrheit

Aufrichtigkeit und Ehrlichkeit sind vielleicht die wichtigsten Führungsqualitäten. Sagen Sie Ihren Leuten die Wahrheit. Sagen Sie Ihrem Vorgesetzten die Wahrheit. Sagen Sie Ihren Kollegen die Wahrheit. Und sagen Sie natürlich sich selbst die Wahrheit.

Das ist gar nicht so einfach. Und ehrlich zu sein gibt einer Führungskraft, einem Untergebenen oder einem Gleichgestellten nicht das Recht, ein Grobian zu sein oder Menschen zu verletzen. Nein. Aufrichtigkeit muss mit Takt und Feingefühl verbunden sein.

Natürlich sind manche Wahrheiten leicht auszusprechen: »Wir gewinnen!« – »Sie haben das hervorragend gemacht.« – »Unsere Konkurrenz hat keine Chance.« Wer würde diese Wahrheiten nicht gern aussprechen?

Doch es gibt schwierigere Wahrheiten, die nicht so leicht zu sagen sind: »Wir verlieren.« – »Ihre Leistungen liegen unter dem Durchschnitt.« – »Der Gegner gewinnt an Vorsprung.« Solche Wahrheiten sind schmerzlich zu sagen und zu hören. Deshalb misslingt es so vielen Menschen, insbesondere Führungskräften, bittere Wahrheiten zu vermitteln.

Aber Führungskräfte müssen die Wahrheit sagen.

Zu diesem Zweck muss ein Vorgesetzter seine Leute zunächst einmal kennen und oft mit ihnen kommunizieren. Wenn er ihnen dann schlechte Nachrichten überbringen muss, ist es nicht das erste Mal, dass er mit ihnen redet. Das Überbringen von schlechten Nachrichten sollte nicht das eine Mal innerhalb der letzten vier Monate sein, dass ein Vorgesetzter sich an die Front begibt, um mit dem Fußvolk zu reden. Nein. Es sollte eine beständige, gut gefestigte Beziehung zu den Leuten geben, damit sie den Vorgesetzten kennen und verstehen und der Vorgesetzte die Leute kennt und versteht. Je mehr Kommunikation es mit den Untergebenen gibt, desto leichter sollte es sein, mit ihnen zu kommunizieren, selbst wenn die Inhalte negativ sind. Eine solide Beziehung erlaubt es den Untergebenen außerdem, auch ihren Vorgesetzten schlechte Nachrichten zu vermitteln – also die Wahrheit zu sagen.

Wenn Sie häufig kommunizieren – und mit kommunizieren meine ich alle Formen der Kommunikation, auch Meetings, Telefongespräche, E-Mails, Kurznachrichten, Videos und alle anderen Möglichkeiten –, sind schlechte Nachrichten weniger schmerzhaft. Sagen wir beispielsweise, eine Firma verliert in einem Monat 5 Prozent Marktanteil, und der CEO erzählt das nicht allen, in der Hoffnung, dass sie den Marktanteil zurückerlangen. Wenn dies gelingt, ist alles gut. Verlieren sie aber weitere 5 Prozent Marktanteil – alles in allem nun also 10 Prozent –, ist das weitaus schwerer zu erklären. So schwer, dass einige Chefs es vielleicht nicht mitteilen wollen. Stattdessen drücken sie die Daumen und hoffen auf eine Erholung im nächsten Monat. Auch hier wieder: Beginnt die Firma, Marktanteile zurückzugewinnen und bleibt auf einem positiven Weg, wird am Ende vielleicht alles gut. Doch wenn nicht, kann der CEO in drei oder sechs Monaten auf ein Jahr mit 50 Prozent Marktanteilsverlusten zurückblicken. Was dann? Jetzt wird es sehr schwer, die Wahrheit zu sagen, denn die Wahrheit ist: Das Unternehmen hat 50 Prozent seines Marktanteils verloren und wird Einschnitte beim Marketing, bei der Weiterbildung und beim Personal vornehmen müssen, um zu überleben. Nicht gut. Hätte der CEO dagegen früher die Wahrheit gesagt, und dies auf positive Weise, wäre alles möglicherweise ganz anders verlaufen. Wenn er den Leuten mitgeteilt hätte, dass der Marktanteil um 5 Prozent gesunken ist, so hätten diese erkannt, dass sie sich etwas mehr anstrengen müssen. Die operativen Mitarbeiter und die Führungskräfte hätten ihre Bemühungen verdoppeln und mehr tun können, um die Dinge in Gang zu bringen. Sie hätten die Marktanteile zurückerobern und das Unternehmen auf einen neuen Erfolgsweg bringen können. Doch das Versäumnis, die Wahrheit zu sagen, frühzeitig und oft, macht eine solche Erholung unmöglich.

Obendrein finden die Leute es heraus, wenn die Wahrheit nicht gesagt wird. Sie sehen die zurückgehenden Zahlen. Jemand aus der Buchhaltung wird jemandem aus der Produktions- oder der Verkaufsabteilung von den Umsatzrückgängen erzählen. Dieses Stückchen Realität, injiziert in die Informationslosigkeit der Beschäftigten, führt zu Gerüchten über eine bevorstehende Katastrophe. Die Gerüchteküche kommt ins Brodeln und wird schließlich zu einer selbsterfüllenden Prophezeiung des Untergangs. Das ist Klatsch und Gruppendenken; wenn die Beschäftigten nicht wissen, warum etwas passiert, legen sie sich ihre eigenen Gründe zurecht, und die Gründe, mit denen sie aufwarten, sind wahrscheinlich viel schlimmer als die Realität. *Warum sollte der Chef die Tatsachen verschweigen, wenn diese nicht ein totales Desaster sind?*

Wie kann man so einem Teufelskreis entgegenwirken? Vernichten Sie die Gerüchte, indem Sie die Wahrheit sagen.

Das vielleicht schlimmste Ergebnis, wenn ein Vorgesetzter den Teammitgliedern nicht die Wahrheit sagt, ist, dass sie ihm einfach nicht mehr vertrauen. Sie glauben nicht, was er sagt, sie glauben nicht an seinen Plan, und sie glauben nicht an seine Vision. Wenn die Teammitglieder nicht an die Worte, den Plan oder die Vision des Vorgesetzten glauben, werden Team und Vorgesetzter scheitern.

Ungeachtet dessen gibt es immer noch viele Gelegenheiten, bei denen die Leute nicht die Wahrheit sagen. Manchmal glauben sie, es gebe einen legitimen Grund dafür. Im Militär sind manche Informationen vielleicht vertraulich und geheim. Im Zivilbereich können Rechtsvorschriften die Weitergabe bestimmter Informationen verbieten.

In solchen Situationen ist die Antwort einfach: Sagen Sie die Wahrheit. Nicht die vertrauliche Wahrheit, die mitzuteilen illegal ist, sondern die Wahrheit darüber, warum das nicht gesagt werden kann.

»Es tut mir leid, aber das sind vertrauliche und geheime Informationen, über die ich nicht sprechen darf.«

Oder: »Wissen Sie, ich würde Ihnen diese Informationen wirklich gern weitergeben, aber aufgrund der rechtlichen Lage kann ich sie jetzt nicht preisgeben.«

Eine Führungskraft muss auch die Wahrheit sagen, wenn ein Fehler begangen wurde, was ein Bestandteil von Extreme Ownership ist. Der Verantwortliche muss die Wahrheit darüber sagen, was passiert ist, was schiefgelaufen ist, welche Fehler gemacht wurden und wie sie behoben werden sollen.

Die Wahrheit zu sagen heißt aber nicht, dass eine Führungskraft die Wahrheit als Ausrede nutzen kann, um überkritisch oder angriffslustig zu sein. Das lässt sich am besten vermeiden, indem sie eine Beziehung zu den Teammitgliedern aufbaut und sich um sie kümmert. Sie muss wissen, wer sie sind. Sie muss wissen, wofür sie einstehen. Sie muss wissen, was sie antreibt. Wenn einer Führungskraft dieses Wissen fehlt, ist sie nicht fähig, effektiv mit dem Team zu kommunizieren, besonders wenn es darum geht, Kritik oder unangenehme Wahrheiten zu vermitteln.

Wenn Sie dem Team etwas Unangenehmes sagen müssen, ist es am besten, es einfach zu sagen. Natürlich erklären Sie dann auch die begleitenden Umstände, aber reden Sie nicht herum und halten Sie nichts zurück. Sagen Sie einfach die Wahrheit und erklären Sie die Gründe. Müssen Mitarbeiter gekündigt werden? Erklären Sie, warum das zum Wohl des Teams notwendig ist. Müssen Überstunden geleistet werden, die keiner will? Erklären Sie, warum das wichtig ist. Und dann führen Sie, besonders wenn die Dinge nicht zum Besten stehen. Sie nehmen eine Gehaltskürzung auf sich. Sie übernehmen die erste Schicht Überstunden. Als Führungskraft tun Sie die unangenehmen Dinge. Überlassen Sie das nicht den Mitarbeitern.

Dasselbe gilt, wenn es um die Kommunikation mit Einzelnen geht. Schieben Sie schwierige Gespräche nicht hinaus; dann werden sie nur noch schwieriger. Ob mit Untergebenen, Vorgesetzten, Gleichrangigen oder Kunden, das Hinauszögern von Besprechungen mit unangenehmen

Themen macht die Themen kein bisschen angenehmer. Nehmen Sie es in Angriff.

Aber denken Sie daran, selbst im Falle unangenehmer Wahrheiten wie persönlicher Kritik ist die Wahrheit kein Vorwand für Taktlosigkeit; genau genommen erfordern unangenehme Wahrheiten sogar mehr Taktgefühl. Wenn Sie eine gute Beziehung zu Ihrem Mitarbeiter haben und er weiß, dass Sie sich um ihn kümmern, sollten unangenehme Wahrheiten ähnlich sein wie die normalen Gespräche, die Sie bereits geführt haben.

Eine häufig empfohlene Strategie ist die Sandwich-Taktik, bei der die Kritik zwischen zwei positiven Dingen geäußert wird. »Ihr Team hat drei Monate in Folge die Vorgaben erreicht, was mich sehr freut. Doch Ihre Mitarbeiterfluktuation ist nicht gut; Sie verlieren zu viele Leute. Das wird durch die Tatsache wettgemacht, dass sie während ihrer Zeit hier eindeutig gute Leistungen erbringen.«

Diese Taktik ist ein Versuch, jede echte Beziehung zu den Mitarbeitern zu vermeiden. Sie sollten es nicht nötig haben, negative Kritik mit Lobesreden abzufedern. Wenn ein Vorgesetzter eine gute Beziehung zu seinen Leuten hat, besteht dafür keine Notwendigkeit.

Ungeachtet dessen bedeutet eine gute Beziehung zu den Mitarbeitern nicht, dass der Mitarbeiter auf magische Weise offen für heftige Kritik ist. So funktioniert es nun auch wieder nicht. Die überwiegende Mehrheit aller Menschen mag keine Kritik, egal woher sie kommt, deshalb wird Kritik meist am besten indirekt geäußert, mit dem minimalen Maß an Negativität, das erforderlich ist, um die gewünschte Veränderung herbeizuführen. (Mehr über das Äußern von Kritik finden Sie in Kapitel 7, im Abschnitt »Mit Taktgefühl die Wahrheit sagen«.)

Lernen

Führungskräfte sind nie gut genug. Eine Führungskraft muss sich fortwährend verbessern und dazulernen, denn in jeder Führungsposition entstehen unentwegt neue und unerwartete Herausforderungen, und im Laufe der Zeit wächst die Anzahl der Untergebenen oder Mitarbeitenden, die Projekte werden zahlreicher und umfangreicher, und auch die strategische Bedeutung der Missionen nimmt zu.

Die Führung in jedem beliebigen Beruf ist einfach nur das – ein Beruf. Führen ist Ihr Leben. Tun Sie alles Menschenmögliche, um alles zu wissen, was mit Ihrem Beruf und der Führungsrolle in diesem Beruf zu tun hat. Streben Sie jeden Tag danach, zu lernen und eine bessere Führungskraft zu werden.

Es gibt viele Arten, wie man Führung lernen kann. Eine der wichtigsten ist, alles aus dem Blickwinkel des Führens zu betrachten.

Führung gibt es in jeder beliebigen Gruppe von Menschen. Achten Sie darauf. Beobachten Sie, was funktioniert und was nicht. Achten Sie auf erfolgreiche und weniger erfolgreiche Techniken von Führungskräften – wie sie sprechen, welche Worte sie verwenden, welche Handlungen sie ausführen. Denken Sie darüber nach, wie Sie diese Techniken nutzen können.

Betrachten Sie Ihre Lektüre durch die Führungsbrille. Fast jede Geschichte enthält einen Aspekt, der mit Führung zu tun hat; Bücher oder Artikel müssen sich nicht um Führung drehen und können trotzdem *von Führung handeln*. Achten Sie darauf. Wie handelt der Führende? Was sagt er? Wie reagieren seine Vorgesetzten und Untergebenen? Durch Bücher aus der Geschichte zu lernen ist eine wunderbare Möglichkeit,

Erfahrungen zu sammeln, ohne sie selbst durchleben zu müssen, aber das funktioniert nur, wenn Sie mit der richtigen Konzentration und Anteilnahme lesen, um die Handlungen, die Emotionen und den menschlichen Aspekt des Geschriebenen erfassen zu können.

Lernen Sie, auch auf Kleinigkeiten Acht zu geben. Oft übersehen wir die Nuancen von Situationen und wundern uns dann, warum die Dinge sich auf eine bestimmte Weise entwickeln. Geben Sie Acht. Kleinigkeiten spielen eine Rolle, keine große, aber sie tun es.

Denken Sie über die grundlegenden Führungsprinzipien nach und übertragen Sie sie auf alles, was Ihnen begegnet, um Ihr Denken zu erweitern. *Deckung und Bewegung. Einfach. Prioritäten setzen und ausführen. Dezentrales Kommando. Extreme Ownership. Die zwei Seiten der Führung.* Wenn Sie überall nach diesen Prinzipien Ausschau halten, werden Sie sie entdecken; wenn Sie sie entdecken, verstehen Sie sie besser. Je besser Sie sie verstehen, desto besser können Sie sie anwenden; je besser Sie sie anwenden können, desto mehr können Sie nach ihnen Ausschau halten, und so schließt sich der Kreis.

Ohne Demut wird aber gar nichts geschehen. Wenn eine Führungskraft glaubt, sie habe den Gipfel der Führungskompetenz erreicht, geht sie bereits in die falsche Richtung, stagniert in ihren Fertigkeiten und, was am schlimmsten ist, strahlt Arroganz aus. Lassen Sie das nicht zu. Bleiben Sie demütig und seien Sie stets bereit, etwas dazuzulernen.

KAPITEL 2

ZENTRALE LEHRSÄTZE

Seien Sie tüchtig und bitten Sie um Hilfe

Eine Führungskraft muss die Aufgaben, die Kompetenzen und die Hilfsmittel der ihr unterstellten Mitarbeiter kennen. Das heißt nicht, dass er oder sie Expertin oder Experte für alles sein muss; das ist unmöglich. Ein Platoon Commander kennt sich nicht so gut mit dem Schießen aus wie seine Scharfschützen. Er kann die verschiedenen Funkgeräte nicht so gut kennen wie sein Funker. Er kennt nicht die Details der Route zum Ziel und zurück, wie der Späher es tut. Auf einer Baustelle kann der Vorarbeiter die Geräte nicht mit derselben Effizienz bedienen wie die Arbeiter, die den ganzen Tag nichts anderes tun. Er kann ein Fundament nicht legen wie ein Maurer und einen Bewehrungsstab nicht so verankern wie ein Stahlbauer. In einer Fabrik kann der Betriebsleiter womöglich nicht jede Maschine bedienen und er beherrscht auch nicht jede einzelne Aufgabe im Produktionsablauf. Doch in all diesen Fällen muss eine Führungskraft wenigstens mit dem vertraut sein, was in ihrem Verantwortungsbereich vorgeht.

Was sollte ein Vorgesetzter tun, wenn er eine Fertigkeit nicht besitzt oder eine Aufgabe nicht versteht, die zur Erfüllung der Mission eine Rolle spielt? Ganz einfach: fragen. Genau. Gehen Sie und fragen Sie – und nicht nur nach einer Erklärung; bitten Sie darum, dass man es Ihnen beibringt, und dann tun Sie es tatsächlich. Werfen Sie einen Blick durch das Zielfernrohr des Scharfschützen. Programmieren Sie das Funkgerät. Legen Sie einen Mauerstein. Bedienen Sie ein Gerät eine Zeit lang. Machen Sie sich damit vertraut und dann führen Sie die Aufgabe tatsächlich aus.

Leider tun die meisten so etwas nicht, weil sie fürchten, dabei keine gute Figur abzugeben. Sie glauben, ihre Mitarbeiter würden den Respekt vor ihnen verlieren. Doch das Gegenteil ist der Fall. Auch hier kann Stolz ein echtes Erfolgshindernis sein. Manche Führungskräfte glauben, um Hilfe zu bitten sei ein Zeichen von Schwäche. Weit gefehlt. Sondern Untergebene werden den Vorgesetzten viel mehr respektieren, wenn er zu ihnen kommt und versucht, ihre Tätigkeit zu erlernen und auszuführen. Was Untergebene nicht respektieren, ist ein Vorgesetzter, der sich den Anschein gibt, alles zu wissen. Das weiß ich aus Erfahrung. Als ich noch ein rangniederer SEAL war, hat es mich immer beeindruckt, wenn ein Vorgesetzter kam und echtes Interesse daran zeigte, was wir an vorderster Front so machten. Noch mehr war ich beeindruckt, wenn er Fragen stellte und meine Sichtweise wirklich kennenlernen wollte. Und vollständig beeindruckt war ich, wenn der Vorgesetzte physisch zu tun versuchte, was ich tat – ein Funkgerät programmieren, mit einer komplizierten Waffe schießen oder eine Sprengladung platzieren. Wenn Sie bei etwas Hilfe brauchen, bitten Sie darum. Die Mitarbeiter verstehen, dass ein Chef nicht alles wissen kann. Überwinden Sie Ihren Stolz und bitten Sie um Hilfe. Sie leisten bessere Arbeit und Sie gewinnen den Respekt Ihres Teams. Wenn Sie Tätigkeiten von Beschäftigten erlernen, zeigt das außerdem Ihre Demut. Es beweist, dass Sie nicht abgehoben sind und wissen, was Ihre Mitarbeiter tun und wie schwer ihre Arbeit ist.

Aber denken Sie daran, die Tatsache, dass Sie als Vorgesetzter die Aufgaben Ihrer Untergebenen nicht beherrschen müssen, ist keine Entschuldigung für Ignoranz oder schlechte Vorbereitung. Wenn Sie in den operativen Bereich gehen, sollten Sie zumindest mit dem vertraut sein, was im operativen Bereich getan wird. Sehen Sie sich die Bedienungsanleitungen an, damit Sie wissen, welche Geräte dort verwendet werden. Eignen Sie sich im Vorfeld so viel Wissen an, wie Sie können, damit Sie nicht völlig ahnungslos dastehen. Das gilt für Führungskräfte auf jeder Ebene. Es ist verständlich, dass ein Vorgesetzter nicht jedes Gerät oder jeden Ausrüstungsgegenstand bedienen kann, aber es ist unentschuldbar, wenn er nicht weiß, worum es sich überhaupt handelt oder zumindest, wofür es gebraucht wird. Völlige Unkenntnis dessen, was an vorderster Front passiert, lässt Sie abgehoben wirken und die Mitarbeiter verlieren den Respekt vor Ihnen. Wenn das geschieht und Sie unvorbereitet erwischt werden, ziehen Sie sich aus der Situation zurück, vertiefen Sie sich in die Materie und lernen Sie so viel Sie können. Dann kommen Sie wieder zurück.

Und wo wir schon vom Zurückkommen sprechen: Nur weil Sie vor Ort waren und etwas einmal getan haben, heißt das noch lange nicht, dass Sie startklar sind. Kommen Sie immer wieder zurück. Lernen Sie weiter und werden Sie besser. Ich habe dem CEO eines Geräteherstellers einmal gesagt, dass er mindestens einmal im Monat ein Produkt von Anfang bis Ende herstellen solle, damit er immer über den Prozess auf dem Laufenden bleibt; auf diese Weise würde er die Herausforderungen begreifen, denen sein operatives Personal tagtäglich ausgesetzt war. Es bedeutete außerdem, dass er die nötigen Kenntnisse besaß, um zu durchschauen, wenn man ihm etwas vormachen wollte. So etwas ist Gold wert.

Und zu guter Letzt: Wenn Sie sich da draußen mit den Leuten an vorderster Front die Hände schmutzig machen, lernen Sie sie kennen. Sie bauen Beziehungen auf. Und wenn Sie Beziehungen zu Ihren Mitarbeitern haben, erzählen Ihnen diese, was los ist. Sie geben Ihnen Informationen. Sie sagen Ihnen, was funktioniert und was nicht. Das ist wertvolles Wissen. Natürlich können Sie nicht Ihre gesamte Zeit mit den Beschäftigten verbringen; es muss sich im Rahmen halten.

Aber sorgen Sie dafür, dass Sie genügend Zeit mit ihnen verbringen, und dass Sie wissen, was sie tun. Gehen Sie raus zu ihnen, lernen Sie von ihnen, so viel Sie können, lernen Sie deren Anteil an der Mission kennen und verstehen, und verdienen Sie sich damit deren Respekt als Vorgesetzter und als Mensch.

Vertrauen und Beziehungen aufbauen

Beziehungen zwischen den Hierarchieebenen sind die Grundlage eines Teams. Wenn zwei Menschen einander vertrauen, haben sie eine Beziehung; ohne Vertrauen gibt es keine Beziehung. Beziehungen sind auf Vertrauen aufgebaut. Teams sind auf Beziehungen aufgebaut. Wenn es keine Beziehungen zwischen den Menschen gibt, gibt es auch kein Team, nur eine Gruppe zufällig zusammengewürfelter Personen.

Wir müssen Beziehungen aufbauen, um ein Team zu bilden, und wir müssen Vertrauen schaffen, um Beziehungen aufzubauen. Die Frage lautet also: Wie können wir Vertrauen, Beziehungen und am Ende unser Team aufbauen?

Der offensichtlichste Teil des Vertrauens- und somit des Beziehungsaufbaus ist Ehrlichkeit (wie im Abschnitt »Führungskräfte sagen die Wahrheit« in Kapitel 1 besprochen). Aber auch wenn Ehrlichkeit das Fundament ist, so tragen noch andere Elemente dazu bei, dass Vertrauen entsteht. Hier sind einige strategische Methoden, um Vertrauen in beide Richtungen aufzubauen:

VON OBEN NACH UNTEN

Um Vertrauen und Beziehungen zu Mitarbeitenden aufzubauen, die Ihnen unterstellt sind, müssen Sie Vertrauen *schenken*. Was bedeutet das? Wenn ich will, dass meine Mitarbeiter mir vertrauen, muss ich ihnen zuerst vertrauen. Ich werde ihnen beispielsweise erlauben – und zutrauen –, eine Mission eigenständig durchzuführen. Ich werde ihnen erlauben – und zutrauen –, eine Entscheidung eigenständig zu treffen. Ich werde ihnen erlauben – und zutrauen –, ein Problem ohne meine Kontrolle eigenständig zu lösen.

Natürlich liegt ein Risiko darin, wenn ich meine Mitarbeiter eine Mission durchführen, eine Entscheidung treffen oder ein Problem lösen lasse. Das Risiko ist, dass sie eine schlechte Entscheidung treffen, das Problem nicht lösen können oder die Mission nicht erfüllen. Das ist der Grund, warum ich als Vorgesetzter mit kleinen Schritten beginne, Vertrauen aufzubauen. Die erste Mission, die ich einem mir unterstellten Mitarbeiter anvertraue, wird kein größerer realer Einsatz mit strategischen Konsequenzen sein; vielmehr wird es ein einfacher Übungseinsatz sein, bei dem nichts weiter auf dem Spiel steht als Selbstwert und Selbstbestätigung. Ich würde nicht zulassen, dass meine Mitarbeiter eine falsche Entscheidung treffen, die dann vielleicht erhebliche negative Folgen hat; stattdessen wähle ich für sie eine Entscheidung aus, die nur wenig Ärger verursacht, wenn sie falsch getroffen wird. Dasselbe gilt, wenn ich einen Mitarbeiter ein Problem lösen lasse. Ich würde dafür kein Problem auswählen, das im Falle eines Scheiterns zu einer größeren Katastrophe führt, sondern vielmehr eines, von dem man sich leicht wieder erholen kann, falls es nicht gelingen sollte, zeitnah eine Lösung zu finden.

In jedem dieser Fälle wächst mein Vertrauen, wenn meine Mitarbeiter erfolgreich sind. Gleichzeitig wächst auch ihr Vertrauen zu mir, weil ich ihnen bei ihren Entscheidungen freie Hand gelassen habe. Sie werden allmählich Vertrauen zu mir entwickeln, weil ich sie gut angeleitet habe, weil ich ihnen Freiraum für ihre Arbeit gewährt habe, ohne mich in jede Kleinigkeit einzumischen, und weil ich sie selbstständig Probleme lösen und Dinge herausfinden lasse. Wenn einer meiner Mitarbeiter die Aufgaben erfolgreich bewältigt, suche ich nach einer etwas größeren Mission, die er ausführen kann, einer etwas größeren Entscheidung, die er treffen kann, und einem etwas größeren Problem, das er lösen kann. Dieser Prozess wiederholt sich immer wieder, sodass sich das Vertrauen zwischen uns allmählich und schrittweise festigt.

Wenn ein Mitarbeiter es nicht schafft, eine Mission durchzuführen oder die richtige Entscheidung zu treffen oder ein Problem zu lösen, würde ich nicht den Hammer der Bestrafung auf ihn niedersausen lassen. Ich würde ihn nicht tadeln oder erniedrigen. Stattdessen würde ich seinen Fehler als Gelegenheit nutzen, ihm etwas beizubringen, ihn anzuleiten und zu fördern. Wenn ich den Eindruck habe, dass er es verstanden hat, würde ich ihm eine andere Mission, Entscheidung oder Problemlösung aufgeben. Vielleicht gäbe ich ihm diesmal ein bisschen mehr Lenkung und Beobachtung, um sicherzustellen, dass er bessere Arbeit leistet. War er erfolgreich, würde ich wieder dem oben genannten Prozedere folgen, allmählich die Größe und das Ausmaß der Mission, der Entscheidung oder des Problems erhöhen und somit immer weiter Vertrauen zwischen uns aufbauen.

Im Laufe der Zeit werden die Missionen, Entscheidungen und Probleme schwieriger und die Mitarbeiter werden Fehler machen. Auch dies sind einfach Lernfelder, anhand derer sie besser werden können. Wenn das Risiko höher wird, können Sie ihnen zwar immer noch die Führung überlassen, aber beobachten Sie sie genauer, um sicherzustellen, dass sie keinen Fehler machen, der zu hohe Verluste nach sich zieht; Sie üben also ein gewisses Mikromanagement aus. Sie nehmen Korrekturen vor, wenn sie leicht vom Weg abkommen, um ein katastrophales Scheitern zu verhindern. Sie können aus diesen kleinen Anpassungen immer noch etwas lernen.

Was als Mikromanagement beginnt, wird dann allmählich immer lockerer. Je größer das Vertrauen ist, desto mehr kann der Vorgesetzte sich zurücknehmen. Am Ende hat der Mitarbeiter so viele Missionen erfolgreich ausgeführt, so viele Entscheidungen erfolgreich getroffen, so viele Probleme gelöst und dabei so viel gelernt, dass er Ihr volles Vertrauen hat.

VON UNTEN NACH OBEN

Wir müssen auch zu unseren Vorgesetzten Vertrauen aufbauen und Beziehungen knüpfen. Erneut beginnt der Prozess mit Aufrichtigkeit. Ein häufiger Fehler ist hier, dass die unterstellten Mitarbeiter ihren Chefs gern das sagen, *was diese ihrer Meinung nach hören wollen*. Zum Beispiel sagen sie »Die Arbeitsmoral der Leute ist großartig«, obwohl sie es gar nicht ist, oder »Wir sind auf dem richtigen Weg und werden definitiv die Vorgaben erreichen« oder sogar »Wir haben alle notwendige Unterstützung«. Solche Behauptungen können Probleme verursachen, wenn sie nicht wahr sind. All diese Aussagen mögen dem Chef kurzfristig ein gutes Gefühl geben, aber auf lange Sicht schaden sie der Mission, dem Team und letztlich auch dem Vorgesetzten. Wenn sie sich nachteilig für den Chef auswirken, wird er sich daran erinnern, dass Sie ihm die falschen Informationen geliefert haben, und sein Vertrauen in Sie wird natürlich schwinden.

Sie müssen also die Wahrheit sagen. Aber denken Sie daran, das gibt Ihnen nicht das Recht, sich zu beschweren. Die Wahrheit ist vielleicht, dass Ihr Team hart gearbeitet hat und gern eine Pause hätte. Das dem Chef zu erzählen lohnt sich nicht und er muss es wohl auch nicht hören. Sind die Teammitglieder jedoch extrem erschöpft und brauchen wirklich eine Auszeit, ehe sie noch einen schlimmen Fehler machen, dann sollte man das dem Vorgesetzten unbedingt sagen. Achten Sie darauf, zu unterscheiden zwischen Wahrheiten, die der Chef wissen muss, und dem Jammern über jede Kleinigkeit.

Wie schon in früheren Kapiteln erwähnt, sind für das Aufbauen von Vertrauen auch noch ein paar andere Dinge wichtig, nämlich einfach gute Leistungen zu bringen und Feingefühl zu beweisen, wenn Sie mit Ihrem Vorgesetzten nicht einer Meinung sind.

All diese Strategien müssen eingesetzt werden, um Vertrauen aufzubauen. Ohne Vertrauen kann Führung nicht greifen.

VERTRAUEN UND DEZENTRALES KOMMANDO

Eine der entscheidendsten Voraussetzungen für Vertrauen ist der Einsatz von Dezentralem Kommando. Ein stabiles Vertrauensverhältnis ist wichtig, denn es gibt Zeiten, in denen Vertrauen das Einzige ist, was ein

Team in beide Richtungen der Hierarchie noch zusammenhält. Es gibt dynamische Situationen, in denen die Führungskraft keine Zeit hat zu erklären, warum eine bestimmte Aufgabe erledigt werden muss. Sie muss sich einfach darauf verlassen können, dass der Mitarbeiter sie umgehend erfüllt.

Das scheint immer ein Widerspruch zu allem zu sein, was ich lehre, nicht nur über Dezentrales Kommando, sondern auch über Führung im Allgemeinen. Immer wieder sage ich den Leuten, dass sie nicht Befehle bellen oder Mitarbeitern Pläne aufzwingen sollen und dass man dafür sorgen muss, dass alle nicht nur verstehen, was von ihnen erwartet wird, sondern noch wichtiger, *warum* es von ihnen erwartet wird. Haben sie erst einmal begriffen, *warum* sie tun, was sie tun, können sie die Verantwortung dafür übernehmen und die Aufgabe mit genügend Wissen und Übersicht erfüllen, um nötigenfalls Anpassungen vorzunehmen.

Darüber hinaus ermutige ich Untergebene immer, Fragen zu stellen; wenn sie nicht verstehen, *warum* sie etwas tun, müssen sie nachfragen. Wenn Mitarbeiter mit einem Plan oder einer Idee nicht einverstanden sind, müssen sie ihre Bedenken der übergeordneten Ebene mitteilen. Ein solcher Widerstand und Einspruch gegen den Vorgesetzten führt am Ende zu besseren Ergebnissen. Schließlich hat die Führungskraft eine andere Sicht auf die Dinge als die operativen Mitarbeiter, deshalb kann sie womöglich nicht sehen, was diese sehen. Ein Vorgesetzter kann aufgrund seiner eingeschränkten Perspektive durchaus schlechte Entscheidungen treffen. Es ist daher wichtig, dass es einen offenen Dialog zwischen Beschäftigten und Vorgesetztem gibt, damit die Situation erfasst und verschiedene Perspektiven auf verschiedenen hierarchischen Ebenen berücksichtigt werden können. Mit einem offenen Dialog kann der bestmögliche Plan entwickelt werden.

Doch was ist mit zeitsensiblen Situationen, in denen eine Entscheidung rasch gefällt werden muss? Nehmen wir an, ich wäre ein SEAL Platoon Commander in einer urbanen Gefechtssituation, und mein Platoon würde beim Überqueren einer Straße mit heftigem Maschinengewehrfeuer angegriffen. Etliche meiner Platoon-Mitglieder stecken hinter einigen Fahrzeugen fest. Ich schätze die Lage ein und entscheide schnell, dass wir aus einer erhöhten Position Feuerschutz geben müssen, was es den festsitzenden Platoon-Mitgliedern ermöglicht, sich auf die Straße hinauszubewegen. Ich analysiere die Aufstellung des Platoons und stelle fest, dass Squad zwei in der besten Position ist, also sehe ich den zweiten Gruppenführer an – nennen wir ihn Fred – und rufe: »Fred, bring dein Squad zu dem Gebäude an der Ecke, geht aufs Dach und gebt Feuerschutz!«

An dieser Stelle sagt Fred nicht: »Also, wissen Sie, Chef, können Sie mir mal die Gründe nennen, *warum* Sie das so haben wollen? Ich glaube, es gibt noch ein paar andere mögliche Lösungen des Problems, die wir ausloten sollten.« Das wäre lächerlich. Er weiß, dass die Lage kritisch ist. Er weiß, es ist keine Zeit zum Debattieren. Und was das Wichtigste ist, er vertraut mir. Wir arbeiten schon seit Monaten zusammen. Ich habe viele Entscheidungen getroffen, die er infrage gestellt hat, und wenn er das tat, war ich offen für seine Fragen, und wir sind zu Schlussfolgerungen gekommen, auf die wir uns einigen konnten. Fred weiß, ich will immer, dass er versteht, *warum* er tut, was er tut. Ich war mehr als bereit, mir die Zeit zu nehmen, um das *Warum* detailliert zu erklären und zu besprechen, wann immer es möglich war.

Aber Fred weiß auch, dass jetzt nicht der Zeitpunkt für Diskussionen, Erklärungen oder ein Frage-und-Antwort-Spiel ist. Jetzt ist der Zeitpunkt zum Handeln. Jetzt ist der Zeitpunkt für Vertrauen. Also erwidert Fred: »Verstanden!«, und fängt an, den Plan auszuführen.

So läuft das.

Es läuft aber nicht immer so, denn es besteht die Möglichkeit, dass ich Fred einen Befehl erteile und er erwidert: *»Negativ!«*

Ganz richtig, mein Untergebener, der mich kennt und mir vertraut und weiß, dass wir in einer kritischen Lage sind, könnte mich ansehen und rufen: *»Negativ!«* Er wird nicht tun, was er tun muss. Woran liegt das? Hat er das Vertrauen zu mir verloren? Findet er, dass er nicht gehorchen muss? Nein. Die Antwort ist einfach: Fred sieht etwas, das ich nicht sehe. Vielleicht sieht er einen improvisierten feindlichen Sprengsatz außen am Gebäude; vielleicht sieht er gegnerische Soldaten, die ich nicht sehen kann. Es könnten eine Menge Dinge sein, aber aus irgendeinem Grund ist Fred klar, dass er meinen Befehl nicht ausführen kann.

Auch hier spielt Vertrauen wieder eine große Rolle für ein effektives Team. Nicht nur hat *er mir* vertraut, als ich ihm den Befehl erteilte, zu dem Gebäude zu gehen, sondern nun, da er »Negativ« erwidert hat, muss *ich* auch *ihm* vertrauen. Ich muss darauf vertrauen, dass er etwas gesehen hat, das ich nicht sehe; ich muss darauf vertrauen, dass er alles tun würde, um meinen Befehl auszuführen, wenn er könnte – aber er kann nicht.

Nun muss ich nachbessern. Statt ihm zu sagen, was er tun soll, trete ich einen Schritt zurück und sage ihm, *warum* er das tun soll. »Wir müssen aus einer erhöhten Position Feuerschutz geben, damit wir bewegungsfähig sind!«

An diesem Punkt weiß Fred, warum ich anordne, was ich anordne, deshalb schlägt er eine Möglichkeit vor, wie das umzusetzen ist. Er sieht ein Gebäude neben dem, zu dem ich ihn geschickt habe, zeigt darauf und ruft: »Verstanden! Ich bringe mein Squad zu dem Gebäude da drüben, und wir gehen aufs Dach, um Feuerschutz zu geben!«

»*Los!*«, antworte ich.

Und damit führt er den Befehl aus.

Er war in der Lage, ihn auszuführen – wir waren in der Lage, ihn auszuführen –, nicht nur aufgrund des Dezentralen Kommandos und weil er das *Warum* verstanden hat, sondern auch aufgrund der Beziehung, die wir aufgebaut haben, durch Vertrauen in beide Richtungen der Hierarchie. Das ist Führung.

Einfluss und Respekt gewinnen

So wie eine Führungskraft in beide Richtungen der Hierarchie Vertrauen und Beziehungen aufbauen muss, muss sie auch Einfluss und Respekt gewinnen. Allzu oft denken Führungskräfte, sie hätten den Respekt aufgrund ihres Rangs oder ihrer Erfahrung *verdient*. Und sie glauben auch, ihre Autoritätsstellung sei gleichbedeutend mit Einfluss. Das ist zu einem gewissen Grad auch richtig. Wenn eine Führungskraft in einer ranghohen Position ist, garantiert dieser Rang ein bestimmtes Maß an Respekt und Einfluss. Im Allgemeinen setzt ein Untergebener bei einem Vorgesetzten voraus, dass dessen Ausbildung und Erfahrung ihm die Fähigkeit geben, gute Entscheidungen zu treffen und das Team in die richtige Richtung zu führen. Rang und Position bringen also durchaus ein gewisses Maß an Respekt und Einfluss mit sich.

Doch dieser Respekt und dieser Einfluss sind extrem begrenzt. Der Vorgesetzte muss auf diese Basis aufbauen und Respekt und Einfluss, die er von den Mitarbeitern erhält, so weit ausbauen wie möglich. Wie geht das? Ähnlich wie beim Aufbauen von Vertrauen müssen Sie zuerst den anderen Respekt und Einfluss entgegenbringen und erweisen, um deren Respekt und Einfluss zu erhalten.

Behandeln Sie Menschen mit Respekt. Was bedeutet das? Lassen Sie sie ihre Meinung äußern. Hören Sie ihnen zu. Unterbrechen Sie sie nicht. Qualifizieren Sie nicht die Bedeutung ihrer Tätigkeit oder ihrer Position herab. Teilen Sie sich die Last schwieriger Aufgaben.

Dasselbe gilt für Einfluss. Wenn Sie Einfluss auf andere haben wollen, müssen Sie auch zulassen, dass andere Einfluss auf Sie nehmen. Das heißt, wenn Sie sie anhören, hören Sie auch wirklich *zu*. Sie ziehen ihre Empfehlungen in Erwägung, und wann immer möglich, lassen Sie ihre Gedanken und Ideen in das einfließen, was Sie zu erreichen versuchen. Sie bleiben offen.

Je mehr Sie andere respektieren und sich von ihnen beeinflussen lassen, desto mehr Respekt erlangen Sie, und desto mehr Einfluss gewinnen Sie auf sie.

Extreme Ownership in allem

Einer der wichtigsten Führungsgrundsätze, die ich als Führungskraft in meiner Militärkarriere beherzigt habe, war die Idee der Extreme Ownership. Wenn etwas schiefging, betrachtete ich als Vorgesetzter das als meine Schuld. Gab es irgendein Scheitern auf unteren oder oberen Hierarchieebenen, war ich dafür verantwortlich. Ich habe darüber in meinem Buch *Extreme Ownership* geschrieben.

Die Vorstellung der Extreme Ownership stieß auf große Resonanz und sie war unglaublich hilfreich für alle möglichen Führungspositionen mit allen möglichen Teams in allen möglichen Branchen, Unternehmen und Berufen. Führungskräfte stellten fest: Wenn sie Verantwortung für alles in ihrer Welt übernahmen, übernahmen auch andere Mitglieder ihrer Teams Verantwortung, sowohl auf höheren als auch auf niedrigeren Hierarchieebenen. Wenn die Leute Verantwortung für ihre Aufgaben und für ihre Mission übernehmen, werden die Aufgaben erledigt und die Missionen erfüllt. Gibt es Probleme und die Leute übernehmen Verantwortung dafür, werden die Probleme gelöst.

Doch auch wenn Extreme Ownership wie ein leicht verständliches Konzept wirkt, kann es schwer sein, vollständig zu erfassen, was es *wirklich bedeutet*. Was es *wirklich bedeutet* ist, dass der Vorgesetzte für alles verantwortlich ist. *Absolut alles.*

Das kann schwer zu verstehen sein, denn manchmal tun Untergebene etwas, was der Chef nicht kontrollieren kann und wofür er deshalb eigentlich nicht verantwortlich sein kann. Ein Untergebener kann einen Fehler machen oder eine völlig unerwartete Maßnahme ergreifen. Wie kann das die Schuld des Vorgesetzten sein?

Ich verwende gern das Beispiel eines jungen MG-Schützen in einem SEAL-Platoon, um zu verdeutlichen, inwiefern eine echte Führungskraft für alles verantwortlich ist, was geschieht. Der Maschinengewehrschütze spielt in einem SEAL-Team eine zentrale Rolle. Wie der Name schon sagt, trägt er ein Maschinengewehr – eine schwere Waffe mit Gurtzuführung, die über siebenhundert Schuss pro Minute abfeuern kann. Die Fähigkeit des Maschinengewehrs zu einer so enormen Schussleistung macht es entscheidend für einen SEAL-Platoon oder ein Squad, weil es die Hauptwaffe ist, die Unterstützungsfeuer auf den Feind abgibt; sie sorgt dafür, dass der Gegner in Deckung bleiben muss, was den übrigen SEALs das Vorankommen ermöglicht. Das Maschinengewehr ist das wichtigste

Instrument der Deckung bei der fundamentalen Taktik *Deckung und Bewegung* – dem ersten Gesetz des Kampfes.

Natürlich schießt das Maschinengewehr nicht von allein; es ist nutzlos ohne den MG-Schützen. Der MG-Schütze transportiert das Gewehr und seine Munition, wartet die Waffe, lädt nach und feuert die Waffe ab. Das sind die mechanischen Anforderungen seines Jobs. Aber ein MG-Schütze muss auch wissen, wie er seine Waffe am besten zum Einsatz bringt. Er muss wissen, wie er sich in eine gute Position bringt, von der aus er den Feind am besten angreifen und seinem Team Deckung bieten kann. Er muss auch das Gelände kennen, in dem er sich aufhält, und es zu seinem und dem Vorteil des Platoons zu nutzen wissen – und wie der Feind das Gelände ebenfalls zu seinem Vorteil nutzen kann, wenn man es zulässt. Der MG-Schütze muss zudem sein Schussfeld kennen. Das Schussfeld ist der Bereich des Gefechtsplatzes, für den ein SEAL verantwortlich ist, sei es eine Straße, ein Flur, ein Tal oder eine Hauptrichtung. In diesem Bereich muss er den Feind ausfindig machen und angreifen. Doch das Schussfeld ist gleichermaßen wichtig in seinen Begrenzungen. Außerhalb des eigenen Schussfelds können sich unschuldige Zivilisten aufhalten oder Verbündete oder vielleicht sogar die eigenen SEALs. Kurz gesagt: Wenn er innerhalb seines Schussfelds bleibt, verhindert dies, dass er seine eigenen Leute erschießt.

Der MG-Schütze muss also eine Menge Dinge im Kopf behalten, aber da es seine Aufgabe ist zu schießen, werden von ihm im Allgemeinen nicht viele Führungsqualitäten erwartet. Maschinengewehrschützen sind fast immer Teil eines kleinen Schützenteams von vier bis sechs Personen, das von einem Feuerteamführer geleitet wird. Aufgrund des Mangels an Führungsgelegenheiten wird die Position des MG-Schützen für gewöhnlich von relativ unerfahrenen Neulingen bekleidet, die in ihrem ersten oder vielleicht zweiten Platoon sind. Das Maschinengewehr ist sehr groß und wird oft als »das Schwein« bezeichnet, was den MG-Schützen zum »Schweineschützen« macht. Aufgrund der Größe des Schweinegewehrs ist es meist nötig, dass der betreffende SEAL etwas größer ist, sodass er es schleppen kann. Deshalb werden Neulinge zwar nicht immer, aber doch oft als Schweineschützen eingeteilt, wenn sie groß und kräftig sind.

Außerdem besagt ein uralter stereotyper Witz bei den SEALs, dass Schweineschützen zwar große, starke Jungs sind, aber nicht gerade die hellsten Kerzen im Leuchter. Jeder Neue, der etwas Dummes tut, bekommt zu hören, dass er »einen guten Schweineschützen abgäbe«. Wenn eine Einweisung erfolgt ist, fragt der Platoon Chief gar nicht selten: »Habt ihr Schweineschützen das auch verstanden?«

Das ist der Grund, warum der typische Schweineschütze ein perfektes Beispiel für Extreme Ownership abgibt – weil der typische Schweineschütze Fehler machen wird, und sie sind ein leichtes Ziel für Schuldzuweisungen; das habe ich regelmäßig von jungen SEAL-Führern bei den Übungseinsätzen gehört, bei denen ich die Leitung hatte. Diese jungen Vorgesetzten hatten ihre Rolle und das Konzept von *Extreme Ownership* noch nicht ganz verstanden.

Die Übungseinsätze, die ich leitete, waren sehr komplexe und aufreibende Gefechtssimulationen. Wir hatten ein großes Übungsbudget, und wir nutzten es, um das Chaos und Durcheinander der Schlacht bestmöglich abzubilden. Wir beschäftigten Set Designer aus Hollywood, um unseren Übungsarealen das Aussehen von Städten oder Dörfern im Irak oder in Afghanistan zu geben, wir verwendeten Darsteller, die feindliche Kämpfer oder verbündete Zivilisten spielten, und wir simulierten Waffen mit Paintball- oder anderen hochentwickelten Farbmarkierungsgeschossen oder mit einem Multimillionen-Dollar-Lasertag-System.

Diese simulierte Kampfzone lehrte nicht nur Taktik, sie war auch das ultimative Führungslaboratorium. Und dort konnte ich miterleben, wie junge SEAL-Führer preisgaben, dass sie noch nicht verstanden hatten, was *Extreme Ownership* wirklich bedeutet.

Nehmen wir an, ein junger Schweineschütze hatte seine Waffe in die falsche Richtung abgefeuert, außerhalb seines Schussfeldes. Wenn ich den Vorgesetzten des Schweineschützen fragte, was schiefgelaufen war, konnte er leicht sagen: »Tja, der Schweineschütze hat einen Fehler gemacht. Er hat in die falsche Richtung geschossen.«

»Und wessen Fehler ist das?«, fragte ich.

»Na, der Schütze hat die Waffe ausgerichtet. Er hat den Abzug betätigt. Es ist sein Fehler.«

»Eigentlich«, erklärte ich dann, »ist es Ihr Fehler.«

»Wieso das denn? Er ist doch derjenige, der das Gewehr abgefeuert hat!«, widersprach der junge Vorgesetzte.

Diese Erwiderung hörte ich sehr oft. Doch sie war dennoch falsch.

Sehen Sie, wenn ein Schweineschütze einen Fehler macht, heißt das, er wurde nicht richtig ausgebildet. Der Vorgesetzte ist dafür verantwortlich, den Schützen auszubilden. Wenn der Schütze in die falsche Richtung schießt, heißt das, er wurde nicht so eingewiesen, dass er sein Schussfeld vollständig verstanden hat. Der Vorgesetzte ist für die Einweisung des Schützen verantwortlich. Und ja, es könnte auch bedeuten, dass der Schweineschütze völlig unfähig ist, seine Aufgabe zu verstehen und sein Schussfeld zu definieren. Falls das der Fall ist, ist es die Verantwortung des Vorgesetzten, diese Unzulänglichkeit festzustellen und den Schützen entweder so auszubilden, dass er es begreift, oder den Schützen von seiner Position abzuziehen und ihm eine Aufgabe zu geben, zu der er in der Lage ist; oder, als letztes Mittel, den Schützen aus dem Team zu werfen, wenn er seinen Dienst nicht ordentlich machen kann.

Egal aus welchen Gründen der Schütze also versagt hat, es ist der Fehler des Vorgesetzten. Ein Vorgesetzter ist verantwortlich für alles, was ein Mitglied seines Teams tut. Das habe ich sogar so empfunden, als einer meiner Männer außerhalb des Lagers in Schwierigkeiten geriet. Wenn einer der bei mir im Dienst stehenden SEALs in die Stadt ging, sich betrank und in eine Schlägerei geriet, dachte ich immer: *Wo habe ich versagt? Warum habe ich es nicht geschafft, diesem Menschen die Konsequenzen seines Handelns deutlich zu machen? Warum habe ich nicht mitbekommen, dass er sich in Schwierigkeiten bringen würde, und ihn davon abgehalten auszugehen?*

Extreme Ownership bedeutet, dass Führungskräfte für jede Handlung verantwortlich sind, die ihre Teammitglieder ausführen. So einfach ist das.

Es geschehen Dinge, die außerhalb des Einflussbereichs des Vorgesetzten liegen, aber das sind weniger, als die meisten Leute denken. Ein gutes Beispiel dafür ist das Wetter. Jeder weiß, dass wir es nicht kontrollieren können, wenn also eine Mission abgesagt werden muss, weil das Wetter zu schlecht ist, als dass die Helikopter das Angriffsteam ans Ziel fliegen könnten, ist das natürlich nicht die Schuld des Vorgesetzten. Schließlich hat er auf die Witterungsverhältnisse keinen Einfluss.

Falsch. Der Vorgesetzte hat zwar keinen Einfluss auf das Wetter, aber er kann Alternativpläne für den Fall schmieden, dass das Wetter schlecht ist. Er könnte einen Plan B haben, bei dem Bodenfahrzeuge verwendet werden, um ans Ziel zu gelangen. Er hätte sich dem Ziel im Vorfeld nähern können, damit keine Helikopter notwendig sind. Er könnte sogar einen Notfall-Zeitplan entwickelt haben, der alles Inventar zur Verfügung hält, falls das Wetter schlecht wird, sodass die Mission verschoben statt abgesagt werden kann. Der Vorgesetzte kann also zwar nicht das Wetter beeinflussen, aber er kann es auf jeden Fall in seine Pläne einbeziehen.

Das heißt, bei *Extreme Ownership* gibt es kein »Aber«. Sie gilt für alles. Und sobald der Vorgesetzte beschließt, dass er Ausreden zulässt, öffnet er damit Tür und Tor für Schuldzuweisungen. Das führt zum Misserfolg.

PRÄVENTIVE VERANTWORTUNG

Wenn ein Vorgesetzter weiß, dass er die Schuld niemandem und nichts anderem zuweisen kann, wendet er das an, was ich *präventive Verantwortung* nenne – er übernimmt die Verantwortung für etwas, um zu verhindern, dass Probleme überhaupt erst aufkommen. Der Vorgesetzte, der weiß, dass er seinen MG-Schützen nicht verantwortlich machen kann, wenn der einen Fehler begeht, ergreift präventive Verantwortung und konzentriert sich auf die Ausbildung dieses MG-Schützen, um zu gewährleisten, dass er den Plan und seinen Anteil daran versteht. Der Vorgesetzte, der weiß, dass schlechtes Wetter keine Ausrede ist, eine Mission nicht durchzuführen, ergreift präventive Verantwortung und hält eine Reihe von Notfallplänen bereit für den Fall, dass die Witterungsverhältnisse sich verschlechtern.

Das gilt für jedes Team. Wenn die Führungskraft weiß, dass es wirklich keine Ausreden gibt, unternimmt sie jede vorstellbare Bemühung, sich vorzubereiten. *Ownership* heißt nicht nur, die Verantwortung zu übernehmen, wenn etwas schiefgelaufen ist; die höchste Form der *Extreme Ownership* findet präventiv statt, noch ehe der Fehler passiert. Also übernehmen Sie nicht bloß *Extreme Ownership*, wenn es passiert ist; übernehmen Sie präventive Verantwortung, um Probleme zu verhindern, ehe sie eintreten.

ÜBERNEHMEN SIE VERANTWORTUNG, WENN MAN IHNEN DIE SCHULD GIBT

Oft werde ich gefragt: »Wie kann ich denn Verantwortung übernehmen, wenn andere die Schuld auf mich schieben und sagen, es wäre mein Fehler gewesen?«

Für mich ist die Antwort völlig klar. Ich sage dann: »Darum geht es doch gerade! Wenn Ihr Team Ihnen die Schuld gibt, dann sagen Sie: ›Ja! Das alles ist mein Fehler. Ich bin der Vorgesetzte und ich bin verantwortlich für alles, was geschieht – das Gute wie das Schlechte –, und ja, es ist mein Fehler. Und dies und jenes werde ich tun, um ihn auszubügeln.‹« Dann empfehle ich den Leuten, augenblicklich zur proaktiven Problemlösung überzugehen und ihre Lösung zu erläutern oder, falls sie keine Lösung haben, zu sagen, dass sie sich eine einfallen lassen werden.

Diese Antwort – einfach Verantwortung übernehmen – ist offensichtlich, aber es kann sein, dass sie schwer umzusetzen ist. Auch hier wieder ist es unser Ego, das die Sache erschwert. Es verletzt unseren Stolz, wenn wir die Schuld auf uns nehmen und die Verantwortung übernehmen. Manche Menschen kommen damit nicht klar. Doch es schmerzt sogar noch mehr, wenn jemand anderes mit dem Finger auf uns zeigt und uns die Schuld für irgendein Problem zuweist. Und wenn jemand mit dem Finger auf uns zeigt und uns die Schuld zuweist, was tun wir? Wir gehen in die Defensive. Jeder geht in die Defensive.

Die Antwort auf diese Frage ist also leicht. Wenn Sie eine Führungskraft sind und jemand Sie für einen Misserfolg verantwortlich macht, akzeptieren Sie das. Sie übernehmen die Verantwortung.

Aber was passiert, wenn Sie der Untergebene sind und Ihr Vorgesetzter Ihnen die Schuld für etwas gibt, das schiefgelaufen ist? Auch hier werden

Ego und Abwehrmechanismen aktiviert und Sie möchten im ersten Impuls alles abstreiten oder die Schuld auf andere schieben. Überwinden Sie diese Impulse und übernehmen Sie Verantwortung. Doch was, wenn es *wirklich nicht mein Fehler war?* Was, wenn *wirklich nicht ich* das Problem verursacht habe? Diesen Einwand höre ich immer wieder.

Schauen wir uns das Argument einmal an und nutzen wir dafür erneut das Beispiel des MG-Schützen. Stellen Sie sich vor, Sie gehören zu einem vierköpfigen Schützenteam. Sie sind Gewehrschütze. Es gibt noch einen Feuerteamführer, einen MG-Schützen und einen Grenadier. Sie marschieren neben dem MG-Schützen. Während einer Übung schießt der MG-Schütze außerhalb seines Schussfelds und gefährdet Verbündete.

Nach Abschluss der Übung sagt Ihr Teamführer: »Warum haben Sie den MG-Schützen außerhalb seines Schussfelds schießen lassen?«

Nun, aus einer Perspektive ist das lächerlich. Sie sind nur ein einfacher Gewehrschütze. Sie sind nicht der Anführer. Sie sind nicht der MG-Schütze. Sie sind verantwortlich für Ihr eigenes Schussfeld, nicht für das des MG-Schützen; der MG-Schütze ist verantwortlich für sein Schussfeld. Außerdem ist er derjenige, der den Abzug betätigt. Wie kann man Sie also für das Handeln des MG-Schützen verantwortlich machen? Sie teilen Ihrem Vorgesetzten mit: »Hey, Chef, der MG-Schütze ist verantwortlich für sein Schussfeld, nicht ich. Sie sollten ihm auf den Zahn fühlen.« Der Feuerteamführer sieht Sie enttäuscht an und geht weg. Sie finden es merkwürdig, dass er enttäuscht geguckt hat, aber Sie finden es auch gerechtfertigt, dass Sie für sich selbst eingestanden sind und auf den Schuldigen verwiesen haben – den MG-Schützen.

Das scheint das richtige Handeln gewesen zu sein, aber das war es nicht. Es gibt eine andere Perspektive. Wenn der Vorgesetzte sagt: »Warum haben Sie den MG-Schützen außerhalb seines Schussfelds schießen lassen?«, wird Ihnen bewusst, dass der Feuerteamführer höhere Erwartungen an Sie hat als nur an einen »einfachen Gewehrschützen«. Er erwartet viel mehr von Ihnen, als sich nur um sich selbst zu kümmern; er erwartet, dass Sie anderen Teammitgliedern helfen, dass Sie dabei helfen, den MG-Schützen anzuleiten und zu führen. Das ist ein Kompliment und drückt Vertrauen in Ihre Führungskompetenz aus. Also antworten Sie: »Tut mir leid, Chef. Ich kannte zwar mein eigenes Schussfeld, aber ich hätte sicherstellen sollen, dass der MG-Schütze seines auch kennt. Das hätte mich nur ein, zwei Sekunden gekostet, und es hätte gewährleistet, dass er versteht, was vor sich geht. Es war mein Fehler und ich werde so was nicht noch einmal tun.«

Sobald Sie diese Worte gesprochen haben, nickt der Feuerteamführer voller Zuversicht. »Perfekt. Genau das brauche ich. Ich will, dass Sie eingreifen und führen. Ich kann nicht überall gleichzeitig sein. Danke für Ihre Hilfe.« Der Feuerteamführer klopft Ihnen auf die Schulter und geht. Sie fühlen sich großartig. Ihnen wird klar, dass Ihr Feuerteamführer Vertrauen und große Hoffnungen in Sie setzt, und Sie wissen auch, dass unter Ihrer Führung das gesamte Team bessere Leistungen erbringen kann. Das war die richtige Antwort.

Bringen wir noch eine weitere Perspektive ein: Was ist mit dem Feuerteamführer? Wen will er in seinem Team haben? Den Schützen, der sich aus allem herauswindet und die Verantwortung scheut? Oder jemanden, der Verantwortung für Fehler übernimmt, selbst für jene, die von jemand anderem im Feuerteam gemacht wurden? Die Antwort liegt auf der Hand: Jede Führungskraft wünscht sich Leute in ihrem Team, die Verantwortung übernehmen. Also seien Sie einer davon.

Messing aufsammeln

Führungskräfte müssen in der Rangfolge über ihren Untergebenen stehen, aber sie sind denjenigen, die in der Hierarchie unter ihnen stehen, *nicht wirklich überlegen,* und das heißt, sie müssen sie respektieren. Es heißt auch, dass keine Aufgabe zu klein oder zu unbedeutend für eine Führungskraft ist.

Bei den SEALs feuern wir eine Menge Waffen in riesigen, hochdynamischen Gebieten ab, die Dutzende Quadratkilometer umfassen. Beim Schießen hinterlassen die Waffen Hunderttausende, wenn nicht Millionen Messinghülsen. Weil Messing wertvoll ist und recycelt werden kann und weil die Übungsgelände sauber gehalten werden müssen, wenn ein SEAL-Platoon einen Übungsblock abgeschlossen hat, müssen all diese Messinghülsen anschließend aufgesammelt werden.

Das ist eine ziemlich mühselige Aufgabe, die im Allgemeinen einige Tage dauert. Man schleppt sich bei hohen Temperaturen durch die Wüstenhitze und krabbelt auf den Knien herum, um die Patronenhülsen aufzusammeln. Es ist eine untergeordnete Tätigkeit, die keinerlei Fertigkeiten oder Führungsqualitäten erfordert.

Deshalb ist es für einen SEAL-Führer sehr einfach, diese untergeordnete Tätigkeit des Messingaufsammelns seinen Untergebenen zu überlassen. Es muss immer administrative Arbeit erledigt werden, es finden Meetings statt, an denen teilgenommen werden muss, und zukünftige Einsätze müssen geplant werden. Aber das Messingsammeln anderen zu überlassen ist meist nicht die richtige Entscheidung für einen Vorgesetzten. Ich habe das immer mit meinen Leuten zusammen gemacht. Das zeigte nicht nur, dass mir keine Aufgabe zu gering war, sondern war auch eine gute Gelegenheit, um Kontakt mit den SEALs an vorderster Front zu haben, eine Verbindung zu den mir unterstellten Führungskräften und Soldaten aufzubauen und zu beobachten, wie sie miteinander umgingen. Zudem zeigte sich dabei auch, wer im Team nachlässig arbeitete.

Vorgesetzte, die beschlossen, nicht beim Messingsammeln mitzuhelfen, haben all das versäumt. Sicher, sie haben vielleicht noch ein weiteres von unzähligen Meetings besucht, ihren Bürokram erledigt oder sich ein bisschen Schlaf geholt. Aber sie haben keine Beziehung zu ihren Leuten aufgebaut, sie haben nicht erlebt, wie ihre Leute miteinander umgehen, und sie haben dem Team ganz sicher nicht ihre Demut demonstriert.

Das heißt nicht, dass der Vorgesetzte immer mittendrin sein sollte – absolut nicht. Eine Führungskraft muss führen. Eine Führungskraft muss an Meetings teilnehmen, sich um das Organisatorische kümmern, für die Zukunft planen und alle möglichen dringenden Aufgaben erledigen. Doch es gibt Zeiten, besonders wenn eine Aufgabe für die Leute sehr ermüdend ist, da ist es wichtig, sich mit ihnen gemeinsam die Hände schmutzig zu machen und zu *arbeiten*.

Das ist vergleichbar damit, wie ein Vorgesetzter sich bei hochriskanten Einsätzen verhalten sollte oder bei allem, was ein erhöhtes Maß an Unannehmlichkeiten mit sich bringt. Wenn ein Team regelmäßig schwierigen Situationen ausgesetzt wird, muss der Vorgesetzte es manchmal bei der Konfrontation mit dem Risiko begleiten. Wenn es eine besonders schwere Aufgabe gibt, sollte ein guter Vorgesetzter gelegentlich rausgehen und genau diese Aufgabe erfüllen. Dasselbe gilt, wenn es sich um eine Tätigkeit handelt, die einen hohen Grad an Beschwerden oder Mühsal mit sich bringt – die Führungskräfte sollten diese Mühsal gelegentlich an der Seite ihrer Leute erleben, die sie tagtäglich ertragen müssen. Sei es die Reparatur von Stromkabeln bei klirrender Kälte, das Verfüllen von Beton bei brütender Hitze, die Patrouille in einem üblen Viertel, um dort für Recht und Ordnung zu sorgen, oder auch das ständige Erdulden von Zurückweisungen bei der Kaltakquise. In all diesen Fällen tun gute Vorgesetzte die schweren Dinge, die ihre Untergebenen jeden Tag tun, damit sie niemals vergessen, diese Arbeit und die Menschen, die sie erledigen, zu respektieren, und auch, damit die Leute die Bereitschaft des Vorgesetzten erkennen, einen Teil der Last auf sich zu nehmen, um die wahren Herausforderungen der Tätigkeit zu verstehen.

Führung aus dem Hintergrund

Eins der häufigsten Mantras, das Führungskräfte zu hören bekommen, lautet: »An der Front führen!« Und das ergibt auch Sinn; schließlich geschehen einige entscheidende Dinge, wenn Vorgesetzte an der Front führen.

Wenn eine Führungskraft an der Front führt, geht sie mit gutem Beispiel voran und zeigt genau, was zu tun ist und wie es zu tun ist. Dieses Beispiel kann in furchteinflößenden Momenten entscheidend sein. Es gibt viele Beispiele für üble Gefechtssituationen, in denen das Führen an der Front ein anderes Ergebnis bewirkt. Vielleicht ist ein offenes Gelände zu überqueren; vielleicht lauert ein feindlicher Scharfschütze auf seine Schießgelegenheit; vielleicht verbergen sich feindliche Kämpfer hinter dieser Tür, durch die man hindurchmuss. Jedes dieser Szenarien kann dazu führen, dass Menschen vor Angst erstarren. Wer will schon sein Leben riskieren?

Doch jede dieser Situationen kann noch unendlich viel schlimmer werden, wenn überhaupt nicht gehandelt wird. Solche Gefechtsbeispiele beweisen, dass jemand handeln muss. In den meisten Fällen ist dieser Jemand der Vorgesetzte. Hat kein anderer den Mut, aktiv zu werden, dann muss der Vorgesetzte an der Front führen. Er muss das offene Gelände überqueren, sich in die Schusslinie des feindlichen Scharfschützen begeben oder die Tür aufbrechen, um die gegnerischen Soldaten anzugreifen. Wenn der Vorgesetzte nicht handelt, tut es keiner. Die Leute erstarren, und der Feind ergreift die Initiative, gewinnt die Oberhand und siegt.

Es sind nicht nur Gefechtssituationen, in denen Führungskräfte an der Front führen müssen. In jeder Situation, die aufgrund von Angst oder Befürchtungen stagniert, ist es eine gute Lösung, wenn der Führende aktiv wird und handelt. Dasselbe gilt für extrem anstrengende Aufgaben. Die Leute scheuen sich vor dem Leiden; sie schieben Unangenehmes auf und fangen gar nicht erst an. Doch wenn der Vorgesetzte die Dinge in die Hand nimmt und die Aufgabe angeht, ziehen andere nach und beginnen ebenfalls.

Ein Vorgesetzter muss auch an der Front führen, wenn es darum geht, ein gutes Beispiel zu geben: die Menschen mit Respekt zu behandeln, sich umeinander zu kümmern und sich jederzeit professionell zu verhalten. Wenn Vorgesetzte auf diese Weise führen, ziehen andere nach.

Solche Beispiele beweisen, dass es zahlreiche Gelegenheiten gibt, bei denen eine Führungskraft an der Front führen muss. Doch es kommt auch vor, dass sie aus dem Hintergrund oder vielleicht aus der Mitte führen muss.

Aus taktischer Perspektive auf dem Gefechtsfeld erhöht das Führen an der Front das Risiko für den Vorgesetzten. Manchmal ist es notwendig, dieses Risiko einzugehen, doch wird die Führungskraft getötet oder anderweitig außer Gefecht gesetzt, kann das für das Team katastrophal sein. Ein Vorgesetzter muss sorgfältig abwägen, wann und wo er Risiken eingeht. Abgesehen vom Risiko: Wenn er sich an der Front positioniert, kann er schnell in das unmittelbare taktische Problem verwickelt werden. Muss er mit direkten taktischen Problemen wie beispielsweise der Beteiligung an einem Feuergefecht umgehen, hat er darüber hinaus nicht viel Übersicht und das macht Entscheidungen zumindest schwierig.

Dasselbe geschieht auch in der Geschäftswelt; wenn ein Vorgesetzter sich in den Details des Alltagsgeschäfts verheddert, verliert er den Überblick über die größeren Entwicklungen und der Entscheidungsprozess wird behindert.

Während meiner Dienstzeit als SEAL-Commander habe ich immer zu vermeiden versucht, unter den ersten sechs bis acht Männern zu sein, die während eines Angriffs ein potenziell feindliches Gebäude stürmten. Das tat ich, weil die ersten sechs bis acht Männer die Räume sicherten, vielleicht in Schießereien gerieten und mindestens potenziell widerspenstige Gefangene nahmen – kurz gesagt, die ersten sechs bis acht Männer waren intensiv in dynamische, fließende Situationen verwickelt, die ihre volle Aufmerksamkeit erforderten. Wenn diese ersten Angreifer in eine Schießerei gerieten und damit beschäftigt waren, am Leben zu bleiben und den Feind zu eliminieren, wer sollte dann Unterstützung holen? Wenn sie von einer großen Zahl Gefangener überwältigt wurden, wer würde Verstärkung anfordern? Wenn mögliche Gegner beim Verlassen des Gebäudes gesehen wurden, wer sollte die externen Sicherheitskräfte darüber informieren? In jedem dieser Fälle musste jemand anderes die Führung innehaben, während das Angriffsteam mit diesem unmittelbaren taktischen Problem befasst war. In diesen Situationen war es an mir, die Führung zu übernehmen. Meine Aufgabe bestand nicht darin, Räume zu sichern, Ziele anzugreifen oder mich mit Gefangenen zu beschäftigen. Meine Aufgabe war es, mich loszulösen, die gesamte Dynamik der

Situation zu beurteilen und meinen Leuten die benötigte Unterstützung zu beschaffen.

Wenn ich also auf ein Gebäude zuging und zufälligerweise einer derjenigen an der Spitze des Angriffsteams war, trat ich einen Schritt zurück, richtete meine Waffe nach oben und ließ einige der anderen SEALs vor mir gehen. Sobald meine SEALs mich das tun sahen, wussten sie sofort, was vorging, und bewegten sich an mir vorbei auf das Ziel zu. Der Bewegungsfluss wurde nicht unterbrochen.

Dasselbe galt, wenn ich zufällig einen Flur oder eine Ecke sicherte. Mein Team wusste, dass ich nicht sichern sollte. Das Sichern erfordert 100-prozentige Konzentration und der Schütze kann sich nicht umschauen, um zu sehen, was noch vor sich geht; er muss seinen zugewiesenen Bereich auf Gefahren absuchen. Meine Männer wollten nicht, dass ich sichere, und sie wollten nicht, dass ich einen Korridor entlangstarrte; sie wollten, dass ich Verstärkung organisierte, die Berichte über feindliche Aktivitäten im Auge behielt und unseren nächsten Schritt berechnete. Sie wollten, dass ich führe. All das konnte ich nicht tun, wenn ich sicherte. Wenn ich also mit der Sicherung begann, klopfte mir fast augenblicklich einer meiner Männer auf die Schulter, richtete seine Waffe auf die Gefahrenquelle und nickte, um zu zeigen, dass er den Bereich jetzt absicherte und die Verantwortung übernommen hatte. Dann konnte ich zurücktreten, die Waffe wieder nach oben richten und auf das achten, was in der Gesamtheit vor sich ging.

Wenn einer meiner Leute sah, dass ich jemanden gefangen zu nehmen versuchte oder mich um einen Gefangenen kümmerte oder einen Raum oder Korridor sicherte, schritt er ein und übernahm es für mich. Mein Team wollte, dass ich den Überblick behielt und mich nicht mit den Details befasste.

Bei der Sofortmaßnahmen-Ausbildung für Bodengefechtssituationen lehrte ich junge SEAL-Führer eben dieses Prinzip. Sie sollten nicht immer an der Front sein und gegen den Feind vorgehen. Ist der erste Schusswechsel vorüber und ein Befehl wurde ausgegeben, sollte der Vorgesetzte sich aus dem direkten Schussfeld in eine gute Deckung begeben, damit eine Einschätzung vorgenommen und der Befehl ausgeführt werden kann.

Doch nicht nur im Gefecht muss eine Führungskraft darauf achten, nicht zu weit an der Front zu führen. Auch bei der Planung ist es wichtig zu überlegen, von wo aus geführt wird. Statt dass der Vorgesetzte den Plan entwickelt, ist es eine bessere Methode, die Teammitglieder den Plan machen zu lassen – und ihn damit zu ihrer eigenen Idee zu machen. Wenn der Führende es den Teammitgliedern überlässt, den Plan zu machen, sind diese bereits davon überzeugt; es besteht keine Notwendigkeit, sie von etwas zu überzeugen. Natürlich, wenn der Planungsprozess ins Stocken gerät oder die Teammitglieder sich nicht auf ein Prozedere einigen können, kann es notwendig werden, dass der Vorgesetzte einschreitet, die Leitung übernimmt oder die Entscheidung selbst trifft, welcher Handlungsablauf angewendet werden soll.

Doch fast immer ist es besser, wenn die Führungskraft aus dem Hintergrund führt und es den Mitarbeitern überlässt, die Planung zu übernehmen und sich dafür verantwortlich zu fühlen. Die besten Ideen kommen ja oft von denjenigen im Team, die dem Problem am nächsten sind; das sind diejenigen an vorderster Front. Blockieren Sie sie nicht, sondern geben Sie ihnen die Freiheit und die Autorität, neue Pläne und Ideen zu entwickeln und umzusetzen. Diese Leute haben das Wissen. Geben Sie ihnen auch die Macht. Glauben Sie nicht, dass Sie immer an vorderster Front führen müssen. Halten Sie sich ein wenig zurück und lassen Sie Ihr Team führen.

Nicht überreagieren

Es kommt vor, dass die Leute Dinge sagen und tun, die keinen Sinn ergeben. Es kommt vor, dass es nicht so läuft, wie Sie das wollen. Gute Führungskräfte bleiben in solchen Situationen gelassen. Regen Sie sich nicht auf. Kontrollieren Sie Ihre Emotionen. Nehmen Sie die Situation mit Augenmaß unter die Lupe. Behalten Sie Ihre Meinung für sich, während Sie logisch analysieren, was hier eigentlich geschieht.

Denken Sie daran, dass alles, was Sie in einem solchen Moment sagen könnten, auf unvollständigen und wahrscheinlich unrichtigen Informationen beruht. Lassen Sie die Situation sich entwickeln und ein deutlicheres Bild entstehen, ehe Sie sich dazu äußern.

Das heißt nicht, dass es nicht auch Anlässe gibt, bei denen eine schnelle Entscheidung getroffen werden muss. Doch selbst in diesen Fällen müssen Sie eine Pause einlegen, um zu gewährleisten, dass Sie wissen, was tatsächlich vorgeht. Selbst bei einem Feuergefecht müssen Sie nach dem Beginn des Schusswechsels weiter einschätzen, was passiert. Wenn Sie aus nördlicher Richtung beschossen werden, muss Ihr Team natürlich anfangen, das Feuer Richtung Norden zu erwidern, aber Sie können nicht augenblicklich veranlassen, gegen den Feind im Norden vorzumarschieren. Sie müssen die Stärke der feindlichen Kräfte abschätzen; wenn sie gering zu sein scheint, können Sie vielleicht angreifen und sie hochgehen lassen. Ist sie dagegen groß, sollten Sie Ihre Truppe vielleicht lieber anweisen, den Kontakt abzubrechen und das Feld zu räumen. Sobald Sie die Stärke der feindlichen Kräfte eingeschätzt haben, müssen Sie das Terrain erkunden und einschätzen, ob es sinnvoll ist, sich nordwärts zu bewegen. Wenn es dort nichts als offenes Gelände ohne Deckung und

Verstecke gibt, kann ein Angriff selbst auf eine kleine feindliche Gruppe aussichtslos sein, sollte das Gelände dagegen zulassen, dass man sich auf den Feind zubewegt, könnte ein Angriff die richtige Entscheidung sein. Schließlich müssen Sie noch entscheiden, ob es sich hier um die Haupttruppe des Feindes handelt. Sind diese Leute im Norden der Hauptteil der feindlichen Macht? Oder sollen sie Sie bloß ablenken, während sich eine größere, viel schlagkräftigere Truppe darauf vorbereitet, Sie aus einer anderen Richtung zu überrennen? Das sind nur ein paar von den Dingen, die überlegt werden müssen. Das Ganze muss man schnell überlegen, aber auch vollständig und mit Sorgfalt, um sicherzugehen, dass die Entscheidung dann auch die richtige ist.

In der Geschäftswelt muss dieselbe Art von Beurteilungen vorgenommen werden, wenn etwas schiefläuft. Wenn Sie hören, dass ein Beschäftigter mit der Konkurrenz im Gespräch ist und möglicherweise Ihr Unternehmen verlässt, ist das kein Grund, in Panik zu geraten. Bleiben Sie stattdessen ruhig und sammeln Sie weitere Informationen. Teilt man Ihnen mit, dass ein Projekt völlig aus dem Ruder geraten ist, fangen Sie nicht an zu brüllen und zu heulen. Stellen Sie stattdessen in Ruhe fest, was das Problem verursacht und welche Unterstützung notwendig ist, um das Projekt wieder in die Spur zu bekommen.

Es gibt keinen Grund überzureagieren; Überreaktionen sind immer negativ. Sie führen nicht nur zu schlechten Entscheidungen, sondern lassen Sie auch als Führungskraft schlecht dastehen. Die Leute mögen es nicht, wenn Führungskräfte überreagieren; es bedeutet, dass sie keine Kontrolle haben und möglicherweise irrationale, übereilte Entscheidungen treffen. Atmen Sie also tief durch, lösen Sie sich von Ihrer emotionalen Reaktion, finden Sie heraus, was wirklich vorgeht, und treffen Sie dann ruhige, logische Entscheidungen aufgrund der Realität der Situation.

Mir egal!

Es gibt noch eine andere Methode, um Ihre Reaktionen unter Kontrolle zu halten. Das ist eine andere Form der Loslösung und sie ist sehr schwer zu beherrschen. Sie nennt sich *Mir egal.*

Uns ist diese Idee aus Verhandlungen vertraut; es ist die Fähigkeit wegzugehen und das ist eine mächtige Waffe. »Oh, Sie wollen den Preis nicht senken? Das ist in Ordnung, *mir egal,* behalten Sie's.«

Wenn Sie Führungskraft sind, ist Gleichmut ebenfalls ein sehr mächtiges Tool. Sie wollen Ihren Plan anstelle von meinem anwenden? Schön, mir egal. Sie wollen, dass ich eine miese Aufgabe für Sie übernehme, die andere erniedrigend finden? Gut, mir egal. Oh, Sie wollen, dass ich jemand anderem die Chance gebe, ein Projekt zu leiten? Wunderbar, mir egal; ich werde ihm meine ganze Unterstützung zuteilwerden lassen.

Ja, Gleichmut als Methode ist sehr wirkungsvoll, aber auch schwer zu erlernen. Warum? Weil man dazu die stärkste menschliche Antriebskraft unterwerfen und unterordnen muss – das Ego.

Wenn Sie den Dingen auf den Grund gehen, die Ihnen wichtig sind, werden Sie feststellen, dass viele davon in Ihrem Selbstwertgefühl verankert sind, sogar bei den einfachen Beispielen, die ich oben genannt habe – wie etwa der Aufforderung, eine miese, erniedrigende Aufgabe zu erledigen. Warum macht uns das wütend? Wegen unseres Egos. Eine gute Führungskraft kann in dieser Situation ihren Stolz beiseiteschieben und die Aufgabe einfach erledigen, egal wie mies sie ist.

Das nächste Beispiel ist, jemand anderem die Chance zu geben, ein Projekt zu leiten. Das macht es mir natürlich leichter, weil ich nicht mehr die Verantwortung für das gesamte Projekt habe. Aber warum erhebt man dann Einwände dagegen, jemand anderem die Führung zu überlassen? Weil es unseren Stolz verletzt, Führung abzugeben, und umso mehr, wenn wir die Führung abgeben und dann auch noch die Person unterstützen sollen, die uns diese Führungsposition gerade abspenstig gemacht hat. Doch das verletzt nur Ihr Ego.

Wenn Sie gründlicher untersuchen, was Ihnen wichtig ist, wird klar, dass viele unserer Gefühle an unser Selbstwertgefühl gekoppelt sind, deshalb müssen wir sie ablegen. Ihr Ego drängt Sie dazu, dass Sie siegen wollen. Es treibt Sie voran. Es lässt Sie nicht schlafen. Es kümmert sich nicht um andere. Doch wenn Sie einen wirklichen Sieg erringen wollen, einen ultimativen, strategischen, langfristigen Sieg, dann müssen Sie Ihr Ego überwinden. Sie müssen lernen, sich nichts daraus zu machen. Denn das Ego kann auch sehr kurzsichtig sein.

Wenn Sie die erniedrigende Arbeit übernehmen, beweisen Sie Ihre Demut und Ihre Bereitschaft, für das Team Opfer zu bringen. Lassen Sie jemand anderen führen, bauen Sie Vertrauen auf und beweisen auch das Vertrauen, das Sie in seine Führungsfähigkeit haben. Diese Bausteine bringen Sie an Ihr ultimatives Ziel, und – das ist das Paradoxe daran – Ihr Ego wird befriedigt. Das ist richtig; um auf lange Sicht strategisch zu gewinnen, müssen Sie gleichmütig sein. Und um gleichmütig zu sein, müssen Sie Ihr Ego außen vor lassen.

Jeder ist gleich, jeder ist anders

Jeder ist gleich, aber jeder ist anders. Je besser eine Führungskraft diesen Widerspruch versteht, desto besser kann sie andere verstehen.

Die erste Hälfte des Widerspruchs lautet, dass jeder gleich ist; in jeder Organisation gibt es Archetypen. Da sind die selbstbewussten, geborenen Anführer; die introvertierten Einzelgänger, die das Rampenlicht scheuen; die ruhigen, intellektuellen Denker; kühne, aggressive Menschen; Leute, die gewinnen wollen, und Leute, denen das Gewinnen nicht viel bedeutet. Es ist leicht, die häufigsten Kategorien von Menschen auszumachen; sie kommen in jeder Gruppe vor, von einem SEAL-Platoon über den Unternehmensvorstand bis zur Pfadfinderinnengruppe. Solche Persönlichkeiten gibt es überall; die Menschen sind alle gleich.

Doch die andere Hälfte des Widerspruchs lautet, dass jeder anders ist. Wir haben unterschiedliche Motivationen, unterschiedliche Absichten, unterschiedliche Eigenarten und unterschiedliche Ideen. Auch wenn Sie jemanden als »Führungspersönlichkeit« oder »Einzelgänger« kategorisieren können, ist er doch völlig anders als andere Führungspersönlichkeiten oder Einzelgänger, mit denen Sie bisher zusammengearbeitet haben.

Diese Unterschiede gehören zu den Dingen, die Führung so anspruchsvoll machen. Als Führungskraft müssen Sie sich mit vielen unterschiedlichen Menschentypen auseinandersetzen. Sie müssen lernen, bei verschiedenen Menschen unterschiedliche Formen der Kommunikation anzuwenden, dabei aber dieselbe Botschaft zu vermitteln. Sie müssen interpretieren, was einen Einzelnen antreibt, und das in Ihre Führungsstrategie einfließen lassen. Sie müssen verstehen, wie viel Druck ein

Einzelner aushalten kann und wie leistungsfähig er unter diesem Druck ist. Bei alldem müssen Sie eine gleichbleibende Botschaft vermitteln, Ihre Aufmerksamkeit gleichmäßig auf Ihre Mitarbeiter verteilen, aber ohne dabei so spezifisch zu werden, dass jeder im Team sich auf eine mundgerechte Kommunikation verlässt, die auf seine individuellen Bedürfnisse zugeschnitten ist.

Ein Vorgesetzter muss also wie ein guter Tischler sein, ein Handwerker, der Holz von ganz unterschiedlicher Qualität in nützliche Objekte verwandelt. Er muss nicht nur wissen, welche Werkzeuge er jeweils benutzen muss, sondern auch, wie sich diese Werkzeuge unterscheiden, wenn sie bei verschiedenen Holzarten verwendet werden, von weichem Nadelholz bis zu harter Eiche. Unterschiedliche Holzarten erfordern die Nutzung unterschiedlicher Werkzeuge, genau wie unterschiedliche Arten von Menschen unterschiedliche Führungswerkzeuge benötigen. Aber damit nicht genug. Die individuellen Holzstücke haben auch eigene einzigartige Merkmale; sie haben Astlöcher und Risse und Windungen, die korrekt behandelt werden müssen, sonst verderben sie das Endprodukt. Deshalb muss der Tischler nicht nur verstehen, dass unterschiedliche Werkzeuge für unterschiedliche Holzarten nötig sind; er muss auch wissen, dass verschiedene Werkzeuge auf ganz bestimmte Weise genutzt werden müssen, um der unbegrenzten Anzahl einzigartiger Holzstücke gerecht zu werden.

Ein Stück Holz ist also ein Stück Holz und jedes Holz ist grundsätzlich dieselbe Art von Material, aber es gibt verschiedene Holzarten, und aufgrund der Natur und der Umstände und des Zufalls ist jedes Stück vollkommen einzigartig. Jedes Stück ist gleich, doch jedes Stück ist anders.

Dasselbe gilt für Menschen. Jede Person hat bestimmte gemeinsame Merkmale, die sie zu einem Menschen machen, doch gleichzeitig ist jede

Person ein besonderes, einzigartiges Individuum, das gemäß seiner unvergleichlichen Persönlichkeit behandelt werden muss.

Was bedeutet das für die Führungskraft? Muss sie maßgeschneiderte Kommunikation und Interaktion für jeden Einzelnen bieten, mit dem sie arbeitet? Natürlich nicht. Eine solche Führungsanweisung wäre zum Scheitern verurteilt. Es wäre unmöglich, die führungsspezifischen Tools zu dokumentieren, und dann die speziellen Anwendungen dieser Tools für jeden einzelnen Menschentypus, den es gibt. Doch das ist nicht der Zweck dieser Anweisung. Er besteht lediglich darin, Achtsamkeit zu schaffen, denn es passiert einer Führungskraft sehr leicht, irrtümlich alle ihre Führungstools universell in sämtlichen Situationen anzuwenden. Der Vorgesetzte denkt, wenn eine Technik bei der einen Gruppe funktioniert hat, wird sie das auch bei der nächsten; wenn ein Tool bei einer Person funktioniert hat, wird es das auch bei einer anderen. Aber auch wenn vergangener Erfolg eine gewisse Wahrscheinlichkeit für zukünftigen Erfolg anzeigt, so ist dies doch keine *Garantie*.

Wenn Führungskräfte dasselbe Führungstool wieder auf dieselbe Weise anwenden, wie es in der Vergangenheit für sie funktioniert hat, können sie allzu oft nicht nachvollziehen, warum ihr Team oder einzelne Mitglieder des Teams nicht so darauf reagieren, wie sie sich das vorgestellt hatten oder wie ein anderes Team reagiert hatte, das auf dieselbe Weise geführt worden war. In solchen Situationen glaubt der Vorgesetzte vielleicht, die Schuld liege beim Team, deshalb wendet er dieselben Tools nochmals an, allerdings *mit noch mehr Nachdruck*. Aber das hilft nicht; genau genommen entfernt sich die Reaktion des Teams noch weiter vom gewünschten Ergebnis. Der Vorgesetzte, jetzt noch ärgerlicher und noch überzeugter, dass das Team oder die einzelnen Personen darin das Problem sind, wendet dasselbe Tool jetzt mit maximalem Druck an. Was passiert dann?

Genau das, was auch geschieht, wenn ein Tischler mit einem Werkzeug zu großen Druck ausübt: Das Holz splittert oder verformt sich – und ist ruiniert. Genauso können ein Team oder manche Mitglieder des Teams ruiniert werden, wenn die Vorgehensweise der Führungskraft unangemessen ist, wenn er zu viel oder zu wenig Druck ausübt.

Ein kluger Vorgesetzter macht das nicht. Ein kluger Vorgesetzter erkennt, wenn das verwendete Führungstool das falsche ist oder wenn er es auf die falsche Art anwendet. Und statt es einfach auf dieselbe Art, nur mit mehr Druck anzuwenden, nimmt eine gute Führungskraft den Druck heraus. Sie schätzt die Situation ein, betrachtet das Team und studiert die Individuen, die das Team ausmachen, und analysiert die Dynamik der Situation. Dann passt die gute Führungskraft die Art und Weise an, wie sie das Tool verwendet, oder probiert ein ganz anderes aus.

Wie sieht das nun aus der Führungsperspektive aus? Vielleicht übernehmen die Teammitglieder keinerlei Initiative, deshalb gibt der Vorgesetzte ihnen konkretere Anweisungen, damit sie in die Gänge kommen. Doch statt mehr Initiative zu ergreifen, lassen sie sogar noch weiter nach. Also kontrolliert der Vorgesetzte sie noch mehr, um zu gewährleisten, dass sie vorankommen. Das macht sie wiederum noch weniger proaktiv. Der Vorgesetzte übt daraufhin maximalen Druck aus, erklärt akribisch genau, was er erledigt haben will – und die Teammitglieder zeigen überhaupt kein bisschen Initiative mehr. Sie sitzen einfach da und warten, was man ihnen aufträgt.

Ein klügerer Vorgesetzter hätte etwas Abstand genommen und erkannt, dass seine allzu detaillierten Anweisungen zum Mikromanagement geworden sind, und statt die Teammitglieder zu initiativem Handeln zu inspirieren, hat er es ihnen genommen. Hat die Führungskraft dies erst einmal erkannt, kann sie die entgegengesetzte Richtung einschlagen. Der

Vorgesetzte wird dann nur noch grobe Richtlinien geben und den Teammitgliedern Autorität und Autonomie einräumen, damit sie ihre eigenen Methoden entwickeln können. Dadurch übernehmen sie die Verantwortung und erhalten die Inspiration, die Initiative zu ergreifen und etwas ins Rollen zu bringen.

Das Gleiche kann auch einzelnen Teammitgliedern passieren: Falls ein Einzelner nicht sein volles Potenzial ausschöpft, beschließt der Vorgesetzte vielleicht, dieser Person Verantwortung zu entziehen, damit sie erkennt, dass sie ihre Leistung steigern muss. Doch statt sich zu verbessern, verliert sie die Zuversicht und fällt sogar noch weiter zurück. Also entzieht der Vorgesetzte ihr noch mehr Verantwortung, was dieselbe Reaktion auslöst, doch zusätzlich beginnt der Beschäftigte, gewisse Ressentiments gegenüber dem Chef zu entwickeln und zu zeigen. Es entsteht ein Spannungsverhältnis und die Situation spitzt sich zu.

Hätte die Führungskraft dagegen aufgepasst und die sich zum Negativen wendende Einstellung der fraglichen Person erkannt, so hätte sie ihre Vorgehensweise verändern können. Statt dem Mitarbeiter Verantwortung zu entziehen, hätte sie ihr mehr zuweisen und dem Mitarbeiter ein paar wichtigere Projekte übergeben können, für deren Umsetzung er sich hätte anstrengen müssen. Dann bekommt der Mitarbeiter das Gefühl, dass der Chef ihm vertraut, und glaubt, dass er gute Arbeit leisten kann, also ist er motiviert, sich mehr Mühe zu geben, und gewinnt an Erfahrung und Selbstvertrauen. Sind diese Projekte abgeschlossen, wird der Mitarbeiter wahrscheinlich um weitere bitten und bekommt diese auch zugeteilt. Er ist jetzt auf dem richtigen Weg, kommt voran und erbringt bessere individuelle Leistungen, während er gleichzeitig dem Team hilft.

Natürlich ist das nicht immer der Fall. Manche Menschen knicken unter erhöhtem Druck ein; sie brauchen länger, um Selbstvertrauen zu gewinnen. Andere dagegen betrachten den Verlust von Verantwortung als Herausforderung – *dir werd' ich's zeigen,* denken sie – und arbeiten härter, um ihre Verantwortung zurückzubekommen und zu beweisen, dass sie sogar noch mehr übernehmen können. Es kann also sein, dass verschiedene Personen in ähnlichen Situationen unter denselben Voraussetzungen eine völlig andere Behandlung benötigen. Darum muss die Führungskraft verschiedene Tools und deren sorgsame Anwendung beherrschen.

So wie ein Tischler nicht nur Handwerker, sondern auch Künstler ist, kann ein Vorgesetzter seine Führungstools nicht einfach universell und unterschiedslos anwenden; er muss sie mit Taktgefühl, Diplomatie, Klugheit und Geschick bei seinen Teams und Mitarbeitern einsetzen. Das ist die Kunst des Führens.

Überlassen Sie es der Natur

Der Mensch ist das Produkt von Veranlagung und Erziehung. Er wird mit einigen Eigenschaften geboren und entwickelt und ergänzt diese im Laufe seines Lebens durch Ausbildung und Erfahrung. Die Leute haben unterschiedliche Persönlichkeiten, Motivationen, Temperamente, Einstellungen, Fähigkeiten und Begabungen. Einige dieser Eigenschaften sind genetisch bedingt, andere entspringen ihrer Lebenserfahrung. Es ist ungewiss, welche Eigenschaften angeboren und welche anerzogen sind oder inwiefern Gene und Erziehung sich auf die verschiedenen Eigenschaften auswirken.

Zum Glück ist Ihr Ziel als Führungskraft nicht zu verstehen, woher die Eigenschaften jedes Einzelnen kommen, sondern wie er sie am besten zum Nutzen des Teams und somit auch zu seinem eigenen Wohl einsetzt. Wenn möglich, ist es klug, die Eigenschaften mit der Aufgabe in Einklang zu bringen. Versuchen Sie nicht, jemanden in eine Rolle zu drängen, für die er sich nicht eignet. Machen Sie aus einem introvertierten Schüchternen keinen Verkäufer. Lassen Sie eine nassforsche, unsensible Person nicht Personalverantwortung übernehmen. Stecken Sie einen überschäumend Kreativen nicht in eine Position, die streng geregelte Abläufe erfordert, und geben Sie einem pingeligen Perfektionisten keine chaotische Aufgabe. Setzen Sie die Menschen an Positionen, die ihrer Persönlichkeit entsprechen.

Das heißt aber nicht, dass man den Leuten haargenau diejenigen Jobs zuteilen soll, die perfekt ihrem Charakter entsprechen. Das ist ein unerreichbares Ziel; die Aufgaben, die sich stellen, passen nicht immer perfekt zu irgendjemandem. Alle müssen ab und zu außerhalb ihrer natürlichen Komfortzone arbeiten und sie sollten auch hin und wieder außerhalb ihrer Komfortzonen eingesetzt werden, um in ihren schwächeren Bereichen besser zu werden. Es ist Aufgabe der Führungskraft zu gewährleisten, dass dies auf maßvolle und kontrollierte Weise geschieht.

Auch wenn ein guter Vorgesetzter also dem Schüchternen nicht dauerhaft einen Verkäuferjob zuteilt, sollte er ihn doch ein paar Übungs-Verkaufsgespräche führen lassen, damit es ihm leichter fällt, mit Menschen zu reden. Im Laufe der Zeit kann die Schüchternheit überwunden werden und der Betreffende ist besser gerüstet, seinen Arbeitsbereich zu erweitern. Ähnlich würde ein Vorgesetzter auch einen schnoddrigen und angriffslustigen Mitarbeiter im Personalbereich beschäftigen, aber es wäre sicherlich nützlich, mit ihm Rollenspiel-Übungen durchzuführen, damit er lernen kann, besser auf seine Worte zu achten. Dasselbe gilt für jeden Persönlichkeitstyp; um zu wachsen und zu lernen, müssen die Menschen Aufgaben zugeteilt bekommen, die sie über ihren Kompetenzbereich hinausbringen.

Das ist zwar gut für das Wachstum, doch die Hauptpflichten der Personen sollten das aufgreifen, was ihnen von Natur aus gut liegt. Sie werden dann mehr Freude an der Arbeit haben und bessere Leistungen erbringen und das nützt ihnen und dem gesamten Team. Kämpfen Sie nicht gegen die Natur an. Nutzen Sie sie.

Isolation als Führungskraft

Zweifellos müssen Sie als Führungskraft gut damit klarkommen, allein zu sein; schließlich sind Sie bis zu einem gewissen Grad von den Mitarbeitern getrennt. Wenn Sie nicht aufpassen, kann es einsam werden an der Spitze. Sie werden tendenziell allein sein, weil Sie wahrscheinlich mehr arbeiten als alle anderen, früher kommen und später nach Hause gehen als der Rest der Belegschaft.

Sie sind auch allein mit Entscheidungen, denn als Vorgesetzter sind Entscheidungen ultimativ Ihre Sache, und nur Ihre. Natürlich, Sie können sich Rat holen und Zustimmung finden, aber wenn die Entscheidung schließlich getroffen wird, dann allein durch den Vorgesetzten. Das ist die Last des Führens.

Führung kann also zu Isolation führen, doch ungeachtet dessen muss sie kein einsames Geschäft sein. Ich war als Führungskraft meist nicht einsam. Indem ich mein Team weiterentwickelte und kennenlernte, pflegte ich sehr starke Beziehungen in beide Richtungen der Hierarchie. Natürlich muss das mit Vorsicht geschehen; ein Vorgesetzter kann nicht von Anfang an versuchen, mit jedem einzelnen Teammitglied Freundschaft zu schließen. Nicht jeder Mitarbeiter hat die Reife und Vernunft, eine enge Beziehung zum Chef zu unterhalten. Sie müssen es also langsam angehen lassen, wenn Sie Vertrauen und Beziehungen aufbauen.

Am Ende sollten Sie ein paar Vertraute auf verschiedenen Ebenen Ihrer Organisation haben. Wenn Ihnen das gelungen ist, können Sie die Finger am Puls des Teams halten, erhalten Kenntnis von möglicherweise bevorstehenden Problemen und probieren Ideen an anderen aus, ehe Sie sie einführen. Abgesehen davon haben Sie, wenn Sie erst mal ein paar enge Beziehungen innerhalb des Teams geknüpft haben, Leute, mit denen Sie lachen und scherzen und bei denen Sie in stressigen Zeiten ein bisschen Dampf ablassen können. Das wirkt dem Gefühl von Einsamkeit an der Spitze entgegen.

Natürlich muss eine Führungskraft diese Beziehungen unter Kontrolle halten. Beziehungen bedeuten *nicht* bevorzugte Behandlung. Beziehungen bedeuten *nicht* unangemessenen Einfluss. Und Beziehungen bedeuten *nicht* ungefilterte Offenheit und das vollständige Enthüllen der eigenen Gedanken. Das ist eine hauchfeine Trennlinie. Da diese Linie nicht überschritten werden darf, entscheiden Sie sich im Zweifel für die Professionalität. Aber versuchen Sie nicht, alles allein zu regeln. Unterhalten Sie ein paar enge Beziehungen mit einigen Ihrer Mitarbeiter und holen Sie sich von ihnen Feedback und Anregungen.

Gleichzeitig ist es auch wichtig, sich daran zu erinnern, dass die Entscheidungen selbst allein vom Vorgesetzten zu treffen sind. Es ist zwar toll, Ideen an Untergebenen auszuprobieren, Pläne und Abläufe als Team zu entwickeln und einen Konsens darüber herzustellen, wie die finale Entscheidung aussehen soll, doch die finale Entscheidung selbst ist immer noch Sache einer einzigen Person: des Vorgesetzten. Nicht nur wegen der

Hierarchie der Rangordnung, sondern auch weil es ein paar Dinge gibt, die nur die Führungskraft vollständig durchschauen kann, selbst wenn sie versucht, sie ausführlich zu erklären. Die Führungsposition schafft eine Perspektive, die für andere fast unmöglich einzunehmen ist. Deshalb muss der Führende die finale Entscheidung treffen. Wenn die Entscheidung zu einem Scheitern führt, war es nicht »die Entscheidung des Teams«. Nein, es war die Entscheidung des Vorgesetzten. Diese Tatsache lässt sich nicht umgehen, egal wie viele Berater daran mitgewirkt haben, egal wie stark die Führungskraft von den Argumenten ihres Teams beeinflusst wurde, die ultimative Entscheidung ist einzig und allein Sache des Vorgesetzten. So ist das nun mal.

Wichtiges von Unwichtigem unterscheiden

Was den Träger des schwarzen Gürtels im Jiu-Jitsu von dem des weißen Gürtels unterscheidet, ist sein Wissen darüber, was wichtig ist und was nicht. Ein Schwarzgürtel sieht über unwichtige Bewegungen hinaus, ignoriert triviale Aktionen und konzentriert sich auf das wirklich Bedeutsame.

Ein guter Kommandant auf dem Schlachtfeld tut dasselbe. Er kann erkennen, wenn feindliche Schüsse lediglich der Aufklärung dienen. Ein guter Kommandant merkt, wenn gegnerische Bewegungen nur eine List sind. Ein guter Kommandant ignoriert Dinge, die keinen wirklichen Einfluss auf den Verlauf des Gefechts haben.

Wie der Schwarzgürtel und der Kommandant auf dem Schlachtfeld muss auch jede gute Führungskraft in der Lage sein, dasselbe zu tun: zu unterscheiden zwischen dem Wichtigen und dem Unwichtigen.

In jeder Situation finden für einen Vorgesetzten Veränderungen statt, sowohl extern als auch intern. Externe Veränderungen können in der Umgebung auftauchen, das Verhalten des Gegners, der Markt, das Wetter, oder im Zeitablauf eines Szenarios. Interne Veränderungen können die Emotionen eines Einzelnen sein, Beziehungsdynamik oder die Moral des Teams.

Veränderung ist Lebenswirklichkeit; fast alles unterliegt einem ständigen Wandel. Und es ist ein entscheidender Teil der Aufgabe einer Führungskraft, herauszufinden, welche Veränderungen wichtig und welche bloß Ablenkungen sind. Das ist nicht immer einfach. Ich erlebe immer wieder Führungskräfte, die die ganze Zeit mit unwichtigen Dingen beschäftigt sind. Sie verschwenden ihre Zeit und ihre Energie auf unbedeutende Ereignisse oder nachrangige Probleme, die keinerlei Einfluss auf die Gesamtergebnisse haben, die sie erzielen wollen. Ein Träger des schwarzen Gürtels im Jiu-Jitsu ist ein Meister der Energieerhaltung; nicht eine Bewegung wird darauf vergeudet, unbedeutende Angriffe abzuwehren. Wer führt, muss dasselbe lernen.

Um zwischen Wichtigem und Unwichtigem unterscheiden zu können, muss ein Vorgesetzter sich loslösen können, einen Schritt zurücktreten und einschätzen, ob ein bestimmtes Detail einer Situation eine Rolle spielt. Ist er direkt in ein Problem verwickelt und vertieft sich in die Einzelheiten einer Situation, scheint jedes Problem wichtig und jeder Maulwurfshügel wie ein Berg.

Eine gute Führungskraft löst sich also und erhebt sich über die taktische Situation, von wo aus sie sehen kann, worauf es wirklich ankommt. Ehe sie sich mit einem Problem befasst, stellt sie sich Fragen:

- Wie wirkt sich dieses Problem auf die strategischen Ziele des Teams aus?
- Kann es zum Scheitern der Mission führen?
- Ist es die Zeit und Mühe wert, mich damit zu befassen?
- Wie schlimm kann es werden, wenn ich es unbeachtet lasse?

Die Antworten auf solche Fragen sollten es für den Vorgesetzten klarstellen, ob ein Problem sein Handeln erfordert. Eine gute Faustregel lautet, dass eine Führungskraft sich im Zweifelsfall nicht mit Problemen befassen sollte; das Ziel ist es, Probleme immer auf der untersten Ebene lösen zu lassen. Wenn Untergebene nachrangige Probleme lösen, ermöglicht das dem Vorgesetzten, sich auf wichtigere, strategische Fragen zu konzentrieren.

Doch auch hier gilt es, das rechte Maß zu finden. Eine Führungskraft kann auch zu weit abheben und die Wichtigkeit von Problemen nicht mehr erkennen. Sie denkt vielleicht, dass es unter ihrer Würde ist, ein Problem zu lösen, oder dass es schon verschwindet, wenn man es ignoriert. Sie kann glauben, dass ein Untergebener eine Situation bewältigen kann, und dabei erfordert diese tatsächlich das Eingreifen der Führungskraft. All diese Fehler können dazu führen, dass ein Problem außer Kontrolle gerät, deshalb ist Augenmaß erforderlich. Ein Vorgesetzter darf sich nicht von Unwichtigem ablenken lassen, doch er muss auch wissen, was wichtig ist und wann es an der Zeit ist, sich auf die taktische Situation einzulassen und ein Problem zu lösen, ehe es ihm entgleitet. Das ist eine sehr anspruchsvolle Aufgabe, und sie kann nur erfüllt werden, wenn eine Führungskraft richtig Abstand nimmt, Situationen einschätzt und gute, solide Entscheidungen darüber trifft, was wichtig ist und was nicht.

KAPITEL 3

PRINZIPIEN

Das wichtigste Mitglied des Teams

»Sie sind das wichtigste Mitglied des Platoons««, sagte ich dem Späher. »Sie sind derjenige, der uns bei den Patrouillen anführt. Sie wissen, wo wir sind und wohin wir gehen. Sie lenken uns durch alle Gefahren und sind die Augen und Ohren des Platoons, wenn es um das Aufspüren von Bedrohungen wie Hinterhalte oder unkonventionelle Sprengsätze geht.« Das stimmte. Wir alle zählten auf den Späher.

Ein ähnliches Gespräch führte ich mit dem Funker. »Sie sind das wichtigste Mitglied des Platoons. Wenn wir einer großen feindlichen Macht in die Arme laufen und Gefahr laufen, überwältigt zu werden, sind das Funkgerät auf Ihrem Rücken und Ihre Fähigkeit, es zu bedienen, unsere Rettung. Dass Sie Unterstützung anfordern können – Flugzeuge oder Panzer oder andere Verbündete, die uns zu Hilfe kommen –, hält uns in verzweifelten Situationen am Leben. Das alles hängt von Ihnen ab.« Auch diese Behauptung entsprach den Tatsachen.

Doch das galt auch für den Sanitäter, und genau das sagte ich ihm.

»Sie wissen, dass nichts wichtiger ist, als unsere Männer lebend zurückzubringen. Und wenn jemand verwundet wird, sind Sie es und nur Sie, der ihn am Leben hält, bis wir ihn in ein Krankenhaus bringen können. Sie sind die wichtigste Person im Platoon.«

Die Liste geht noch weiter. Ich sagte den MG-Schützen, dass sie am wichtigsten sind; ohne ihren Feuerschutz während eines Gefechts könnte unser Platoon nicht vorankommen und überleben. Der Mann in der Nachhut war der wichtigste, weil er, ähnlich wie der Späher, wusste, wohin wir gingen und welche Richtung wir einschlagen mussten, wenn wir in ein Feuergefecht gerieten. Und natürlich hörten die Führungskräfte der Mannschaftsgrade und Offiziere dasselbe von mir – sie waren die wichtigsten Individuen im Team, weil Führung im Gefecht das Wichtigste ist.

Am Ende sagte ich jedem einzelnen Mitglied meiner Gruppe, meines Platoons oder meiner Task Unit, dass er oder sie die wichtigste Person im Platoon sei – und das war nie gelogen. Denn bei einer Patrouille kann jeder ganz schnell zur wichtigsten Person werden. Und wenn irgendein Mitglied des Platoons das Team in einem kritischen Augenblick im Stich ließ, konnte das zur Katastrophe führen.

Das sollte die Einstellung sein, die Sie jedem Team gegenüber einnehmen: dass die Aufgabe jedes Einzelnen absolut entscheidend ist. Erklären Sie ihnen, was passiert, wenn sie ihre Arbeit nicht gut machen. Erklären Sie ihnen, selbst denjenigen mit den niedrigsten Tätigkeiten, wie ihre kleinen Aufgaben ins große Ganze und in die strategische Mission hineinpassen.

Jeder hat den wichtigsten Job. Sagen Sie es ihnen.

Wie weit reicht Ihre Kontrolle?

Wie viele Menschen können Sie führen? Es gibt zwar ein paar lockere Regeln dazu, wie viele Menschen sich innerhalb der Reichweite Ihrer Kontrolle als Vorgesetzter befinden sollten, aber die tatsächliche Antwort hängt von mehreren Variablen ab.

Zunächst muss berücksichtigt werden, in was für eine Situation Sie sich begeben. Führen Sie in einer dynamischen Umgebung, in der Sie anspruchsvolle körperliche und mentale Fähigkeiten wie Kampfhandlungen anleiten, muss die Zahl recht klein bleiben. Deshalb bestehen Militäreinheiten aus vier- bis sechsköpfigen Teams. Eine Führungskraft in einem Gefechtsszenario kann maximal vier bis sechs Personen im Auge behalten und anleiten. Lärm, Verwirrung, kampfbedingter Nebel, Entfernung und die von all diesen Faktoren ausgelösten Kommunikationseinschränkungen hindern sogar die besten Führungskräfte daran, Gruppen von mehr als vier bis sechs Personen zu leiten.

Auch als Commander einer SEAL Task Unit mit fünfunddreißig bis vierzig Personen (je nachdem, welche Erweiterungen uns für bestimmte Missionen zugeteilt wurden) konnte ich nur ein paar Männer gleichzeitig führen. Die Task Unit bestand aus zwei Platoons, der Platoon hatte zwei Squads, und jedes Squad hatte zwei Feuerteams. Dezentralisiertes Kommando bedeutete, dass ich nie versuchen musste, alle vierzig Leute im Auge zu behalten. Ich musste für gewöhnlich nur die zwei oder drei Unterführer im Blick haben.

Das Beispiel, das dies am besten verdeutlichte, war das Durchzählen – um sicherzustellen, dass wir vollzählig waren, wenn wir uns zum Gefechtsfeld bewegten. Ich musste nicht jeden zählen; ich erteilte einfach das Signal zum Durchzählen und jeder der Feuerteamführer sorgte dafür, dass er seine vier Leute hatte, was sehr einfach war, da sie sich fast immer in Sicht- und Hörweite befanden. Eine kurze Überprüfung oder ein knapper Befehl hätte diese Antwort innerhalb von Sekunden geliefert. Die Feuerteamführer gaben diese Information dann weiter an ihre Squadführer. Als Nächstes teilten die Squadführer, von denen es zwei pro Platoon gab, ihren Platoon Commanders mit, dass ihre Squads vollzählig waren. Nur Sekunden nach meiner Anfrage erteilten meine beiden Platoon Commanders mir das Signal, dass wir »bereit« waren, das hieß, das wir vollzählig waren und losmarschieren konnten. Selbst wenn wir nicht vollzählig waren, hätte ich das ebenfalls innerhalb von Sekunden erfahren und entsprechend reagieren können. So oder so, es war unvergleichlich viel besser, das Durchzählen mithilfe der Unterführer und des Dezentralen Kommandos durchzuführen als mithilfe jener anderen Methode, die einige Task Units ausprobierten und bei der jeder Einzelne beim Abzählen seine Zahl sagte oder eine Führungskraft bestimmt wurde, die jeden Einzelnen zählen musste.

Wichtig war auch, dass jedes Feuerteam über einen Nachfolgeplan verfügte; wenn der Teamführer verwundet, getötet oder anderweitig außer Gefecht gesetzt wurde, musste die nächsthöhere Führungskraft im Feuerteam einspringen und seinen Verantwortungsbereich übernehmen, wozu auch das Durchzählen gehörte. Führung auf jeder Ebene ist also von größter Bedeutung, damit das Dezentrale Kommando funktioniert. Wenn ein Squadführer für einen Feuerteamführer einspringen müsste, der außer Gefecht gesetzt wurde, und versuchen würde, alle acht bis zehn Personen in seinem Squad im Auge zu behalten, würde ihm dies nicht effektiv gelingen; das sind einfach zu viele, um die Kontrolle über sie zu behalten. Es mussten andere Mitglieder der Feuerteams einspringen. Sobald das geschah, war das Problem gelöst.

Im administrativen Bereich sind manche Grundfunktionen des Führens einfacher – das heißt, es ist für eine Führungskraft leichter, den Standort ihrer Mitarbeiter zu bestimmen, mit ihnen zu kommunizieren und zu interagieren –, sodass ein Vorgesetzter mehr Personen im Auge behalten kann. Doch auch hier gibt es Grenzen. Auch Führungskräfte im geschäftlichen Bereich haben Herausforderungen zu bewältigen. Ihre Tage sind vollgestopft mit Meetings und Terminen, sie müssen auch reisen, und die täglichen Geschäftsabläufe fordern ihre Zeit und Aufmerksamkeit. Ein Vorgesetzter im geschäftlichen Bereich kann also mehr Menschen führen als ein Vorgesetzter im Gefecht und trotzdem gibt es eine Grenze; im Allgemeinen liegt diese bei acht bis zehn Personen. Wenn es mehr werden, hat die Führungskraft einfach nicht die Zeit oder die Reichweite, um den Überblick über die Geschehnisse in der Welt ihrer untergebenen Führungskräfte zu bewahren.

Der letzte Faktor in Bezug auf die Anzahl von Personen, die eine Führungskraft kontrollieren kann, ist die Qualität, die Erfahrung und das Vertrauen, das er in seine untergeordneten Führungskräfte setzt. Je besser die untergeordneten Führungskräfte sind, desto weniger Kontrolle und Intervention brauchen sie vom Chef. Wenn ich eine Führungskraft unter mir habe, mit der ich schon eine Weile zusammenarbeite, die sich gut mit der Mission auskennt und meine Kommandoabsicht korrekt interpretiert, braucht sie von mir nicht viel Anleitung oder Überwachung. Verfüge ich über ein ganzes Team solcher guten Führungskräfte, kann ich mehr von ihnen beaufsichtigen, weil sie viel weniger Aufmerksamkeit von mir verlangen.

Sind meine untergebenen Führungskräfte dagegen unerfahren, fehlt es ihnen an Urteilsvermögen und haben sie keine gute Kenntnis der Mission und der strategischen Ziele, muss ich mich viel stärker um sie kümmern. Ich muss ihr Handeln engmaschiger überwachen und ich muss ihnen mehr Zeit opfern. Wenn ich eine Gruppe solcher Mitarbeiter führe, kann ich natürlich nicht sehr viele kontrollieren, da sie so hohe Anforderungen an mich stellen.

Die Qualität Ihrer untergebenen Führungskräfte liegt wahrscheinlich irgendwo im mittleren Bereich. Manche von ihnen sind erfahren, sehr vertrauenswürdig und können mit sehr wenig Anleitung arbeiten. Dann haben Sie noch ein paar Führungskräfte am anderen Ende des Spektrums, die nicht so geübt oder tüchtig sind und ständige Beaufsichtigung und Begleitung erfordern. Und natürlich haben Sie untergebene Führungskräfte, die irgendwo in der Mitte liegen, die einigermaßen erfahren und kompetent sind, aber noch nicht ganz allein zurechtkommen. Ihr Ziel ist es natürlich, jede Führungskraft in Ihrem Team in jemanden zu verwandeln, der sehr wenig Anleitung benötigt, damit sie die Dinge allein in Gang halten können, was es Ihnen erlaubt, den Überblick zu bewahren, statt sich mit den Details zu befassen. Aber das braucht seine Zeit und es ist nur möglich, wenn Sie eine begrenzte Zahl untergebener Führungskräfte haben, in die Sie Ihre Zeit und Mühen investieren.

Falls zu viele Personen unter Ihrer Kontrolle stehen, kann es effektiver für Sie sein, ein paar von den aussichtsreichsten Mitarbeitern zu Vorgesetzten kleinerer Teams zu machen. Dadurch bringen Sie die Reichweite Ihrer Kontrolle rasch auf ein überschaubares Maß.

Egal wie Sie es organisieren, achten Sie einfach darauf, die Reichweite Ihres Kontrollbereichs in Grenzen zu halten, damit Sie überhaupt noch die Kontrolle besitzen.

Disziplin ist Fürsorge für Ihre Mitarbeiter

Disziplin ist die beste Methode, wie Sie sich um Ihre Mitarbeiter kümmern können.

Von Ihrem ersten Tag als militärische Führungskraft an sagt man Ihnen immer wieder, dass Sie sich »um Ihre Leute kümmern« sollen. Doch manche Führungskräfte sind sich sehr unsicher, was das bedeutet. Sie denken, »sich um die Leute kümmern« heißt, dafür zu sorgen, dass sie zufrieden und glücklich sind, sie zu verhätscheln, ihnen möglichst viel freizugeben und nicht zu viel von ihnen zu verlangen.

Das ist falsch. Das Gegenteil ist der Fall. Wenn Sie sich bei den SEALs wirklich um Ihre Leute kümmern, verhätscheln Sie sie kein bisschen. Sie stellen hohe Anforderungen an sie. Sie lassen sie hart trainieren. Sie sorgen dafür, dass sie die Kriegstaktik und die Waffen und die Funkgeräte verstehen, die sie bedienen. Sie stellen sicher, dass sie sich körperlich in Top-Form befinden und auf die mentalen und emotionalen Belastungen des Kampfes eingestellt sind. Sie tun alles in Ihrer Macht Stehende, um sie auf das Gefecht vorzubereiten, damit Sie ihnen die größtmögliche Wahrscheinlichkeit bieten können, dass sie und das restliche Team aus der Schlacht zurückkehren. Wenn Ihnen Ihre Leute wirklich wichtig sind, dann bedeutet, sich um sie zu kümmern, sie so auszubilden, dass sie zu ihren Familien heimkehren werden. Das lässt sich am besten mit intensivem Training gewährleisten, das auf Disziplin beruht.

Dasselbe gilt im Geschäftsleben. Hier stehen zwar vielleicht keine Menschenleben auf dem Spiel, aber wenn Sie sich wirklich um Ihre Leute kümmern wollen, müssen Sie sie voranbringen. Sie müssen dafür sorgen, dass sie ihre Aufgaben verstehen. Sie müssen sie zu ihren Zielen leiten. Wenn sie beruflich scheitern, erreichen sie ihre finanziellen Ziele nicht und können ihre Familien nicht ernähren oder ihnen nicht das Gewünschte bieten. Wenn Sie also Führungskraft sind, können Sie nichts Besseres tun, als sie zu ihren Zielen anzutreiben.

Natürlich muss dieses Antreiben ausgewogen sein. Sie dürfen Ihre Leute nicht so stark unter Druck setzen, dass sie daran zerbrechen. Burnout ist eine echte Gefahr und das gilt im Kampf wie im Geschäftsleben. Seien Sie vorsichtig und lassen Sie das nicht zu. Sich um Ihre Leute zu kümmern heißt auch, zu wissen, wann es genug ist und sie eine Pause brauchen. (Lesen Sie dazu auch den Abschnitt »Stressabbau« in Kapitel 6.)

Aber glauben Sie nicht, es sei Ihre Aufgabe, die Leute den einfachen Weg nehmen zu lassen. Der einfache Weg führt in die Misere. Der Weg der Disziplin führt in die Freiheit.

Erzwungene Disziplin

Optimale Disziplin in einem Team wird nicht vom Vorgesetzten erzwungen; sie wird vom Team selbst bestimmt. Optimale Disziplin ist Selbstdisziplin.

Aber Teams haben nicht immer Selbstdisziplin; vielleicht ist ihnen nicht klar, was sie davon haben. In diesem Fall kann es nötig sein, ein gewisses Maß an Disziplin zu verordnen und zu erzwingen, damit das Team den Nutzen begreift.

Vielleicht möchte der Vorgesetzte, dass seine Teammitglieder eine neue, striktere Gangart verfolgen. Doch wie so häufig bei Veränderungen, ziehen sie nicht so recht mit. Sagen wir, der Vorgesetzte tut das Richtige und erklärt das *Warum* hinter der Veränderung und benennt klar die Vorteile, die mit ihrer Anwendung einhergehen. Doch trotz dieser Informationen ändert sich die Einstellung der Teammitglieder nicht; sie weigern sich, Disziplin anzunehmen.

An diesem Punkt muss die Führungskraft mit aller Vorsicht bereit sein, Druck auszuüben. »Hört zu, wir müssen das wenigstens probieren, um ein bisschen Feedback zu bekommen«, oder »Wir müssen es wenigstens probieren, ehe die Firma noch mehr Geld darauf verschwendet«, oder »Wenn wir keine Veränderungen vornehmen, geraten wir ins Hintertreffen, und das geht auf unser aller Kosten«. All diese Aussagen sind relativ sanfte Methoden, das Team dazu zu bringen, die neue Gangart auszuprobieren.

Warum dann nicht einfach Anweisung geben, die neue Methode zu verwenden? Warum ihnen nicht mehr Disziplin aufzwingen? Wenn Sie wissen, dass Sie im Recht sind, warum nicht? Leider ist dies der am wenigsten effektive Weg zur Einführung von Veränderungen. Wenn Sie eine so direkte Anordnung erteilen und dem Team Ihren Willen aufzwingen, entfernen Sie den Beitrag Ihrer Untergebenen aus der Gleichung. Sie tun einfach, was Sie ihnen aufgetragen haben, ohne jegliche Kontrolle oder Mitwirkung. Wenn die Leute nicht mit beteiligt sind, haben sie keine Verantwortung; wenn sie keine Verantwortung haben, haben sie kein persönliches Interesse daran, die Mission zum Erfolg zu führen. Sobald sie auf Widerstand stoßen, geben sie auf.

Stattdessen ist es wesentlich besser, die Menschen dazu zu bringen, sich freiwillig zu verändern, die Veränderung zu wollen und die Verantwortung dafür zu übernehmen, sodass sie sich in Richtung Erfolg bewegen.

Schauen Sie sich das einfache Beispiel Training im Sport an. Natürlich können Sie Leute dazu bringen, zum Training zu kommen und mitzumachen, aber damit holen Sie keine maximale Anstrengung aus ihnen heraus. Maximale Anstrengung kann nur aus dem Einzelnen selbst kommen und er wird sie nur an den Tag legen, wenn er sie tatsächlich will. Anderenfalls gibt er nie alles und bleibt in seiner Komfortzone. Damit wird er nicht viel erreichen.

Doch jemand, der trainieren will, bemüht sich wirklich, weil der Wunsch aus ihm selbst kommt. Die besten Sportler der Welt erreichen Spitzenleistungen, weil sie sich selbst antreiben, nicht weil sie von anderen angetrieben werden. Das soll nicht heißen, dass Sportler keine Trainer brauchen. Trainer spielen selbstredend eine gewaltige Rolle für den Erfolg von Sportlern. Und natürlich müssen Trainer die Spieler manchmal zu einem zusätzlichen Training antreiben, sie ein Spiel noch mal durchgehen lassen, noch ein paar Wiederholungen verlangen. Ja, das ist erzwungene Disziplin, und manchmal muss der Trainer sie bei seinen Sportlern erzwingen.

Doch wenn der Spieler bei dem Ganzen überhaupt nichts zu sagen hat, wird er nicht richtig mitmachen. Er hat die Kontrolle über sein eigenes Schicksal verloren und die Moral sinkt. Deshalb sollte der Trainer es gelegentlich zulassen, wenn ein Spieler eine Pause einlegen oder bestimmte Trainingseinheiten durchlaufen oder einen aktiven Ruhetag haben möchte.

Ein Vorgesetzter sollte dasselbe tun. Je mehr Kontrolle er seinen Untergebenen überlassen kann, desto besser.

Das funktioniert natürlich nicht immer und es kommt vor, dass die Teammitglieder sich einfach nicht mit den Vorteilen identifizieren können, die sie haben, wenn sie eine bestimme Aufgabe erledigen oder

Dinge plötzlich anders machen sollen. Können sie diese Verknüpfung nicht herstellen, dann setzen sie trotz aller sanften Ermutigungen des Vorgesetzten die Anweisungen nicht selbstständig um. Das sollte aber nur selten vorkommen, denn wenn es sinnvoll ist, worauf die Führungskraft drängt, sollte es nicht allzu schwer sein, dem Team den Sinn dieser Entscheidung zu erläutern.

Doch wenn die Führungskraft das Team nicht umstimmen kann, muss sie eben manchmal einfach sagen: »Wir machen das jetzt so.« Auch dies sollte die absolute Ausnahme sein; ich kann die Fälle an einer Hand abzählen, bei denen ich im Rahmen meiner Führungsposition bei den SEALs gezwungen war, dem Team meinen Plan aufzuerlegen. Bedenken Sie: Wenn das, was ich veranlassen möchte, dem Team bei der Erfüllung seiner Mission hilft, warum sollte es dann dagegen sein? Deshalb ist dieses Ereignis so selten. Es gibt jedoch Fälle, in denen einzelne Teammitglieder Vorstellungen haben, die sich nicht mit denen des Vorgesetzten oder der Mission decken. Das sind die Fälle, die eine direkte Anweisung erfordern können.

Ist eine direkte Anordnung erteilt, seien Sie auf der Hut. Wenn die Teammitglieder angewiesen werden, etwas gegen ihren Willen zu tun, wollen sie womöglich gar nicht, dass es zum Erfolg führt. Sie werden sich vermutlich nicht maximal anstrengen, um den Erfolg der Mission zu erzielen, oder, was noch schlimmer ist, sie könnten die Mission sabotieren, nur um zu beweisen, dass ihre Führungskraft im Irrtum ist. Das ist ein Worst-Case-Szenario und einer der Gründe, warum aufgezwungene Teamdisziplin nie die beste Option ist. Natürlich muss es manchmal sein, und im besten Fall hofft der Vorgesetzte, dass das Team die Disziplin akzeptiert, die Vorteile darin sieht und sie schließlich freiwillig selbst anwendet.

Denken Sie immer daran, dass erzwungene Disziplin ein harter Kampf ist; sie ist niemals die beste Führungsmethode. Erklären Sie stattdessen wann immer möglich das *Warum*, sorgen Sie dafür, dass die Teammitglieder den Nutzen für die Mission und für sich selbst erkennen, und geben Sie ihnen dann so viel Verantwortung wie möglich, damit sie nicht aufgrund von aufgezwungener Disziplin handeln, sondern auf der Grundlage ihrer eigenen inneren Disziplin.

Stolz

Stolz ist eine der sieben Todsünden und doch kann er eine machtvolle positive Kraft sein. Diese gegensätzlichen Komponenten von Stolz sind manchmal schwer zu verstehen und zu meistern. Stolz kann Einzelpersonen und Teams zerstören, doch er kann auch eine starke Motivation sein, die erfolgreiches positives Verhalten auslöst.

Der Begriff *Stolz* kann auf verschiedene Art interpretiert werden und selbst die exakt gleiche Aussage über Stolz kann verschiedene Bedeutungen haben, je nach ihrem Kontext. So kann zum Beispiel der Satz *Er war sehr stolz auf sein Aussehen* bedeuten, dass jemand sich professionell und selbstbewusst präsentiert und auf seine Gesundheit, Fitness und Hygiene achtet. Er könnte aber auch bedeuten, dass er sich zu viel mit seinem Äußeren beschäftigt, was impliziert, dass er ständig vor dem Spiegel steht und sich selbst bewundert.

Dasselbe kann über ein Team gesagt werden. Einerseits kann exzessiver Stolz zu Arroganz führen. Die Teammitglieder können so überzeugt von ihrer eigenen Großartigkeit sein, dass sie es nicht mehr für notwendig halten, hart zu arbeiten, zu üben und nach Verbesserung zu streben. Ihr Stolz bedeutet, dass sie die Menschen nicht respektieren, gegen die sie konkurrieren. Wenn Stolz zu Arroganz wird, bläht dies das Ego auf, das hat wiederum Stagnation zur Folge, und es geht abwärts.

Andererseits kann Stolz auch eine unglaublich positive Kraft für ein Team sein. Stolz kann der lenkende, unsichtbare Antrieb sein, durch den Teammitglieder hart arbeiten, ihr Bestes geben und für sich und andere die allerhöchsten Ansprüche erfüllen. »Seien Sie stolz auf Ihre Arbeit« ist eine häufige Mahnung an Einzelne oder Teams, deren Leistung zu wünschen übrig lässt; es heißt, dass sie wichtig nehmen sollen, was sie tun, und dann ihr Bestes geben.

Wenn Teammitglieder stolz sind, investieren sie zusätzliche Arbeit, kümmern sich um die Details und bringen dementsprechend viel bessere Leistungen als ein Team oder eine Organisation ohne Stolz. Das ist bei Militäreinheiten mit einem hohen Maß an Stolz gut zu sehen. Ihre außerordentlichen Standards werden in allem sichtbar, was sie tun – wie ihre Soldaten aussehen, wie sie ihre Missionen erfüllen und sogar wie sie sich halten. *Truppenstolz* ist ein Begriff, der beim Militär verwendet wird und zwar nicht genau quantifizierbar ist, aber den doch jeder spürt und versteht, der je eine Uniform getragen hat. Abzeichen, Lieder und Flaggen sind dazu da, den Truppenstolz zu verstärken, indem sie Zugehörigkeit und das Gefühl, etwas Besonderes zu sein, erzeugen.

Truppenstolz entsteht aus der Historie. Er entsteht aus früheren Leistungen. Je mehr die Teammitglieder miteinander durchstehen, desto enger wird ihr Zusammenhalt und desto größer ihr Stolz. Je härter die Herausforderungen, denen die Teammitglieder ausgesetzt sind, desto stärker entwickelt sich die Einheit der Truppe, solange die Herausforderung sie nicht zerbrechen lässt.

Ein Großteil des Stolzes in einer Militäreinheit entsteht zunächst aus dem, was die Einheit durchlebt hat – die Kriege, an denen sie teilgenommen hat, die bedeutenden Schlachten, die sie geschlagen hat, die Auszeichnungen und Belobigungen, die sie bekommen hat. Als ich im Irak eingesetzt war, brachten die Army- und Marinesoldaten oft ihre Einsatzdokumente mit, die sie in ihrem Tactical Operations Center, in der Kantine oder im Bereitschaftsraum an die Wand hängten. Truppenflaggen und Fahnenbänder wurden feierlich an prominenter Stelle in der Kaserne oder den Besprechungszimmern aufgehängt. Es war eindrucksvoll zu sehen.

Sportmannschaften und Unternehmensteams tun dasselbe. Die Banner vergangener Siege werden in Stadien aufgehängt und schmücken Flure. Trophäen werden hinter Glas ausgestellt. In Firmen werden positive Zeitungsartikel eingerahmt und aufgehängt. Auszeichnungen werden auf Bücherregale und Schreibtische gestellt und gute Beurteilungen hängen an den Wänden.

Wenn die Vergangenheit hochgehalten wird und einen Ehrenplatz erhält, wird sie zu einem Standard, den alle erreichen wollen. Im Idealfall ist das Ziel, dass jedes einzelne Teammitglied für sich diesen hohen Standard anstrebt – dass sie selbst und einander dieses Maß an Exzellenz vor Augen halten. Optimal ist es, wenn eine Führungskraft nicht ständig Regelverstöße überwachen und die Leute nicht dauernd motivieren muss, ihr Bestes zu geben; wenn Stolz im Spiel ist, überwacht das Team sich selbst. Es wird keine Minderleistung zulassen. Jeder, der bummelt, wird nicht vom Vorgesetzten, sondern vom Team selbst korrigiert. Das ist die Macht des Stolzes.

Aber was, wenn es einem Team an Stolz fehlt? Vielleicht hat es keine legendäre Vergangenheit, vielleicht hat es keine siegreiche Vergangenheit, die es hochhalten kann. Was dann?

Es ist eine der wichtigsten Aufgaben einer Führungskraft, in ihrem Team Stolz zu erzeugen. Wie geht das? Wie kann man die Moral der Truppe aufbauen, Stolz und Zugehörigkeitsgefühl erzeugen und damit eine Haltung bewirken, bei der jeder im Team mehr gibt, als verlangt wird?

Die Antwort ist einfach; Sie müssen dem Team die Chance geben, es sich zu verdienen. Stolz entsteht nicht, indem man den Teammitgliedern einfach sagt, dass sie toll sind, oder Fahnen aufhängt. All die Banner und Abzeichen und Flaggen bedeuten nichts, wenn sie nicht verdient wurden. Um Stolz in einem Team aufzubauen, müssen Sie die Mitglieder in Situationen bringen, deren Bewältigung Einigkeit, Stärke und Beharrlichkeit verlangt. Sie müssen sie beim Training bis zu dem Punkt bringen, an dem sie wirklich auf die Probe gestellt werden, dann entwickeln sie Stolz auf das, was sie erreicht haben.

Wenn Sie das Militär betrachten, so werden hier anstrengende Ausbildungen genutzt, um Stolz in den verschiedenen Einheiten zu erzeugen. Von der Infanterie-Grundausbildung über die Luftwaffenschulung bis zu den Auswahlkursen für Sondereinsätze – die harte Ausbildung bereitet die Soldaten nicht nur auf den Kampf vor, sondern erfüllt sie auch mit Stolz.

Während meiner Zeit als Task Unit Commander übten wir intensiver als die anderen Task Units unseres SEAL-Teams. Wir fingen früher an. Wir machten später Feierabend. Wir führten zusätzliche Schieß- und Manöverübungen durch. Wir trainierten frühmorgens Jiu-Jitsu und stellten hohe Anforderungen beim Mannschaftstraining. Wir waren diszipliniert. Anfangs erzwang ich die Disziplin und es gab einiges Murren: »Warum müssen wir denn noch extra Trainings machen?«, und: »Was hat das für einen Sinn, so hart zu trainieren?«, und: »Eigentlich müssten wir das gar nicht machen.«

Aber im Laufe der Zeit gingen die Klagen zurück, die von mir aufgenötigte Disziplin verwandelte sich in Selbstdisziplin des Teams, und diese Selbstdisziplin wurde schließlich zu Stolz. »Wir arbeiten härter als alle anderen in diesem Team«, und: »Keiner kommt an unsere Task Unit heran«, und einige der Jungs sagten sogar Dinge wie: »Wer nicht in der Task Unit Bruiser ist, wünscht sich, er wäre es«, was als Witz geäußert wurde, aber mehr als ein Körnchen Wahrheit enthielt.

Das war Stolz. Und natürlich brachten wir bessere Leistungen, je härter wir trainierten – nicht weil wir talentiertere SEALs hatten als die anderen Task Units, sondern weil wir mehr zusammenarbeiteten, uns besser vorbereiteten und uns höhere Maßstäbe setzten. Die Disziplin, die ich ihnen auferlegt hatte, wurde verinnerlicht; sie wurde zur Selbstdisziplin.

Jeder in der Task Unit erledigte seine Aufgabe und noch etwas mehr. Keiner kam zu spät. Keiner vergaß Ausrüstungsgegenstände. Während der Einweisungen waren sie aufmerksam. Wenn etwas erledigt werden musste, kümmerte sich jemand darum. Meine Männer taten all die kleinen Dinge, die eine gute SEAL-Task-Unit ausmachen, und das taten sie aufgrund der Disziplin und des Stolzes in der Task Unit Bruiser.

Wenn Sie Stolz erzeugen wollen, müssen Sie Schmerz verursachen. Stolz entsteht aus gemeinsamem Leiden. Natürlich entsteht Stolz auch aus der Geschichte und aus Siegen, aber darauf können Sie sich nicht verlassen. Wenn Sie wollen, dass Ihre Teammitglieder Stolz empfinden, müssen Sie dafür sorgen, dass sie ihn sich durch harte Arbeit verdienen.

Das kann man natürlich auch zu weit treiben. Sie können Ihre Teammitglieder so hart rannehmen, dass sie daran zerbrechen. Statt ein Team zu schmieden, das durch Training und widrige Umstände abgehärtet ist, können Sie Ihre Teammitglieder so stark belasten, dass sie jeden Mut verlieren, statt Stolz zu empfinden.

Sie können ihren Stolz auch so stark fördern, dass sie arrogant werden. Natürlich wollen Sie, dass die Teammitglieder glauben, alles schaffen zu können, aber wenn man das auf die Spitze treibt, halten sie sich für unbesiegbar. Sie könnten denken, dass sie sich den Stolz nicht durch harte Arbeit verdienen müssen, und nachlässig werden.

Lassen Sie das nicht zu. Setzen Sie die Teammitglieder nicht zu stark unter Druck und stellen Sie sie nicht vor so schwere Herausforderungen, dass sie zerbrechen, aber machen Sie es ihnen auch nicht so leicht, dass sie immer obenauf schwimmen, bis sie schließlich glauben, sie müssten überhaupt nicht mehr üben und sich vorbereiten. Wenn Sie einem Team etwas abverlangen, damit es Stolz entwickelt, müssen Sie Vorsicht walten lassen. Stellen Sie fest, dass die Moral schwindet oder dass Frustration zum vorherrschenden Gefühl wird, müssen Sie halblang machen. Gönnen Sie dem Team ein paar Siege. Gewinnen dagegen die Teammitglieder beim Training so oft, dass sie zu glauben beginnen, sie müssten sich gar nicht mehr vorbereiten oder sie seien unbesiegbar, dann brauchen sie einen Dämpfer. Sie müssen stärker gefordert werden, also fordern Sie sie stärker. Stolz entwickelt sich nicht aus leichten Siegen, aber ein Team muss siegen, um Stolz zu entwickeln. Versuchen Sie, diesen Punkt zu finden, und kämpfen Sie darum, ihn aufrechtzuerhalten.

Stolz ist eine fantastische Kraft, solange er durch Bescheidenheit und Selbstbewusstsein ausgeglichen wird. Lassen Sie ihn jedoch zu weit in eine Richtung wuchern, wirkt er zerstörerisch. Ihre Aufgabe ist es, diese Kraft zu erzeugen, zu bewahren und zu kanalisieren: *den Stolz.*

Anweisungen erteilen

Als ich aus meinem ersten Einsatz im Irak zurückkehrte, wo ich als Platoon Commander gedient und das Kommando der Task Unit Bruiser übernommen hatte, waren meine Erfahrungen als Führungskraft in Ausbildung und Kampf umfassender als die der restlichen Männer in der Task Unit. Als früherer Mannschaftsführer der SEALs, der die Taktiken für die verschiedenen Missionen der SEALs unterrichtet hatte, hatte ich sehr gute Kenntnisse über die Planung und Umsetzung von Einsätzen. Als Teilnehmer eines der ersten Platoons, die im Irak eingesetzt wurden, überprüfte und festigte ich meine Kenntnisse in jedem weiteren Kampfeinsatz, während wir überall im Irak gegen Aufständische vorgingen. Als es also um die Planung von Missionen ging, wusste ich, wo es langgeht. Ich wusste, wie und wo die Truppen eingesetzt werden mussten, welchen Zeitabläufen man am besten folgte und wie die Ziele sich am effizientesten erreichen ließen.

Doch wenn es als Task Unit Commander an der Zeit für mich war, Missionsanweisungen zu erteilen, gab ich meinen untergebenen Führungskräften nicht vor, welche Truppen sie aufstellen und wo sie sie einsetzen sollten. Ich sagte ihnen nicht, wie viele Fahrzeuge sie einsetzen oder welche Waffen sie tragen sollten. Ich ordnete keine Zeitabläufe an und gab keine Marschrouten vor und erklärte ihnen nicht, auf welche Eventualitäten sie sich vorzubereiten hätten.

Ich nannte meinen Platoons keins dieser Details. Hätte ich es getan, so wäre der Plan für die Mission meiner gewesen und nicht ihrer. Als ich ihnen die Anweisungen gab, sagte ich ihnen lediglich, was der Zweck der Mission war – das Ziel, von dem ich wollte, dass sie es erreichen. Das wird beim Militär als Befehlsabsicht bezeichnet.

Ich ermöglichte damit der Platoon-Führung und den anderen SEALs im Platoon, selbst einen Plan zu entwickeln. Sie entschieden, welche Truppen wo eingesetzt werden sollten. Sie entschieden, wie viele Fahrzeuge und welche Waffen sie nutzten. Sie tüftelten den Zeitplan und die Marschrouten aus und überlegten, auf welche Eventualitäten sie vorbereitet sein mussten. Und wenn sie das alles getan hatten, wurde es zu *ihrem* Plan, nicht zu meinem – was bedeutet, dass sie die *Verantwortung* dafür trugen.

Das bedeutet nicht, dass man immer mit dem Plan der Untergebenen einverstanden ist; ich schaute mir oft die Pläne meiner Untergebenen an und wusste, dass ich eine bessere Lösung gehabt hätte. Da mag auch mein Ego im Spiel gewesen sein, es lag aber auch an der Tatsache, dass ich einfach viel mehr Erfahrung hatte als jeder Einzelne, der mir unterstellt war. Ich war schon länger bei den SEALs und hatte mehr Gelegenheiten gehabt, Erfahrungen beim Planen und Durchführen von Einsätzen zu sammeln. Doch selbst wenn ich einen Plan hatte, den ich für ein bisschen besser hielt als den meiner Untergebenen, setzte ich mich nicht über sie hinweg. Ich willigte ein; ich ließ sie umsetzen, was sie geplant hatten. Wenn ich eine Lösung hatte, die ich für eine 90-prozentige hielt, und sah, dass ihr Plan nur eine 80-prozentige Lösung war, ließ ich sie dennoch ihren Plan anstelle von meinem ausführen. Das Engagement, das sie bei der Umsetzung ihres eigenen Plans an den Tag legten, würde den zehnprozentigen Effizienzverlust mühelos ausgleichen.

War der Plan meiner Untergebenen nur eine 70-prozentige Lösung gegenüber meiner 90-prozentigen Lösung, ließ ich sie ihn trotzdem umsetzen, jedoch nicht ohne ihnen ein paar kleinere Kurskorrekturen auf den Weg zu geben, um ihn effizienter zu machen. War ihr Plan sogar noch schlechter – sagen wir, eine 50- oder 60-prozentige Lösung –, dann nahm ich etwas größere Kurskorrekturen vor, um sie auf die Spur zu bringen und eine 70- oder 80-prozentige Lösung daraus zu machen. Aber selbst dann war es immer noch ihr Plan und sie würden ihn mit Überzeugung durchführen.

Tja, und wenn ihr Plan einfach miserabel war und beinahe überhaupt keine Lichtblicke enthielt, stellte ich ihnen Fragen, bis sie erkannten, wie schlecht er war – und wenn ein Plan keine gute Lösung für das Problem darstellte, fiel es ihnen nie sehr schwer, die Unzulänglichkeiten ihres Plans zu erkennen. Statt ihnen meinen eigenen Plan aufzunötigen, sorgte ich dann dafür, dass sie selbst wieder an den Planungstisch zurückkehrten, die Lehren anwandten, die sie aus ihrem schlechten Plan gezogen hatten, und einen neuen, eigenen Plan entwickelten. Erneut gab ihnen das die Gelegenheit zu echtem Engagement und zur Übernahme von Verantwortung.

Wenn es also irgend möglich ist, lassen Sie Ihre Untergebenen den Plan selbst austüfteln. Das führt nicht nur dazu, dass sie Verantwortung dafür übernehmen und überzeugt davon sind, sondern es gibt ihnen auch die nötige Distanz und übergeordnete Perspektive, um die Lücken und Fehler darin auszumachen. Und wenn Sie sich nicht mit Kleinigkeiten verzetteln, können Sie Abstand nehmen und das taktische Genie sein.

Das alles ist leichter gesagt als getan, denn das größte Hindernis, wenn es darum geht, untergebene Führungskräfte einen Plan entwickeln zu lassen, ist Ihr Ego. Vorgesetzte wollen Kontrolle haben. Vorgesetzte wollen, dass die Leute sich anhören, was sie zu sagen haben. Vorgesetzte sehen sich oft als die Einzigen, die überhaupt in der Lage sind, den richtigen Plan zu schmieden. All diese Gedanken und Gefühle werden von Ihrem Selbstwertgefühl gesteuert. Bleiben Sie locker. Wenn Ihre Untergebenen einen Plan entwickeln, auch wenn er nicht so gut ist wie der, den Sie im

Sinn haben, dann lassen Sie von Ihrem eigenen Plan ab. *Lassen Sie los.* Freuen Sie sich, dass Ihre Untergebenen einen Plan haben, der zumindest einigermaßen brauchbar ist. Nehmen Sie die notwendigen kleineren Anpassungen vor und dann lassen Sie sie machen. Sie werden alles geben, um ihren eigenen Plan zum Erfolg zu führen.

Und mit jeder Planung, die sie selbst gestalten, und mit jeder Korrektur, die sie selbst vornehmen, werden sie besser. Bald werden die Pläne Ihrer Leute ebenso gut sein wie Ihre, wenn nicht sogar besser. Wenn das passiert, können Sie anfangen, sich mit dem großen Ganzen zu befassen statt mit dem Kleinkram, und das ist genau das, was eine Führungskraft tun sollte.

Jasager

Als Führungskraft sollten Sie nicht wollen, dass Sie von Jasagern umgeben sind – Menschen, die alles gut finden, was Sie sagen. Als Untergebener sollten Sie kein Jasager sein; Sie sollten Stellung beziehen, wenn etwas keinen Sinn ergibt.

Dieses Konzept macht einigen Führungskräften Sorgen, denn im Wesentlichen sage ich hier, dass Untergebene ihren Vorgesetzten immer Widerstand entgegensetzen sollten, dass sie ihre Vorgesetzten immer fragen sollten, warum etwas auf eine bestimmte Weise gemacht werden soll, und dass sie immer Informationen und Empfehlungen aus ihrer Perspektive an vorderster Front geben sollten. Manche Führungskräfte schreckt das ab. Sie hätten es lieber, wenn ihre Untergebenen genau das tun, was ihnen gesagt wird.

Das ist eine schlechte Idee. Sagen wir beispielsweise, ich habe das Kommando über drei Platoons auf dem Gefechtsfeld und befinde mich ganz hinten in der Formation. Das Führungselement, der erste Platoon, wird plötzlich aus einer erhöhten feindlichen Position mit mehreren soliden Bunkern und zahlreichen Maschinengewehren mit überlappenden Schussfeldern beschossen. Der erste Platoon zieht sich in eine kleine Senke zurück, die vor dem MG-Feuer sicher ist. Sie berichten mir, dass sie vom Feind beschossen wurden, aber ich will vorankommen, deshalb lasse ich dem ersten Platoon-Commander einen Befehl ausrichten: »Greifen Sie mit Ihrem Platoon die feindlichen Bunker an und zerstören Sie sie.« Der Befehl ist denkbar einfach: Angriff. Aber es gibt ein entscheidendes Problem.

Der Angriff auf mehrere erhöht liegende feindliche Bunker aus dem offenen Feld, wenn der Feind diverse Maschinengewehre mit überlappenden Schussfeldern besitzt, ist nicht nur eine schlechte Idee, sondern eine katastrophale. Jeder, der diese Bunker angreift, wird sterben. Das Letzte auf der Welt, was ich will, ist ein Untergebener, der einfach sagt: »Verstanden, Sir«, und jeden in seinem Platoon in den Tod führt. Nein, ich will einen Untergebenen, der genügend Selbstbewusstsein und Vertrauen in mich hat, um zu sagen: »Chef, das ist keine gute Idee. Wir müssen die Bunker mit schwerer Artillerie beschießen; dann können wir darum herumgehen und einen Flankenangriff vornehmen.« Wenn ich ein guter Chef bin, höre ich auf meinen Untergebenen, der ja viel näher am Problem ist und es deshalb besser kennt als ich, und ich tue, was ich kann, um seinen Vorschlag zu unterstützen.

Dieses taktische Beispiel lässt sich auf die unterschiedlichsten Situationen bei der Planung, Vorbereitung und Umsetzung übertragen. Wenn Sie optimale Leistung wollen, zählen Sie nicht nur auf Ihren eigenen Grips.

Ermutigen Sie vielmehr den Rest Ihres Teams, nachzudenken und Sie zu hinterfragen. Umgeben Sie sich nicht mit Jasagern. Sie helfen Ihnen oder Ihrem Team kein bisschen weiter. Und wenn es Ihnen unangenehm ist, Widerstand oder Fragen von Ihrem Team zu erhalten, werfen Sie mal einen Blick auf Ihr Ego; wahrscheinlich ist es ein bisschen aufgebläht.

Die Ausnahme von »Es gibt keine schlechten Teams, nur schlechte Vorgesetzte«

In *Extreme Ownership* haben wir geschrieben, es gebe »keine schlechten Teams, nur schlechte Vorgesetzte«. Wir waren nicht die Ersten, die das behauptet haben. Napoleon sagte, es gebe keine schlechten Regimenter, nur schlechte Befehlshaber, und U.S. Army Colonel David Hackworth schrieb in seinem Buch *About Face,* es gebe keine schlechten Militäreinheiten, nur schlechte Offiziere.

Trotzdem gibt es immer noch Leute, die der Meinung sind, ein »schlechtes Team« sei eine legitime Ausrede für schlechte Leistungen. Das stimmt einfach nicht. Es gibt keine Situationen und keine Ausnahmen, in denen ein Untergebener die ultimative Verantwortung für die Leistung eines Teams trägt. Das ist immer die Schuld des Vorgesetzten.

Ungeachtet dessen gibt es eine Ausnahme der Regel, dass es keine schlechten Teams, sondern nur schlechte Vorgesetzte gibt. Die Ausnahme ist, dass es möglich ist, ein gutes Team zu haben, das trotz eines schlechten Vorgesetzten herausragende Leistungen erbringt.

Wie kann das sein, wenn doch Führung das Wichtigste für den Erfolg oder Misserfolg eines Teams ist? Es passiert dann, wenn es Mitglieder in dem Team gibt, die ungeachtet ihrer Position die Führung übernehmen; es sind taktvolle Menschen, die wissen, wie man führt, auch wenn sie dazu keine offizielle Befugnis haben. Diese untergebenen Führungskräfte haben Möglichkeiten gefunden, die Führung zu übernehmen, ohne den strukturellen Vorgesetzten bloßzustellen, denn der strukturelle Vorgesetzte kann möglicherweise nicht damit umgehen, dass jemand, der in der Hierarchie unter ihm steht, die Sache am Laufen hält. Wenn der strukturelle Vorgesetzte ein großes Ego hat, wird er vermutlich auf keinen seiner Untergebenen hören. Aus diesem Grund verdient der strukturelle Vorgesetzte in einem erfolgreichen Team, das von den Mitarbeitern geführt wird, Anerkennung für die Bescheidenheit, seine Untergebenen die Dinge in die Hand nehmen zu lassen. Ohne Bescheidenheit würde der strukturelle Vorgesetzte Widerstand leisten gegen Untergebene, die zu führen versuchen; das würde die Bemühungen dieser Untergebenen zunichtemachen und das Team zum Scheitern bringen.

Aufgrund dieser Ausnahme von der Regel bedeutet ein leistungsstarkes Team nicht notwendigerweise, dass der Vorgesetzte diesen Erfolg bewirkt hat. Sicher mag er klug genug sein, sich zurückzunehmen und andere Teammitglieder führen zu lassen – was eine positive Eigenschaft ist –, aber er ist nicht derjenige, der den Erfolg tatsächlich bewirkt; er ist nicht verantwortlich dafür.

Das ist wichtig, weil die nächsthöhere Führungskraft über dem erfolgreichen Team verstehen muss, was die Teams innerhalb ihres Teams erfolgreich macht; sie muss die wahre Stärke eines Teams kennen. Warum? Weil Teams und Organisationen nicht stagnieren. Die Dinge ändern sich. Die Aufgaben werden andere. Die Missionen wechseln. Und in all diesen Fällen kommt es vor, dass Beschäftigte versetzt, Teams aufgelöst und mit neuen Personen neu zusammengesetzt oder Beförderungen vorgenommen werden müssen. Wenn eine Führungskraft nicht versteht, was den Erfolg eines untergebenen Teams ausmacht, kann es problematisch werden, diese Veränderungen in den Griff zu bekommen. Die Führungskraft möchte vielleicht ein schwaches Team stärken und deshalb den Leiter eines starken Teams in das schwache Team versetzen. Doch wenn der Leiter des starken Teams gar nicht die treibende Kraft seines Erfolgs war, hat diese Versetzung nur wenig Auswirkungen auf das schwache Team. Kann die Führungskraft jedoch feststellen, dass hinter dem Erfolg des starken Teams in Wahrheit ein Untergebener steht, kann die Beförderung dieses Untergebenen in eine Führungsposition des schwachen Teams eine Wende hervorrufen. Und da das starke Team kontinuierliche Leistung bringt und genau weiß, wie man erfolgreich ist, ist die Wahrscheinlichkeit groß, dass es auch weiterhin gute Ergebnisse liefert, obwohl es seinen Starspieler verloren hat.

Auch wenn es also wichtig ist anzuerkennen, dass Führung der wichtigste Erfolgsfaktor jedes Teams oder jeder Organisation ist, sollten Sie nicht vergessen, dass Führung nicht immer unbedingt vom strukturellen Vorgesetzten kommen muss, der ganz oben auf dem Organigramm steht. Ein schlechtes Team ist ohne Frage das Ergebnis schlechter Führung, ein gutes Team muss dagegen nicht das Ergebnis guter Führung sein. Sie müssen Ihre Leute gut genug kennen und sich diese Tatsache zunutze machen.

Teil 2

FÜHRUNGS-
TAKTIK

KAPITEL 4

ZUR FÜHRUNGSKRAFT WERDEN

Als neue Führungskraft erfolgreich sein

Sobald Sie zur Führungskraft ernannt wurden, ist es Zeit zu führen. Wie macht man das am besten? Wie bei vielen anderen Dingen ist es einfach, aber nicht simpel, sich einen guten Start zu verschaffen. Merken Sie sich ein paar fundamentale Regeln, wenn Sie das Kommando übernehmen:

1. Seien Sie bescheiden. Es ist eine Ehre, in einer Führungsposition zu sein. Ihr Team zählt darauf, dass Sie die richtigen Entscheidungen treffen.

2. Tun Sie nicht so, als wüssten Sie alles. Das tun Sie nicht. Das Team weiß das. Stellen Sie kluge Fragen.

3. Hören Sie zu. Bitten Sie um Rat und befolgen Sie ihn.

4. Behandeln Sie andere mit Respekt. Ungeachtet der Position: Jeder ist ein Mensch und spielt eine wichtige Rolle im Team. Behandeln Sie ihn auch so. Sorgen Sie für Ihre Leute, dann werden sie auch für Sie sorgen.

5. Übernehmen Sie die Verantwortung für Misserfolge und Fehler.
6. Geben Sie Anerkennung in beide Richtungen der Hierarchie weiter.
7. Arbeiten Sie hart. Als Führungskraft sollten Sie härter arbeiten als jeder andere im Team. Keine Aufgabe ist zu gering für Sie.
8. Seien Sie integer. Tun Sie, was Sie sagen; sagen Sie, was Sie tun. Belügen Sie weder Untergebene noch Vorgesetzte.
9. Seien Sie ausgewogen. Extreme Handlungen und Meinungen sind im Allgemeinen nicht gut.
10. Seien Sie entschlossen. Wenn es an der Zeit ist, eine Entscheidung zu treffen, dann tun Sie es.
11. Bauen Sie Beziehungen auf. Das ist Ihr Hauptziel als Führungskraft. Ein Team ist eine Gruppe von Menschen, die durch Beziehungen und Vertrauen miteinander verbunden sind. Anderenfalls ist es einfach ein unzusammenhängender Haufen Leute.
12. Und schließlich: Machen Sie Ihre Arbeit. Das ist der Zweck eines Vorgesetzten – das Team zur Erfüllung einer Mission zu führen. Wenn Sie die Mission nicht erfüllen, scheitern Sie als Führungskraft. Die Leistung zählt.

Das sind ganz klare Regeln. Auf dem Papier sind sie einleuchtend, aber es kann schwierig sein, sich daran zu erinnern und sie im Führungsalltag zu beherzigen. Lesen Sie sich diese Regeln oft durch. Lesen Sie sie morgens, vor Meetings und wenn Sie dabei sind, etwas in Gang zu setzen. Lesen Sie sie abends vor dem Schlafengehen. Bald gehen sie Ihnen in Fleisch und Blut über, aber wenn Sie merken, dass Sie sich mit etwas schwertun, halten Sie inne, lesen Sie diese Regeln erneut, und achten Sie darauf, dass Sie sie befolgen.

Manchmal müssen Sie Positionen ausfüllen, für die Ihnen vielleicht das Wissen oder die Erfahrung fehlt. Das ist in Ordnung. Keiner erwartet von Ihnen, dass Sie alles wissen. *Sie sind einfach da hineingeraten.* Sie brauchen Zeit, um zu lernen.

Aber auch wenn Sie nicht alles wissen können, sollten Sie doch bestmöglich vorbereitet sein. Sie sollten die Terminologie kennen. Sie sollten die grundlegenden Prinzipien dessen verstehen, wofür Ihr Team verantwortlich ist. Sie sollten die Namen und die Gesichter der Leute in Ihrem Team kennen. Studieren Sie jedes Dokument, das Sie mit der Mission vertraut machen kann. Neu zu sein ist keine Ausrede für Unwissenheit oder mangelhafte Vorbereitung.

Wenn Sie sich informiert und vorbereitet haben, werden die Fragen, die Sie stellen, klug und wohlüberlegt sein. Bitten Sie darum, dass man Ihnen zeigt, wie alles funktioniert. Lernen Sie, die Geräte zu bedienen; Sie werden nicht so geschickt darin sein wie die tatsächlichen Bediener, aber Sie gehen die Abläufe durch, damit Sie sie besser verstehen. Fragen Sie nach Details darüber, was die Leute tun und wie sie es tun. Wenn Sie Interesse für deren Tätigkeit zeigen, werden die Mitarbeiter umso mehr Respekt für Sie entwickeln, und das wird dazu beitragen, dass Sie eine Beziehung zu den Leuten aufbauen – was das Ziel einer Führungskraft ist.

Wie man zur Führungskraft ernannt wird

Die beste Methode, sich eine Chance auf Beförderung und eine Führungsposition zu verschaffen, ist ganz einfach: Leistung. Machen Sie Ihre

Arbeit gut. Arbeiten Sie hart. Seien Sie morgens der Erste und abends der Letzte. Melden Sie sich freiwillig für die anspruchsvollsten Aufgaben, Projekte und Missionen, die kein anderer haben will, einschließlich derjenigen, die einfach nur eintönig und undankbar sind.

Das Nächste, was Sie tun können, um als Führungskraft ausgewählt zu werden, ist, sich nicht auf sich selbst zu konzentrieren; machen Sie es sich nicht zum Ziel, eine Führungsposition zu erringen. Machen Sie es sich stattdessen zum Ziel, *dem Team zum Erfolg zu verhelfen*. Glauben Sie nicht, dass Sie derjenige sein müssen, der für alles zuständig ist. Wenn jemand anderes die Führung übernommen hat, seien Sie ein guter Mitarbeiter. Je mehr Sie dem Team zum Erfolg verhelfen, desto mehr Leute werden Sie im Team haben wollen. Je mehr Leute sehen, dass Sie bescheiden sind und sich nicht in den Vordergrund drängen, desto mehr Vertrauen und Einfluss erhalten Sie.

Natürlich können Sie auch *zu* bescheiden sein. Wenn Sie immer wieder zögern, Führungschancen zu ergreifen, und immer jemand anderen die Führung übernehmen lassen, erwecken Sie womöglich den Eindruck, dass Sie gar nicht führen wollen, was dazu führt, dass Sie keine Führungspositionen erhalten. Also, wie gesagt, führen Sie freiwillig, wann immer es möglich ist, aber machen Sie das nicht zu Ihrem größten Schwerpunkt. Machen Sie es zu Ihrem größten Schwerpunkt, dem Team zu helfen, sein Ziel zu erreichen. Diese Einstellung erweckt irgendwann Aufmerksamkeit und dann bekommen Sie Ihre Chance.

Wenn Sie nicht ausgewählt werden

Es gibt Zeiten, da werden Sie nicht zur Führungskraft befördert. Vielleicht wird jemand anderes aus Ihrem Team befördert; vielleicht kommt auch jemand von außerhalb Ihres Teams oder von außerhalb der Organisation, um die Führung zu übernehmen. Wenn das passiert, sind Sie vielleicht frustriert oder wütend, weil man nicht Sie genommen hat. Behalten Sie diese Gefühle für sich.

Statt Wut und Frustration zuzulassen, ergreifen Sie lieber die Gelegenheit, eine gute, aufrichtige Einschätzung Ihrer selbst vorzunehmen, um zu erkennen, warum man Sie nicht genommen hat. Nachdem Sie das getan haben (und nachdem Sie sich Zeit gegeben haben, sich zu beruhigen), können Sie sogar Ihre Vorgesetzten fragen, warum nicht Sie befördert wurden. Das muss natürlich mit Feingefühl erfolgen.

- *Sagen Sie nicht:* »Hey, Chef, wieso wurde ich denn nicht befördert? Ich bin genauso gut, wenn nicht sogar besser als derjenige, dem Sie die Position gegeben haben.«
- *Sagen Sie lieber:* »Hey, Chef, ich hätte gern ein Feedback von Ihnen. Sie wissen ja, es gab hier neulich eine Beförderung, und ich möchte auch gern auf eine höhere Führungsposition aufsteigen. Ich wüsste gern, ob es irgendetwas gibt, worauf ich mich fokussieren oder das ich besser machen kann, damit ich besser qualifiziert und besser vorbereitet bin, wenn die nächste Gelegenheit ansteht.«

Und wenn Sie dieses Feedback erhalten, *hören Sie auch wirklich zu.* Sie haben schließlich darum gebeten! Als menschliche Wesen haben wir die starke Tendenz, in die Defensive zu gehen. Tun Sie das nicht. Statt defensiv zu werden, hören Sie zu, *hören Sie wirklich zu*, und versuchen Sie, den dargelegten Standpunkt zu verstehen. Übernehmen Sie dann die Verantwortung für diese Unzulänglichkeiten und versuchen Sie, in den kritisierten Bereichen Verbesserungen zu erzielen.

Sie müssen sich auch darüber im Klaren sein, dass nicht alle Führungskräfte gut darin sind, Feedback zu geben; manchen Menschen fällt es schwer, direkte Beurteilungen abzugeben. Wenn Sie nach einer ehrlichen Rückmeldung fragen, werden Sie sie womöglich nicht bekommen. Vielleicht sagt man Ihnen: »Oh, Sie machen alles prima. Sie waren einfach nur noch nicht an der Reihe.« Das muss nicht notwendigerweise den Tatsachen entsprechen. Denken Sie daran, dass es irgendeinen Grund dafür geben muss, dass Sie nicht befördert wurden, also prüfen Sie sich noch gründlicher, gehen Sie wirklich in die Tiefe und analysieren Sie, wo Sie besser werden können.

Und schließlich: Hegen Sie keinen Groll gegen denjenigen, der die Beförderung bekommen hat. So sehr es Ihr unreifes Ego auch schmerzen mag – unterstützen Sie ihn. Lassen Sie ihn gut dastehen. Helfen Sie ihm, erfolgreich zu sein. Ihn zu unterminieren schadet dem Team, wirft ein schlechtes Licht auf Sie und baut eine gegnerische Beziehung zu dem Betreffenden auf. Statt näher an eine Führungsposition zu rücken, entfernen Sie sich immer weiter davon. Seien Sie ein Teamplayer und helfen Sie dem Team und dem neuen Leiter, erfolgreich zu sein.

Das Hochstapler-Syndrom

Manche Menschen machen sich Sorgen, weil sie glauben, dass sie für eine Führungsposition noch nicht gut genug sind. Andere haben, selbst wenn sie diese Position bereits haben, das Gefühl, sie nicht verdient zu haben. Solche Ängste werden oft als *Hochstapler-Syndrom* bezeichnet. Aber auch wenn manche durch dieses Gefühl beunruhigt sind, glaube ich, dass es eigentlich etwas Gutes ist.

Wenn Sie fürchten, noch nicht gut genug zu sein für eine Führungsrolle, heißt das, Sie sind bescheiden. Wenn Sie Ängste haben, heißt das, Sie tun Ihr Bestes, sich auf die Führungsposition vorzubereiten, und haben Sie sie erst einmal inne, erwägen Sie Ihre Worte, Taten und Entscheidungen sorgfältig. All das sind positive Dinge.

Als ich Assistant Platoon Commander, dann Platoon Commander und schließlich Task Unit Commander bei den SEALs wurde, ging es mir immer genauso. Ich hatte das Gefühl, noch nicht recht bereit oder nicht fähig zu sein, die Aufgabe zu erfüllen, die man von mir verlangte. Die Last der Befehlsgewalt und der Verantwortung für meine Männer und die Mission ruhte schwer auf meinen Schultern und ich machte mir Sorgen, ob ich auch die richtigen Entscheidungen treffen und das Richtige tun würde. Aufgrund dieser Empfindungen verdoppelte ich meine Vorbereitungen. Ich konzentrierte mich darauf, so viel wie nur irgend möglich über Strategie, Taktik und Führung zu lernen. Ich wollte gute Arbeit leisten.

Ganz anders dagegen manche andere SEAL-Führungskräfte, mit denen ich zusammenarbeitete oder die ich ausbildete und die sich nicht bereit fühlten, sondern sogar für überaus qualifiziert für die Position hielten. Ihrer Meinung nach brauchten sie sich nicht vorzubereiten. Sie mussten nichts lernen. Sie mussten nicht gut überlegen, was sie sagen oder tun würden. Und sie glaubten nicht, dass sie irgendjemandem über oder unter ihnen zuhören mussten. Eine solche Einstellung ist das Gegenteil des Hochstapler-Syndroms; das ist einfach blanke Arroganz und schadet der Führungskraft und dem Team. In dieses Extrem zu verfallen und überheblich zu werden, ist eine Katastrophe.

Natürlich ist es auch ein Problem, wenn man ins andere Extrem verfällt. Wenn eine Führungskraft zu wenig Selbstbewusstsein hat und selbst nicht glaubt, dass sie eine Führungsrolle haben sollte, ist das für jedes Teammitglied offensichtlich. Eine Führungskraft muss also die Balance halten und weder zu viel noch zu wenig Selbstvertrauen haben.

Wenn Sie das Gefühl haben, zu selbstsicher zu sein, halten Sie sich einfach einmal zurück. Hören Sie anderen zu. Urteilen Sie nicht. Lassen Sie Untergebene sich einbringen und führen. Dieses Problem ist recht einfach zu lösen, solange Sie ein Gespür dafür haben, wann Sie zu eitel und zu arrogant werden.

Um das zu merken, müssen Sie die Hinweise darauf wahrnehmen können. Eines der ersten Warnsignale ist eine bestimmte Einstellung der Teammitglieder. Ihr großes Ego kollidiert mit ihren Egos und erzeugt Reibungspunkte. Das ist nicht gut. Es sollte keine Reibereien mit Ihren Leuten geben. Das heißt nicht, dass Sie keine Widerstände, Vorschläge oder sogar Widerspruch erhalten, aber all das sollte zu produktiven Gesprächen führen, bei denen beide Seiten etwas dazulernen und letztlich zu einem Einverständnis gelangen. Können Sie die Leute nicht dazu bringen, Ihren Vorstellungen zuzustimmen, gibt es ein Problem. Und das Problem sind wahrscheinlich Sie. Wenn Ihre Teammitglieder etwas auf bestimmte Art tun wollen, sollte Ihr Ziel sein, *sie es so tun zu lassen.* Solange ihr Plan oder ihre Idee eine Aussicht auf Erfolg hat, lassen Sie

sie machen. Sie können natürlich lenkend eingreifen, um ihre Erfolgswahrscheinlichkeit zu erhöhen, aber wenn der Plan im Kern beibehalten wird, entwickeln sie ein Verantwortungsgefühl und fühlen sich bestätigt. Natürlich funktioniert das nur, wenn Sie Ihr Ego unter Kontrolle halten. Sind Sie dazu nicht in der Lage und zwingen den Mitarbeitern Ihren Plan auf, setzen sie ihn zwar um, doch im Unterschied dazu, wenn sie ihren eigenen Plan ausführen würden, werden sie es dann nur widerwillig tun.

Ein weiteres Warnsignal, das es zu beachten gilt, ist das vollständige Fehlen von Widerstand der Teammitglieder. Das kann vorkommen, wenn Sie allzu selbstsicher sind und auf andere herabsehen. Ihre Teammitglieder bringen weder neue Ideen ein noch machen sie Vorschläge, weil sie wissen, dass sie sowieso abgeschmettert werden. Diese Phase tritt oft ein, nachdem Sie die Pläne und Ideen, die eingebracht wurden, mehrfach ohne Angabe von Gründen abgelehnt haben. Die Mitarbeiter erkennen, dass sie nicht gegen Ihr gigantisches Ego ankommen, also geben sie auf und resignieren. Es ist an der Führungskraft zu erkennen, wenn sie zu weit gegangen ist, überheblich wurde und ihrem Ego erlaubt hat, die Vorherrschaft zu übernehmen.

Doch das Gegenteil gilt beim Hochstapler-Syndrom, wenn das Ego der Führungskraft nicht groß genug und das Selbstvertrauen gering ist. Das Team respektiert ihre Ideen nicht und bremst sie ständig aus. Die Lösung ist kontraintuitiv. Menschen mit einem Hochstapler-Syndrom neigen dazu, sich zurückzuziehen – unsichtbar zu werden –, wodurch sie beim Team nur noch mehr Respekt verlieren. Ein Vorgesetzter mit Hochstapler-Syndrom sollte sich öffnen. Fragen stellen. Herausfinden, warum bestimmte Teammitglieder zu einem bestimmten Zeitpunkt etwas Bestimmtes getan haben. Um Anregungen zu einem Plan bitten. Rat einholen, wie man am besten weitermachen soll.

Das ist eine wichtige Lektion für Führungskräfte, besonders für neue Führungskräfte, die eine neue Position antreten. Sie wissen nicht alles. Es erwartet auch keiner, dass Sie alles wissen. Aber wenn Sie so tun, als wüssten Sie alles, nehmen die Leute Sie für das, was Sie sind: ein Hochstapler.

Treten Sie jedoch bescheiden auf und zeigen sich offen, stellen Fragen und geben zu, dass Sie nicht alles wissen, dann bauen Sie im Team Vertrauen und Zuversicht auf.

Das soll jetzt aber kein Freifahrtschein für Torheit und dumme Fragen sein. Bei Führungskräften gibt es tatsächlich so etwas wie dumme Fragen. Wenn Sie sich nicht die Zeit genommen haben, so viel wie möglich zu recherchieren, wenn Sie die Handbücher nicht durchgesehen haben, die Bedienungsanleitungen nicht gelesen haben, die Namen und Grundqualifikationen des Teams nicht gelernt haben – wenn Sie ganz allgemein Ihre Hausaufgaben nicht gemacht haben, sieht Ihr Team genau das: Es war Ihnen nicht wichtig genug, etwas zu investieren, um sich über die Mission, die Ausrüstung und Geräte und, was am wichtigsten ist, die Menschen zu informieren. Diese fehlende Vorbereitung zeigt dem Team, dass es Ihnen völlig egal ist.

Bleiben Sie also bescheiden, informieren Sie sich, stellen Sie Fragen, lernen Sie, und halten Sie die Balance zwischen Bescheidenheit und Selbstbewusstsein.

Ähnlich gelagert ist der Fall bei Menschen, die zögern, sich freiwillig zu melden oder eine neue Führungsposition anzunehmen, aber es ist nichts Unnormales, wenn Sie das Gefühl haben, noch nicht ganz dazu fähig zu sein. Wie ich bereits sagte, ist das ganz normal; wenn Sie ein bescheidener Mensch sind, und das sollten Sie sein, fühlen Sie sich selten, wenn überhaupt jemals bereit, eine Führungsrolle zu übernehmen, also müssen Sie Vertrauen zu sich selbst haben und zu den Führungskräften über Ihnen, die sie Ihnen angeboten haben. Sie müssen darauf vertrauen, dass sie Ihre Bereitschaft erkennen, und das ist der Grund, warum sie Sie bitten, sich der Herausforderung zu stellen.

Ungewissheit als Führungskraft

Wenn sich das Hochstapler-Syndrom erst mal bei einem Vorgesetzten breitgemacht hat, kann es sich sehr schnell zu echter Unsicherheit auswachsen, und das ist problematisch. Bekommt er das nicht unter Kontrolle, dann setzt sich eine Abwärtsspirale in Gang, zunächst für ihn selbst und dann auch für das Team.

Doch das Problem entsteht nicht daraus, dass Sie sich unsicher fühlen in Bezug auf Ihre Führungsqualitäten, Ihre Erfahrung und Ihr Wissen; das ist lediglich Bescheidenheit. Das Problem entsteht, wenn Sie versuchen, es um jeden Preis zu verbergen. Sie meiden Gespräche, gehen Fragen aus dem Weg und verwenden andere Ausflüchte, um Ihre Schwäche zu verstecken. Doch keiner fällt darauf herein; alle durchschauen Sie. Wenn die Teammitglieder Ihre Schwäche entdecken, greifen sie an. Je mehr sie angreifen, desto mehr gehen Sie in die Defensive, und desto mehr wird das offensichtlich. Das ist nicht gut.

Sie überwinden Ihre Unsicherheiten nicht, indem Sie sie zu verbergen versuchen, sondern indem Sie offen genug sind, sie einzugestehen. Statt sich zu bemühen, sie unter dem Deckel zu halten, zeigen Sie sie. Bitten Sie um Hilfe. Erklären Sie Ihre Unzulänglichkeiten und was Sie tun wollen, um sie zu beheben.

Sie müssen jedoch aufpassen, dabei nicht zu weit zu gehen.

Bescheidenheit heißt nicht, dass Sie sich als inkompetent offenbaren sollen. Sie sollten sich vorbereiten und genügend recherchieren, um Ihre Schwachstellen zu verstehen. Wenn ein neuer blinder Fleck entdeckt wird, machen Sie sich Notizen und suchen Sie nach der besten Methode, den problematischen Bereich zu stärken.

Das ist ein wichtiges Konzept und sollte gut verstanden werden; Sie können Bescheidenheit und Verwundbarkeit nutzen, um besser zu werden. Wenn Sie bescheiden genug sind, Ihre Verwundbarkeit einzugestehen, können Sie sie angehen, an Stärke gewinnen und die Verwundbarkeit überwinden. Das ist das Gegenteil dessen, was wir intuitiv tun würden – nämlich Schwäche versuchen zu verbergen oder zu überspielen. So funktioniert das aber nicht. Die wahre Methode zur Überwindung Ihrer Unsicherheiten ist es, sie sich selbst einzugestehen, sie dem Team zu offenbaren und dann daran zu arbeiten.

Vom Teamkollegen zum Anführer

In vielen Organisationen kommt es vor, dass jemand von einer Gruppe Gleichgestellter auf eine Führungsposition befördert werden muss. Das kann ein schwieriger Übergang sein. Natürlich gibt es enge Beziehungen zwischen Gleichgestellten, die sich zwischen Vorgesetztem und Untergebenem so normalerweise nicht entwickeln würden.

Einen solchen Vorgang konnte ich in zwei meiner SEAL-Platoons beobachten. In beiden Fällen wurde einer der »Jungs« – einer der jungen Mannschafts-SEALs – für den Aufstieg ausgewählt und zum LPO, also zum Leading Petty Officer des Platoons gemacht. Bei der damaligen

Struktur der SEAL-Platoons war der LPO an vierter Stelle der Rangordnung. Es gab einen Officer in Charge (OIC), einen Assistant Officer in Charge (AOIC), einen Platoon Chief (CPO) und schließlich den LPO.

LPOs hatten für gewöhnlich mehr Erfahrung als die anderen SEALs im Platoon, waren ihnen aber rangmäßig nicht notwendigerweise übergeordnet. Trotzdem war es eine Autoritätsposition und der LPO war derjenige, der einen Großteil der Befehlsabsichten von OIC und CPO an die Mannschaften vermittelte und die Dinge tatsächlich in Gang setzte.

In beiden Fällen, in denen einer meiner Kollegen in meinen SEAL-Platoons zum LPO befördert wurde, waren die Umstände ähnlich. Die Platoons waren gerade erst zusammengestellt, aber kein LPO ernannt worden. Jedes Mal fragten wir uns, wer wohl unser LPO werden würde. Häufig kamen die LPOs aus einem anderen Team oder einer anderen Übungseinheit (damit wollte man eine bestehende übermäßige Vertrautheit zwischen dem LPO und den Mannschaftskameraden vermeiden).

Als es das erste Mal geschah, saßen wir jungen SEALs in unserer Platoon-Unterkunft zusammen und unterhielten uns, als der OIC und der CPO eintraten. Sie riefen einen der SEALs auf, der mehr Erfahrung hatte als wir anderen, aber denselben Rang hatte und immer noch »einer der Jungs« war. Ich werde ihn hier Larry nennen. Der OIC und der CPO baten Larry, mit ihnen zu kommen, und wir anderen wurden gebeten abzuwarten.

Also warteten wir.

Was wir nicht wussten, war, dass Larry zum Commanding Officer und zum Command Master Chief des SEAL-Teams gebracht wurde, wo man ihm sagte, er sei als LPO unseres Platoons ausgewählt worden.

Etwa eine halbe Stunde verging und dann kam Larry mit dem OIC und dem CPO zurück.

»Hören Sie mal zu, meine Herren«, sagte der CPO. »Larry wurde ausgewählt, LPO dieses Platoons zu werden. Er wird Sie von jetzt an führen. Geben Sie ihm die Unterstützung, die er verdient.«

»Verstanden, Chief«, sagten wir.

Darauf zog Larry hervor, was wir als Wheel Book bezeichneten – ein einfaches, von der Navy herausgegebenes Notizbuch im DIN-A5-Format – und ging eine Checkliste von Dingen durch, die erledigt werden mussten.

»Okay, Jungs. Wie ihr gerade vom Chief gehört habt, bin ich jetzt der LPO. Das ist eine Ehre. Also, das Folgende müssen wir heute noch schaffen. Erstens, wir müssen eine Inventur sämtlicher Waffen und empfindlicher Geräte vornehmen, einschließlich Funkgeräte, Nachtsichtgeräte und Crypto. Sobald das erledigt ist, müssen wir die gesamte Ausrüstung zu je Tausend stapeln, damit wir für die nächste Reise Paletten beladen können. Das heißt natürlich, dass die Dokumente für Gefahrenmaterial ausgefüllt werden müssen, damit Lithiumbatterien, Treibstoff und Wehrmaterial versandt werden können. Ich möchte, dass diese Paletten bis zum Mittagessen fertig gepackt sind, damit wir heute Nachmittag noch ein paar Durchgänge unserer Sofortmaßnahmen-Ausbildung machen können. Damit beginnen wir um 13 Uhr. Sobald wir das durchgezogen haben, möchte ich gegen 14.30 oder 15 Uhr Feierabend machen, damit ihr alle noch ein bisschen Zeit zu Hause habt, ehe wir aufbrechen. Was meint ihr, Leute? Hab ich irgendwas vergessen?«

Larry hatte sich rasch (in nur etwa dreißig Minuten!) in die LPO-Rolle eingefunden und die Verantwortung übernommen. Er war respektvoll und wertschätzend, aber zugleich selbstbewusst. Er gab uns klare Anweisungen und Vorgaben. Es war genau das, was wir brauchten. Wir machten uns an die Arbeit und erledigten die Aufgaben, so wie wir auch weiterhin Aufgaben für Larry und für den Platoon erledigen sollten. Es lief gut.

Interessanterweise wurde in meinem nächsten Platoon rund achtzehn Monate später erneut einer meiner Kameraden auf die Stelle des LPO befördert. Wir hatten uns gerade zusammengefunden, saßen wieder einmal in unserer Unterkunft und fragten uns, wer unser LPO werden würde. Es war komisch, in einem Platoon zu sein, dem kein LPO zugeteilt war, denn der LPO ist ein wichtiger Teil des Führungsteams. Aber es war passiert und erneut wurde vom OIC und vom CPO einer der SEAL-Schützen ausgewählt. Wieder wurde er zum Commanding Officer und zum Command Master Chief gebracht und davon unterrichtet, dass er die Position des LPO übernehmen solle. Und wieder wurde dieser Mann, den ich Brian nennen werde, anschließend zurückgebracht und uns als unser neuer LPO vorgestellt.

Doch diesmal war es bei seiner Rückkehr anders. Statt ein Wheel Book mit einer Checkliste hervorzuziehen und uns zu sagen, was getan werden musste, statt uns einen Arbeitsplan mit einigen Zeitvorgaben zu geben, statt uns zu fragen, was wir dachten, machte er bloß einen Witz und sagte: »Sieht so aus, als wäre ich jetzt für den ganzen Mist verantwortlich.« Das war alles. Das war seine Ansprache. So versuchte er, die Zügel als LPO zu übernehmen. Es war vollkommen ineffektiv.

Es sollte nicht unerwähnt bleiben, dass Brian ein großartiger Kerl und ein großartiger SEAL war, aber er war noch nicht ganz bereit, eine Führungsposition zu übernehmen. Als Platoon eierten wir deshalb einige Monate herum, bis er sich in der Führungsrolle zurechtgefunden hatte und anfing, die Sache anständig in die Hand zu nehmen.

Doch das ist nicht nötig; es gibt keinen Grund zum Herumeiern. Wenn Sie aus einer Gruppe heraus zum Leiter dieser Gruppe werden, müssen Sie aufrücken. Das heißt nicht, dass Sie alles wissen müssen. Es heißt nicht, dass Sie Vorschriften aufstellen müssen. Aber es heißt, dass Sie unterscheiden müssen zwischen dem, der Sie als Teammitglied waren, und dem, der Sie jetzt als Führungskraft sind.

- Stellen Sie einen Plan auf.
- Geben Sie einfache, klare, nachvollziehbare Anweisungen.
- Bleiben Sie bescheiden, nehmen Sie Anregungen auf und hören Sie zu.
- Und übernehmen Sie natürlich die Führung.

Es gibt noch einen letzten Punkt zu erwähnen. Sobald Sie eine Führungsrolle übernehmen, müssen Sie nicht nur aufrücken, sondern auch den Kleinkram liegenlassen. Sie werden aufhören müssen, manches zu erledigen, was Sie früher erledigt haben – Sachen, die Ihnen leichtfallen –, und Sie werden anfangen müssen, Sachen zu tun, die Ihnen nicht so leicht von der Hand gehen.

Als Führungskraft sollte es Ihr Ziel sein, den Überblick zu haben, nicht die Details zu kontrollieren. Wenn Sie also in eine Führungsposition aufsteigen, ist das Ziel nicht nur, die Entwicklung des Plans zu lenken, sondern auch seine Umsetzung zu überwachen. Das heißt, der Führende sollte nicht allzu viel vom Tagesgeschäft übernehmen. Lassen Sie die Mitarbeiter das Tagesgeschäft erledigen. Wenn die Führungskraft etwas erledigt, dann führt sie nicht. Die Führungskraft, die sich mit Alltagsdingen befasst, verzettelt sich mit Kleinkram, statt den Blick nach vorn in die Zukunft zu richten. Also lassen Sie die Leute ruhig machen.

Natürlich gilt es auch hier wieder, Extreme zu vermeiden. Es bedeutet nicht, dass der Vorgesetzte sich zu schade für harte Arbeit ist. Er muss sich nicht so weit distanzieren, dass er nicht mehr mitbekommt, was geschieht und womit die Truppen an vorderster Front zurechtkommen müssen.

Seien Sie kein Vorgesetzter, der die Hände in die Hosentaschen steckt, aber auch keiner, der die Finger überall drin hat.

Groll überwinden

Es wird Momente in Ihrer Karriere geben, da sind Sie derjenige, der in eine Führungsposition befördert und Ihren ehemaligen Kollegen vorgesetzt wird. Das kann schwierig sein, aber wenn man korrekt damit umgeht, lassen sich Probleme vermeiden. Die meisten Ihrer vormals Gleichgestellten akzeptieren die Situation und kommen an Bord. Doch manche sind verbittert und missgünstig, weil nicht sie befördert wurden, und diese Bitterkeit zeigen sie auch.

Es gibt einige Möglichkeiten, die negative Haltung Ihrer früheren Kollegen zu umgehen. Betonen Sie nicht andauernd, dass Sie jetzt diesen Rang haben. Sagen Sie ihnen, dass Sie ihre Erfahrungen schätzen und darauf bauen, dass sie Ihnen beim Führen des Teams helfen. Lassen Sie sie Pläne und Ideen entwickeln. Bitten Sie um Anregungen und hören Sie dann auch darauf. Wenn sich Ihre Neider einen guten Plan ausgedacht haben, lassen Sie sie ruhig machen.

Wenn sich die Gelegenheit bietet, übertragen Sie ihnen die Verantwortung für einige Aufgaben, Projekte und Missionen. Das zeigt denen, die Ihnen grollen oder neidisch sind, dass Sie ihnen vertrauen und ihre Erfahrungen und Kenntnisse wirklich schätzen, und wenn diese Leute ihr Ego unter Kontrolle bekommen, lässt sich die Situation meistern.

Doch seien Sie gewarnt: Manche Menschen sind übersensibel und empfinden es als Herablassung, dass Sie ihnen Verantwortung übertragen, oder als Beweis dafür, dass Sie gar nicht wissen, was Sie tun, und deshalb an Ihrer Stelle hätten befördert werden sollen. Wird offensichtlich, dass jemand eingeschnappt ist und eine negative Einstellung hat, machen Sie sich klar, dass derjenige wahrscheinlich genau deshalb nicht befördert wurde (obwohl er die umfangreichsten Kenntnisse und Erfahrungen hat), weil es ihm oder ihr an der Bescheidenheit und Reife fehlt, die eine Führungspersönlichkeit braucht. Sollte dies der Fall sein, so seien Sie weiterhin herzlich, behandeln Sie die Person mit Respekt und versuchen Sie, eine Beziehung zu ihm oder ihr aufzubauen, aber erwarten Sie keine raschen Fortschritte. Das wird ein langer Prozess; Sie müssen Geduld haben und dürfen sich dadurch nicht von der Mission oder dem übrigen Team ablenken lassen.

Ein neuer Sheriff in der Stadt

Wenn Sie in eine Führungsposition aufgestiegen sind und es sollen in Ihrem Team oder Ihrer Organisation Veränderungen eingeführt werden, gibt es jede Menge Möglichkeiten, wie Sie vorgehen können. Eine Methode ist die harte Tour, bei der man die Veränderungen sofort implementiert und dem Team seinen Willen aufzwingt. Das andere Ende des Spektrums ist, eine Menge Zeit mit Beobachten zu verbringen und die Änderungen dann langsam und schrittweise durchzusetzen. Zwischen diesen beiden Extremen liegen noch viele andere Methoden, die verwendet werden können. Welche sollte eine Führungskraft anwenden, wenn sie ein Team übernimmt?

Die Antwort hängt von der Situation ab, die sich der Führungskraft bietet. Es ist gut, so viel wie möglich über die Mission und die Leute zu wissen, ehe man die Führung übernimmt. Bitten Sie um Einsicht in Dokumente, die das Tagesgeschäft erklären, die Tätigkeiten beschreiben und erklären, wie sie ausgeführt werden. Ideal ist natürlich eine ausführliche Übergabe vom vorherigen Leiter des Teams. Es ist von Vorteil für den schnellen Einstieg, sich über den Status quo des Teams auszutauschen, die Herausforderungen zu verstehen, mit denen es sich konfrontiert sieht, und ein Feedback zu den Beteiligten einschließlich ihrer verschiedenen Stärken und Schwächen einzuholen.

Wenn Sie Informationen vom scheidenden Vorgesetzten erhalten, ist es wichtig, sich vor Augen zu führen, woher er kommt und wodurch seine Perspektive beeinflusst wird. Wird er entlassen? Unterhält er persönliche Beziehungen zu Teammitgliedern? Hat er ein übersteigertes Selbstwertgefühl und könnte deshalb versuchen, die neue Führungskraft zu schwächen? Egal, wie die Situation aussieht, es ist wichtig, die Voreingenommenheit und Neigungen eines scheidenden Leiters zu verstehen, die er in die Übergabe einbringen könnte.

Eine neue Führungskraft sollte aber nicht nur die für die Teammission wichtigen Unterlagen lesen und die Position mit dem scheidenden Vorgesetzten besprechen, sondern auch versuchen, die Teammitglieder nach ihren besten Fähigkeiten kennenzulernen, ehe sie ihnen überhaupt begegnet. Wie macht man das? Eine einfache Methode ist das Lesen von Akten; finden Sie heraus, welche Ausbildung jeder Einzelne und als ganzes Team durchlaufen haben. Bitten Sie um Mitarbeiterakten, die ein Bild jedes Teammitglieds enthalten und ihre Position, ihre Kenntnisse und Erfahrungen, ihre persönlichen Interessen sowie ihre Familiensituation beschreiben.

Die neue Führungskraft muss auch den Status quo des Teams berücksichtigen, das sie übernimmt. Es kann eine leistungsstarke Truppe sein oder ein lascher Haufen. Doch Organisationen lassen sich nur selten klar in so extreme Kategorien einordnen. Die meisten liegen irgendwo dazwischen, deshalb muss die Vorgehensweise an die jeweilige Situation angepasst werden, die den Vorgesetzten erwartet.

Also seien Sie clever. Ändern Sie nichts, was gut läuft, aber akzeptieren Sie auch nichts, was nicht funktioniert. Je besser das Team, desto weniger müssen Sie ändern. Je schlechter es ist, desto mehr müssen Sie anpassen.

In Extremsituationen ist die Anwendung mancher dieser Methoden leicht nachvollziehbar. Wenn ich ein Team übernehme, das reibungslos funktioniert, eine großartige Einstellung hat und die Mission erfüllt, gehe ich recht sanft vor. Ich stelle mich vor und halte mich zur Verfügung, aber natürlich fange ich nicht an, Befehle zu brüllen und den Teammitgliedern meine Maßnahmen aufzunötigen. Sie arbeiten ja bereits gut. Sie haben gute Beziehungen. Sie haben Erfolg. Ich werde einer gut funktionierenden Organisation nicht in die Quere kommen. Stattdessen schaue ich einfach genau hin, lerne so viel wie möglich über ihre Arbeit und finde schließlich heraus, ob es irgendwelche Bereiche gibt, in denen noch eine Verbesserung möglich ist. Die bekannte Redewendung »Never change a running system« ist eine weise Einschätzung. Wenn ein Team gut funktioniert, werde ich nicht eingreifen.

Sobald Sie an Bord des neuen und leistungsstarken Teams sind, nutzen Sie die Gelegenheit, das Team kennenzulernen. Wenn Zeit und Logistik es erlauben, halten Sie ein formelles Meeting mit dem gesamten Team ab und führen Sie anschließend Besprechungen mit den einzelnen Teammitgliedern durch. Aber gehen Sie nicht nur auf offizieller Ebene mit ihnen um; besuchen Sie die Teammitglieder auch informell bei der

Ausübung ihrer Tätigkeiten, schauen Sie in ein paar Meetings herein und laufen Sie herum, um in Erfahrung zu bringen, wer die Leute sind und was sie tun. Jetzt ist die Zeit, Beziehungen aufzubauen, die zur Grundlage des Vertrauens und der Kameradschaft werden, die das Fundament jedes Teams bilden.

Gerate ich dagegen in ein erfolgloses Team, das erhebliche Probleme hat, und ist mir die Ursache dieser Probleme klar, so wähle ich einen direkteren Ansatz und gehe aggressiver vor. Ich gehe den Problemen auf den Grund und bringe einige Ideen zur sofortigen Umsetzung ein. Ich entwerfe eine klare Vision und eine neue Mission und ich hebe einige spezifische Dinge hervor, die sich ändern werden. Ich führe ein paar neue Prozesse ein, setze Mitarbeiter auf andere Positionen und kündige vielleicht einigen, die besonders große Probleme verursacht haben. Niemand wird dann noch daran zweifeln, dass der Status quo der Vergangenheit angehört.

Wenn ich ein Team leite, das erhebliche Probleme hat, aber keine klare Vorstellung von der Art dieser Probleme habe, nehme ich trotzdem einige Veränderungen vor, doch diese Veränderungen haben keine Auswirkungen auf den laufenden Betrieb. Ich verändere die Kommunikationsabläufe; ich verändere die Zeiten für Meetings, füge hinzu oder verringere; vielleicht führe ich einen neuen Dresscode ein oder nehme andere harmlose Anpassungen vor, die für die Aufmerksamkeit des Teams sorgen, aber keine Beeinträchtigungen bedeuten. Ich versuche, eine Beziehung zur obersten Führungsebene aufzubauen, zum mittleren Management und zu den Leuten an vorderster Front, ich führe separate Gespräche mit ihnen und versuche, ein Gespür für die Grundwahrheit zu entwickeln. Ich stelle eine Menge Fragen und lerne die Beschäftigten kennen, während ich auf jeder Ebene nach vertrauenswürdigen Ansprechpartnern

Ausschau halte. Ich bin vorsichtig mit Vertrauen, weil ein gescheitertes Team eine so traumatische Erfahrung ist, und wer sie durchlebt hat, kann sehr emotional sein und falsche oder irreführende Urteile über die Situation und die Beteiligten abgeben. In solchen Situationen müssen Sie alles mit Vorsicht genießen.

Habe ich die Problembereiche identifiziert und Rückschlüsse über die Schwierigkeiten gezogen, nehme ich schrittweise wirksamere Veränderungen vor, langsam, aber sicher, während ich gleichzeitig Rückmeldungen erhalte, sodass ich ihre Auswirkungen auf die Situation verstehe.

Je besser die Teammitglieder sind, desto mehr kann ich mich darauf verlassen, dass sie Lösungen für verbesserungswürdige Bereiche entwickeln. Im Idealfall muss ich nur die Problembereiche identifizieren und sie finden die Lösungen dafür. Dadurch übernehmen sie Verantwortung und handeln. Ist das Team jedoch sehr leistungsschwach, höre ich mir natürlich ihre Äußerungen an, bin dabei aber kritischer, weil ihre Erfolgsbilanz auf eine mangelnde Problemerkennungs- und Problemlösungsfähigkeit hindeutet.

Ich muss auch die Tatsache berücksichtigen, dass die Führungskraft, die ich ersetze, möglicherweise die Ursache vieler Probleme innerhalb des Teams war. Wenn ein schlechter Vorgesetzter ersetzt wird, sind die Mitarbeiter manchmal bereit, aktiv zu werden und Veränderungen herbeizuführen. Einmal befreit von der Last schlechter Führung beginnen die Teammitglieder möglicherweise, hervorragende Leistungen zu erbringen. Ich muss dafür sorgen, dass ich dem nicht im Wege stehe.

Bei einem leistungsstarken Team baue ich also zunächst ein paar Beziehungen auf und verschaffe mir einen Überblick über das Team. Dann beginne ich mit allmählichen Veränderungen, bis die maximale Effizienz erreicht ist.

Bei einem leistungsschwachen Team mache ich genau das Gegenteil: Ich beginne mit drastischen Änderungen und lasse im Laufe der Zeit die Zügel etwas lockerer, wenn die Sache anfängt zu funktionieren. Erneut muss ich – je nach Fortschritt der Teammitglieder und ihrer tatsächlichen Leistung – meine Führungsmethoden auf sie abstimmen, und ihre Arbeitsweise bestimmt, inwieweit ich anleite, interagiere oder Anweisungen gebe.

Übertreib's nicht, Rambo

Sie wollen eine Führungskraft sein. Das ist toll. Aber werden Sie deshalb nicht übermütig. Was bedeutet das? Es heißt, dass Sie nicht herumlaufen sollen und herausposaunen: »Ich bin der Vorgesetzte! Ich habe die Verantwortung! Hört mir zu! Ich treffe die Entscheidungen!« Eine solche Haltung stößt viele vor den Kopf. Sie ist das Äquivalent zu »Schaut her! Ich bin wichtig«, und sie kommt nicht gut an. Rambo ist vielleicht eine coole Filmfigur, aber ohne Rücksicht auf andere die Dinge allein in die Hand zu nehmen funktioniert nicht in einer Teamumgebung. Die Haltung »Ich bin der Chef, folgt mir!« kann den Stolz der Leute verletzen. In ihrer Vorstellung haben Sie es vielleicht gar nicht verdient zu führen. Gut möglich, dass manche sogar der Meinung sind, sie müssten selbst die Führenden sein. Es ist also keine gute Idee, ihnen zuzubrüllen, dass Sie der Chef sind. Und wenn Sie irgendwann einen Fehler machen – und das werden Sie –, fallen sie über Sie her.

In den meisten Fällen sollte Führung subtil erfolgen. Es gibt natürlich Situationen, in denen direkte und unmissverständliche Führung notwendig ist. Liegt ein Notfall vor und niemand wird aktiv, ist es an der Zeit, die Initiative zu ergreifen. Wenn die Moral im Keller ist, die Leute keine Fortschritte machen und endlich etwas passieren muss, dann ist es Zeit für unmittelbares Führen. Doch in alltäglichen Situationen ist ostentative Führung nicht nötig. Da ist es besser, subtile Vorgaben zu machen und die Leute auf der Grundlage ihrer eigenen Ideen agieren zu lassen.

Dasselbe gilt für Mentoring und Coaching. Wenn Sie jemanden fördern oder coachen wollen, tun Sie das subtil. Viele Leute sagen, sie wollen gecoacht oder gefördert werden, tun sich aber schwer, wenn jemand dies tatsächlich übernimmt. Denn seien wir mal ehrlich: Es schwingt eine implizite Botschaft mit, wenn Sie anbieten, jemanden zu coachen oder zu fördern – Sie deuten nicht nur an, dass der andere in einigen Bereichen Schwächen aufweist, sondern auch, dass Sie besser sind als er! Das kann wirklich problematisch sein, besonders wenn man ein großes Ego hat. Leider sind diejenigen mit dem größten Ego für gewöhnlich auch die mit dem größten Coachingbedarf.

Statt also jemandem auf den Kopf zuzusagen, dass Sie ihn führen, coachen oder fördern werden, gehen Sie subtiler vor:

- Statt zu sagen: »Ich sage Ihnen jetzt mal, wie wir vorgehen werden«, versuchen Sie es mit: »Wie sollten wir Ihrer Meinung nach vorgehen?«
- Statt »Lassen Sie mich Ihnen zeigen, wie man das macht«, sagen Sie lieber: »Können Sie mir erklären, warum Sie das so machen?«
- Statt »Ich werde Sie fördern«, sagen Sie lieber: »Ich würde gerne mal gegenüberstellen, wie Sie das machen und wie ich das mache.«

Die jeweils zweite Option dieser Aussagen sind indirekte Vorgehensweisen. Sie setzen ein Gespräch in Gang, öffnen die Tür für Diskussionen und nehmen jeder Abwehrhaltung den Wind aus den Segeln, die durch ein direktes Vorgehen womöglich ausgelöst würde. Hat die Diskussion erst mal begonnen, können Sie Ihre Gedanken und Ideen beisteuern, indem Sie sie in das Gespräch einfließen lassen. Falls Ihre Methoden, Techniken und Pläne die besseren sind, sollte das offensichtlich sein, und die Person, die Sie zu coachen versuchen, wird empfänglicher sein für Ihre Ideen. Im Laufe der Zeit können Sie sie dann indirekt auf Ihre Perspektive ausrichten, und zwar auf eine sehr viel akzeptablere Weise, als wenn Sie dem oder der anderen Ihr Mentoring oder Coaching aufzwingen würden.

Gelegentlich treffen Sie vielleicht auf jemanden, der sich nach Ihrer Führung sehnt und sich wirklich ein Mentoring wünscht. Wenn das passiert, können Sie natürlich direkter und geradliniger vorgehen. Doch seien Sie auch in diesen Situationen vorsichtig. Auch wenn jemand um Kritik bittet, kann er dennoch beleidigt sein, wenn Sie sie dann tatsächlich äußern. Lassen Sie also Vorsicht walten und beginnen Sie immer mit einem sanfteren Ansatz.

Die Leute, die mir am meisten über Führung, Strategie und Taktik beigebracht haben, teilten mir nie explizit mit, dass sie mich coachen oder fördern würden; sie lenkten mich behutsam auf den Weg und flößten mir Wissen ein, fast ohne dass ich es bemerkte. Sie schafften es, mir etwas beizubringen, ohne mich zu belehren, und brachten mir ihre Ideen auf so subtile Weise nahe, dass ich dachte, ich sei von allein darauf gekommen. Das ist die erfolgreichste Methode des Lehrens, Coachens oder Förderns.

Wenn ich an die besten Führungskräfte zurückdenke, für dich ich je gearbeitet habe, so waren auch sie unglaublich subtil. Nur ganz selten erteilten sie direkte Anweisungen, was wie zu tun war. Die besten Führungskräfte führten im Allgemeinen nicht durch Anweisungen, sondern durch Vorschläge. So oft sie konnten, brachten sie ihre Ideen vor und ließen uns, die Mitarbeiter, diese Ideen als die besten erkennen und sie dann aus freiem Willen umsetzen. Das ist eine ungeheuer starke Führungsmethode – vielleicht die stärkste überhaupt. Sie gibt den Mitarbeitern ein unglaublich hohes Maß an Verantwortung, weil alle das Gefühl haben, die Ideen, die sie umsetzen, seien tatsächlich ihre eigenen. Indirekte Führung sticht direkte Führung fast immer aus.

Beachten Sie, dass ich sagte: *fast* immer. Es gibt auch Zeiten, in denen direkte Führung erforderlich ist, meist ernste Situationen, in denen wichtige und unmittelbare Entscheidungen getroffen werden müssen. In solchen Zeiten ist es nicht nur besser, wenn die Führungskraft handelt und entscheidet, sondern es ist unbedingt notwendig. Dasselbe kann auch in Momenten der Unschlüssigkeit gelten. Wenn ein Team sich nicht entscheiden kann, wohin es gehen soll – wenn zahlreiche Ideen im Raum stehen und hin und her diskutiert wird –, das ist auch ein Zeitpunkt für die Führungskraft, initiativ zu werden und eine Entscheidung zu treffen.

Da der Vorgesetzte es bis dahin unterlassen hat, ständig Entscheidungen für die Gruppe zu treffen, wird er in all diesen Fällen respektiert, sobald er einschreitet und einen Beschluss fasst. Das ist ein erheblicher Gegensatz zu einer Führungskraft, die ständig das Bedürfnis hat, jede Entscheidung selbst zu treffen, alle Schritte vorzugeben und im Mittelpunkt aller Gespräche und Schlussfolgerungen zu stehen. Ihre Stimme verliert an Bedeutung, weil sie zu oft gehört wird.

Übertreiben Sie es also nicht. Nicht als Führungskraft, nicht als Mentor und nicht als Coach. Seien Sie kein Rambo. Agieren Sie stattdessen so subtil, wie Sie können – bis Sie es nicht mehr können. Und dann *führen Sie.*

KAPITEL 5

FÜHRUNGSKOMPETENZ

Wann man initiativ werden und führen muss

Wann man führen und wann man folgen muss, muss man im Einzelfall entscheiden. Selbst wenn Sie die Führungsverantwortung haben: Falls jemand einen guten Plan hat, der in die richtige Richtung weist, ist das in Ordnung; halten Sie sich zurück und lassen Sie ihn führen. Folgen Sie ihm.

Es kommt vor, dass ein Führungsvakuum entsteht – niemand übernimmt die Führung in einer bestimmten Situation. Die Dinge laufen in eine falsche Richtung, aber niemand unternimmt etwas dagegen. Keiner führt.

Das ist ein Moment, in dem jemand einspringen und die Führung übernehmen muss; Sie werden sehen, dass die Leute darauf warten. Sie warten auf Führung und wenn Sie mit einem einfachen Plan kommen und klare Anweisungen geben, wird man Ihre Anordnung akzeptieren und danach handeln.

Aber so einfach ist es nicht immer. Wenn Sie der Einzige sind, der erkannt hat, wie gefährlich es ist, wenn keiner einschreitet, wenn Sie der Einzige sind, der das Führungsvakuum erkennt, warten die anderen Teammitglieder vielleicht gar nicht darauf, dass jemand zu führen beginnt. Sie denken womöglich, alles sei in Ordnung. Wenn Sie nun also einspringen und anfangen, Befehle zu brüllen, sind die Untergebenen davon möglicherweise völlig überrascht; sie könnten sich angegriffen oder überfahren fühlen.

Deshalb warten Sie lieber einen Augenblick, wenn Sie dieses Führungsvakuum auftauchen sehen. Das ist eine Taktik, die ich in meiner gesamten Führungslaufbahn angewandt habe. Wenn eine unmittelbare Bedrohung vorlag, die augenblicklich angegangen werden musste, und niemand etwas tat, bin ich natürlich sofort eingeschritten und habe eine Anweisung erteilt; ich habe das Führungsvakuum ausgefüllt.

Entwickelte sich das Problem aber etwas langsamer, hatte ich keine Eile, die Verantwortung zu übernehmen; ich ließ es eine Zeit lang laufen. Ich sah mich um, nahm innerlich Abstand und beobachtete die Situation. Ich stellte sicher, dass es korrekt war, was ich sah. Ich räumte jemand anderem die Gelegenheit ein, einzugreifen und das Führungsvakuum auszufüllen – und wenn dieser andere es tat, schätzte ich für mich seinen Plan und seine Anweisungen ein. Waren es gute Anweisungen, unterstützte ich sie. Waren es schlechte Anweisungen, überlegte ich mir, was besser funktionieren könnte, damit ich Korrekturen vornehmen konnte, wenn es an der Zeit war.

Sprang nicht rasch ein anderer ein, lag es meist daran, dass niemand das Führungsvakuum bemerkt hatte. Sie bemerkten es nicht, weil sie keinen Abstand hatten; sie waren ganz von der Situation absorbiert. Da ich das Loslösen übte, verlor ich mich nicht in den Details der Vorgänge. Ich war mental an einem anderen Ort, betrachtete das Szenario aus einer virtuellen Distanz und konnte die Probleme daher schneller erkennen.

Das heißt aber noch nicht, dass ich sofort aktiv wurde. Indem ich ein bisschen mehr Zeit vergehen ließ, indem ich dieses Führungsvakuum nur noch ein bisschen länger andauern ließ, bemerkte es irgendwann jeder; alle erkannten, dass es ein Problem gab. Da zu diesem Zeitpunkt jeder wusste, dass ein Problem vorlag, hörten die Leute zu, wenn ich Anweisungen zu seiner Lösung erteilte, und führten sie aus.

Ein weiterer Grund, nicht jedes Führungsvakuum sofort auszufüllen, besteht darin, dass Sie sichergehen sollten, ob nicht jemand anders die Initiative übernimmt. Wenn zwei Personen gleichzeitig in dieses Vakuum hineinspringen, führt das gewöhnlich zu einer Kollision. Dann wächst das ursprünglich zu lösende Problem weiter, während Sie wertvolle Zeit mit der Klärung verschwenden, wer denn nun eigentlich führen und wer zurückstehen soll. Wenn in diesem Augenblick auch noch Egos aufeinanderprallen, wird es schwierig.

Ich würde das lieber vermeiden. Wenn jemand anderes einen Plan einbringt, ist das für mich in Ordnung. Wenn ich also das Vakuum erkenne, halte ich inne, sehe mich um und beobachte, ob jemand anderes einspringt und die Führung übernimmt. Während ich dies tue, wächst das Problem weiter. Bald erkennt es jeder. Ich sehe das und dann werde ich aktiv und gebe eine Anordnung aus, eine Anordnung, von der jeder weiß, dass sie ausgeführt werden muss, eine Anordnung, auf die alle warten. Das heißt, wenn ich spreche, hören die Leute auch zu.

Noch einen weiteren Vorteil hat die taktische Pause, ehe ein Führungsvakuum ausgefüllt wird: Indem Sie die Dinge noch eine kurze Zeit weiterlaufen lassen, wird die Entscheidung, die Sie dann treffen, besser. Durch die Pause erkennen Sie das Problem und die Lösung klarer, und die Richtung, die Sie vorgeben, ist wohlbegründet. Das heißt, die Leute folgen Ihrer Führung.

Das Gegenteil von Führungsvakuum ist, wenn zu viele Personen führen wollen. Jeder will seine Meinung einbringen, einen Rat erteilen und auf die Entscheidung Einfluss nehmen. Das kann den Entscheidungsprozess und die Führungsfähigkeit des Vorgesetzten behindern.

Etwas Ähnliches kann auch im Gefecht passieren: Die Truppen versammeln sich in zu dicht beieinander stehenden Gruppen. Das ist nicht gut, denn wenn Soldaten Gruppen bilden, kann ein gut gezielter – oder einfach gelungener – Schuss viele Soldaten auf einmal verletzen oder töten. Es kann sich um alle möglichen Geschosse handeln: eine Gewehrkugel, eine Mörsergranate, eine Panzerfaust oder gar ein improvisierter Sprengsatz.

Um das zu vermeiden, lernen wir beim Militär *Verteilung*. Verteilung heißt einfach sich zu *zerstreuen*, Abstand zwischen sich selbst und die anderen Teammitglieder zu bringen. »Keine Rudelbildung« war ein häufiger Kritikpunkt gegenüber Platoons, die bei einer Ausbildungsübung in die Klemme geraten waren. Das mag sich einfach anhören, aber es kann schwierig sein, denn es gibt einige starke Faktoren, die Menschen zusammentreiben.

Der erste Faktor ist die psychologische Sicherheit. Wenn wir Angst haben, kann es tröstlich sein, jemand anderen in der Nähe zu haben. Da die meisten Menschen nach diesem psychologischen Trost suchen, und sei es unterbewusst, dauert es nicht lange, bis drei, vier oder fünf Personen sich versammelt haben in der Hoffnung, sich die Lage etwas zu erleichtern. Sobald eine Gruppe so groß wird, bilden ihre Mitglieder ein Rudel und sind damit ein Risiko.

Ein weiterer Faktor, der Menschen zusammentreibt, ist die Gelegenheit. Es gibt für gewöhnlich nur begrenzte Bereiche, die Schutz und Deckung bieten, und da Schutz und Deckung für Sicherheit sorgen, halten sich die meisten Leute in diesen Bereichen auf. Das bedeutet, diese Bereiche sind überfüllt, und auch hier bilden die Leute wieder Rudel.

Ein weiterer Faktor, der Menschen näher zusammentreibt, ist der Wunsch zu wissen, was vorgeht, zu sehen und zu hören, was geschieht, und mit anderen Teammitgliedern zu kommunizieren. Das heißt, wenn einer stehen bleibt, scharen die anderen sich um ihn, damit sie miteinander sprechen können.

Es wirken also viele Faktoren auf Teams im Gefecht ein, die sie zueinander treiben wie eine Herde, die auf die Schlachtung durch ein Geschoss oder eine Bombe wartet. Nur indem man diese Tendenz begreift und immer wieder trainiert, lässt sich dieser natürliche Instinkt zur Gruppenbildung überwinden.

Doch die Anweisung *Keine Rudelbildung* kann genauso gut auf die Führung übertragen werden. Viele Menschen haben die Tendenz, ständig am Führenden zu hängen, ihn zu bedrängen und ihm dreinzureden, was die Autorität der Führungskraft untergräbt und den Fähigkeiten des Teams schadet, indem sie der Führung ständig dreinreden. Dem Vorgesetzten zu nah auf die Pelle zu rücken schadet dem Team.

Der Hauptgrund, warum Menschen sich um die Führungskraft scharen und mit ihr interagieren wollen, ist das Ego. Viele Menschen haben ein inneres Streben nach Verantwortung. Wir wollen Entscheidungen treffen. Wir wollen wichtig sein. Wenn wir nicht die Zuständigen sind, kränkt das unser Selbstwertgefühl. Um es aufzupäppeln, fangen wir an, uns mit dem tatsächlichen Vorgesetzten anzulegen, um zu beweisen, dass eigentlich *wir* die Entscheidungen treffen sollten.

Oft denken wir auch, unsere Ideen seien die bestmöglichen. Auch hier ist es wieder nur das Ego, das sich meldet. Statt zuzuhören, reden wir. Statt einer Führungskraft Zeit und Raum zu geben, um eine Entscheidung zu treffen, bombardieren wir sie mit unseren eigenen Vorstellungen. Statt die Führungskraft zu unterstützen, legen wir uns mit ihr an und verursachen Störungen.

Selbst wenn wir unser Ego unter Kontrolle haben, wollen wir immer noch mitwirken und die Sache voranbringen. Das kann dazu führen, dass wir unsere eigenen Vorstellungen einbringen, doch das ist nicht hilfreich in einer Situation, die eher Umsetzung erfordert als Ideen.

Halten Sie sich also zurück. Bedrängen Sie den Vorgesetzten nicht mit Ihren eigenen Plänen und Ideen. Das hilft nicht. Geben Sie ihm stattdessen Raum zum Führen. Keine Rudelbildung.

Nehmen Sie's nicht persönlich

Das mag Ihnen jetzt selbstverständlich vorkommen, aber ich erlebe es immer wieder, dass die Leute etwas persönlich nehmen. Nehmen Sie nichts persönlich. Ich weiß, das ist schwer. Sie müssen Ihren Stolz überwinden, um Dinge nicht persönlich zu nehmen. Menschen bitten um Kritik und werden dann oft wütend, wenn sie sie erhalten. Lassen Sie nicht zu, dass Sie genauso sind. Nehmen Sie Kritik nicht persönlich.

- Nicht zu dem Plan, den Sie entwickelt haben.
- Nicht zu der Idee, die Sie hatten.
- Nicht zu der Präsentation, die Sie gehalten haben.
- Nicht zu der Entscheidung, die Sie getroffen haben.
- Selbst wenn Ihr größter Rivale etwas zu sagen hat, der Letzte, von dem Sie etwas hören wollen, hören Sie zu.

Selbst wenn jemand sprechen will, der Ihrer Meinung nach nicht in Ihrer Liga spielt, der nicht mal annähernd über das Wissen, die Position oder die Autorität verfügt, Ihnen auch nur das mindeste Feedback zu erteilen, tun Sie sich den Gefallen und hören Sie einfach zu. Nehmen Sie sich zurück und hören Sie zu, was er zu sagen hat, und schauen Sie aus einer objektiven Haltung heraus, ob Sie irgendetwas aus diesem Kommentar lernen können. Dann setzen Sie es um. Und bedanken Sie sich. Ich weiß, das schmerzt. Wachsen Sie über sich hinaus.

Das erfordert Demut, aber es macht Sie besser.

Verschanzen Sie sich nicht

General George S. Patton wies seine Leute bekanntlich an, sich nicht zu verschanzen; er wollte, dass sie vorangingen, immer weiter voran. Sie kommen nicht voran, wenn Sie sich verschanzt haben.

Pattons Gedanke des Sich-nicht-Verschanzens lässt sich unglaublich gut auf die Führungsperspektive übertragen und ich habe sie immer im Hinterkopf. Wenn Sie eine Idee, einen Gedanken oder eine Meinung haben, klammern Sie sich nicht daran fest. Das heißt, beharren Sie nicht auf Ideen. Bleiben Sie offen und gestatten Sie sich selbst einen Ausweg.

Während meiner Führungsposition bei den SEALs wurden viele unterschiedliche Ideen erwogen. Wie man eine Mission durchführt. Welchen Plan man einsetzt. Welche Taktiken die besten sind. Und wie bei vielen Organisationen schien es nie über irgendetwas Einigkeit zu geben; man konnte allerdings immer davon ausgehen, wenn unterschiedliche Leute unterschiedliche Ideen hatten, war diejenige, die ihnen am besten gefiel, praktisch immer *ihre eigene*. Vielleicht ist es Ego, vielleicht ist es Stolz, oder vielleicht liegt es auch nur daran, dass die Leute ihre eigene Perspektive besser sehen als die jedes anderen. Das ist nicht nur bei den SEALs so. Menschen in den unterschiedlichsten Organisationen überall tun alle dasselbe; sie halten ihre eigene Idee für die beste, und dann fangen sie an, sich darüber zu streiten.

Streiten ist generell schlecht. Es bedeutet, Zeit zu vergeuden, ohne voranzukommen – und was noch schlimmer ist, die Leute streiten oft nicht für die *beste* Idee, sondern für *ihre eigene* Idee. Richtig übel wird die Situation, wenn sie nicht nur ihre eigene Idee für die beste halten, sondern sich auch noch *verschanzen*, um sie zu verteidigen. Sie geben keinen Zentimeter nach. Sie können nicht den kleinsten Schritt nachgeben und zugeben, dass ihre Idee nicht die beste aller Zeiten ist. Je stärker sie angegriffen werden, desto intensiver verschanzen sie sich – nichts kann sie umstimmen. Um das wieder auf die Taktik zurückzuübertragen: Wenn jemand sich verschanzt, um seine Ideen zu verteidigen, kann er sie nicht nur nicht weiterentwickeln, sondern er ist auch völlig unbeweglich und kann seine Überlegungen nicht ändern. Er ist eingemauert und kann sich nicht bewegen.

Ich erlebte das immer wieder bei einigen Führungskräften in einem SEAL-Platoon. Sie legten eine Idee oder einen Plan vor, verschanzten sich dann und verteidigten ihn bis ins Letzte. Es war furchtbar – stundenlange fruchtlose Auseinandersetzungen, die niemals zur besten Lösung führten, sondern immer zu der des Vorgesetzten. Die Führungskräfte brachten sich oft so in die Klemme, dass ihnen am Ende gar nichts anderes übrigblieb, als ihren Untergebenen zu befehlen, den Plan zu befolgen.

Hatte sich nicht der Chef, sondern ein Untergebener verschanzt, befahl der Vorgesetzte ihm schließlich einfach, in eine andere Richtung zu gehen, was er dann nach Stunden der Zeit- und Energieverschwendung auch murrend tat.

Ich habe das immer vermieden. Nur selten habe ich mich verschanzt und beharrte auf meiner Idee, meinem Plan oder meiner Meinung. Wenn jemand einen anderen Standpunkt hatte, suchte ich nicht nach Möglichkeiten zu beweisen, dass meine Idee besser war; stattdessen versuchte ich herauszufinden, welche Idee *tatsächlich* besser war. War meine Idee nicht so gut, gestand ich das ein und akzeptierte die andere. Waren sie relativ gleichwertig, fügte ich mich seiner, damit er die Verantwortung übernahm. War meine Idee weit überlegen, waren die Unterschiede meist offensichtlich genug, um den anderen davon zu überzeugen, dass er im Irrtum war – und ich musste nie eingestehen, dass ich mich irrte, weil ich nie darauf bestand, recht zu haben.

Dennoch gab es ein paar wenige Anlässe, bei denen ich mich verschanzte. Einer davon war, als ich mit hundertprozentiger Sicherheit wusste, dass ich recht hatte. Da es fast unmöglich ist, etwas mit hundertprozentiger Sicherheit zu wissen, geschah das fast nie. Ich verschanzte mich auch, wenn es um unmoralische, illegale oder unethische Aktivitäten ging.

Und auch wenn jemand gegen die fundamentalen Gesetze des Kampfes verstoßen wollte, von deren Wahrheit ich überzeugt war, setzte ich mich durch. Aber selbst in diesen Fällen versuchte ich fast immer, mir noch etwas Bewegungsspielraum zu lassen (siehe Kapitel 1, Abschnitt »Wann ist Meuterei zulässig?«), denn es ist eigentlich nie gut, sich in eine Position oder Situation zu manövrieren, aus der man nicht mehr herauskommt.

Verschanzen Sie sich nicht, es sei denn, Sie haben keine Wahl – und selbst dann sollten Sie sich immer noch ein bisschen Bewegungsfreiheit lassen.

Sich nicht zu verschanzen ist im Allgemeinen ein ausgezeichneter Rat, aber aus taktischer Perspektive *müssen* Sie sich natürlich verschanzen, wenn Sie auf dem Gefechtsfeld feststecken und sich nicht bewegen können oder wenn Sie entscheiden, an einer Position festzuhalten. Wenn Sie während des Gefechts zum Stillstand kommen – sei es, weil Sie sich nicht vorwärtsbewegen können, oder aus anderen Gründen –, sollten Sie Ihre Position festigen. Das gilt auch für das Führen; wenn Sie in die seltene Situation geraten, sich verteidigen zu müssen, dann sorgen Sie dafür, dass Sie Ihren Standpunkt solide verteidigen können.

Entscheidungen schrittweise treffen

»Seien Sie entscheidungsfreudig!«, sagt man Führungskräften häufig. Ich habe oft erlebt, wie SEAL-Führungskräfte getadelt wurden, weil sie Entscheidungen nicht schnell genug getroffen hatten. Manchmal war ich derjenige, der tadelte. In vielen Fällen ist das ein guter Rat. Unschlüssigkeit kann schlimme Situationen noch schlimmer machen. Bei den SEALs wird sie für gewöhnlich als Analyse-Paralyse bezeichnet. Das heißt, ein Vorgesetzter ist von den Ereignissen überfordert und kann sich nicht entscheiden, was er tun soll. Das kann in jeder Führungssituation passieren und es ist nicht gut. Wenn Sie nicht manövrieren, tut es der Gegner, und wenn er manövriert, gibt ihm das die Möglichkeit, die Oberhand zu gewinnen.

Natürlich kann eine übereilte Entscheidung ohne vollständiges Verständnis der Vorgänge genauso schlecht sein. Ein offensichtliches Beispiel dafür ist eine Situation mit geringem feindlichem Beschuss und der Entschluss, sofort anzugreifen. Wenn Sie die Situation sich nicht entwickeln lassen, könnte sich herausstellen, dass der geringe gegnerische Beschuss nur der Köder war, um Ihr Team in eine tunnelartige Tötungszone zu locken und allesamt auszulöschen. Ein übereilter Befehl ist in einer solchen Situation sicher nicht das Richtige.

Als Führungskraft müssen Sie lernen, Situationen sich entwickeln zu lassen, die Dinge geschehen zu lassen, bis Sie ein klares Bild der Vorgänge haben. Solange Sie keine relativ klare Vorstellung von den Ereignissen haben, ist es dumm, eine abschließende Entscheidung darüber zu treffen, was Sie und Ihr Team tun sollten.

Das heißt aber nicht, dass Sie überhaupt keine Entscheidung treffen sollen. In solchen Augenblicken, wenn ich mir bezüglich einer Situation unsicher war oder nicht genügend Informationen hatte, um eine beherzte, klare Entscheidung zu fällen, wandte ich einen schrittweisen Entscheidungsfindungsprozess an. Das heißt, ich betrachtete die Situation und traf kleine Entscheidungen in eine Richtung, die zu meinen Vermutungen über die Lage passten, ohne darauf zu beharren, da ich mir ja nicht sicher war.

Sagen wir beispielsweise, Ihr Platoon hat die Aufgabe, ein Gebäude anzugreifen, in dem mutmaßlich ein Aufständischer sein Nachtlager aufgeschlagen hat. Dieser Aufständische ist schon seit mehreren Monaten in Bewegung und dies ist das erste Mal, dass er lokalisiert werden konnte. Das Zielgebäude, in dem er vermutet wird, liegt 300 Meilen von Ihrem Standort entfernt. Da es möglicherweise von Luftabwehrraketen geschützt wird, sollen Sie keine Helikopter nutzen, um dorthin zu gelangen. Das heißt, Sie und Ihr Platoon müssen zum Zielgebäude fahren – ungefähr fünf Stunden hin und fünf Stunden zurück. Außerdem dauert es ein paar Stunden, das Zielgebäude einer letzten Überprüfung zu unterziehen und es zu stürmen. Um also die gesamte Mission im Schutz der Dunkelheit ausführen zu können, die Sie im Verborgenen agieren lässt und Ihnen aufgrund Ihrer Nachtsichtgeräte einen Vorteil gegenüber dem Feind verschafft, müssen Sie direkt nach Sonnenuntergang aufbrechen, damit Sie genügend Zeit haben, zum Ziel zu fahren, es einzunehmen und vor Sonnenaufgang zum Stützpunkt zurückzukehren.

Ein Hauptproblem ist, dass Sie nicht sicher sind, ob der Aufständische sich in dem Gebäude aufhält; das wird nur *vermutet*. Aber denken Sie daran, wenn Ihre Leute draußen auf der Straße unterwegs sind, laufen sie Gefahr, von einem gegnerischen Sprengsatz getroffen zu werden oder in einen Hinterhalt zu geraten. Das ist ein hohes Risiko für einen bloßen Verdacht, deshalb sollten Sie nicht unmittelbar damit beginnen, das Ziel einzunehmen. Lassen Sie stattdessen den Platoon mit dem Planungsprozess beginnen, was einige Stunden dauern wird. Sie weisen sie auch an, auf dem Weg mehrere Aufenthalte bei verbündeten Stützpunkten einzuplanen, von wo aus sie das Ziel bei der Routenplanung besser einschätzen können.

Unmittelbar vor Sonnenuntergang legt Ihr Platoon den Plan vor und überprüft, ob die Geheimdienstabteilung Informationen über den Standort des Aufständischen hat. Besteht weiterhin der Verdacht, dass er sich heute Nacht im Zielgebäude aufhält, fahren Sie fort, doch noch nicht bis zum Ziel. Vielmehr steuern Sie einen Stützpunkt an, der 200 Meilen vom Ziel entfernt ist. Von dort aus überprüfen Sie erneut die Geheimdienstinformationen und schauen sich an, wo der Verdächtige ist. Sie haben immer noch nicht vollständig mit der Ausführung der Mission begonnen, doch wenn die Geheimdienstinformationen nach wie vor darauf hinweisen, dass der Verdächtige im Zielgebäude übernachtet, machen Sie weiter. Und Sie tun das erneut bei 100 Meilen Entfernung und dann noch einmal beim letzten Stützpunkt, der nur 12 Meilen vom Ziel entfernt ist. Sollten die Geheimdienstinformationen an irgendeinem Punkt ergeben, dass der Aufständische doch nicht im Zielgebäude sein wird, können Sie eine Pause machen, eine Einschätzung vornehmen und zurückkehren. Dadurch können Sie einschätzen, wie hoch das Risiko für Ihre Leute ist und wie hoch das Risiko, »das Ziel zu verbrennen«, also den Feind merken zu lassen, dass es für ihn kein sicherer Ort ist.

Wenn Sie schließlich das Ziel angreifen und der Feind nicht dort ist, besteht praktisch keine Chance, dass er dorthin zurückkehrt, und Sie verpassen die Gelegenheit, ihn in der Zukunft dort zu erwischen. Doch wenn Sie die Entscheidung in kleinere Schritte herunterbrechen, die zum Ziel führen, können Sie diese Wahrscheinlichkeit verringern.

Diese schrittweise Entscheidungsfindung widerspricht vielleicht der Vorstellung von Entschlussfreudigkeit, aber hätten Sie von dem Ziel gehört und Ihre Leute sofort und entschlossen angewiesen, es anzugreifen und einzunehmen, hätte es übel ausgehen können. Sie hätten Ihre Männer auf einer 600 Meilen langen Strecke dem Risiko feindlicher Angriffe ausgesetzt und Sie hätten riskiert, dass das Gebäude für nachfolgende Operationen »verbrannt« gewesen wäre.

Handeln Sie also entschlossen, wenn es nötig ist, aber versuchen Sie, keine Entscheidungen zu treffen, ehe Sie müssen. Beurteilen Sie nach Ihren Möglichkeiten und auf Grundlage Ihrer Informationen, was passiert, und treffen Sie dann kleinere Entscheidungen mit minimalen Auswirkungen, um sich in die Richtung zu bewegen, die Sie mit höchster Wahrscheinlichkeit für die richtige halten.

Dezentrales Kommando oder Delegieren aus Bequemlichkeit?

Beim Dezentralen Kommando müssen Führungskräfte Aufgaben und Genehmigungen an die ihnen unterstellten Offiziere weitergeben, die wiederum Aufgaben und Genehmigungen an die Führungskräfte und Beschäftigten an vorderster Front weiterleiten. Ich sage oft: Wenn ein Vorgesetzter für alles zuständig sein will, sollte er versuchen, für nichts zuständig zu sein. Nur wenn er für nichts zuständig ist, wenn er alles an die ihm unterstellten Führungskräfte delegiert hat, kann er wirklich führen. Es ist unmöglich, ein Team in eine strategische Richtung zu lenken, wenn Sie gerade damit beschäftigt sind, weniger wichtige Aufgaben zu erfüllen und zu organisieren, die auch von Untergebenen ausgeführt werden könnten, daher ist es absolut notwendig, dass eine Führungskraft Dezentrales Kommando anwendet und die ihr unterstellten Führungskräfte führen lässt.

Doch wenn ein Chef Aufgaben, Projekte und Genehmigungen an die ihm unterstellten Führungskräfte delegiert, kann es so aussehen, als wollte er bloß selbst nichts machen. An welchem Punkt fangen die Leute an zu glauben, der Chef sei faul oder wolle keine Verantwortung für schwierige Aufgaben, Missionen oder Projekte übernehmen?

Das kann ein echtes Problem sein, aber es gibt ein paar einfache Methoden, dem vorzubeugen. Erstens, falls Sie irgendeine Andeutung wahrnehmen, dass die Leute glauben, Sie würden sich vor mühsamen Missionen oder Aufgaben drücken, übernehmen Sie die anspruchsvollsten, und bringen Sie sie zum Erfolg. Gehen Sie mit gutem Beispiel voran. Führen Sie an der Front.

Dasselbe gilt, wenn Sie Beschwerden von Ihren Untergebenen hören, dass ihnen eine bestimmte Aufgabe zugeteilt wurde. Falls das passiert, übernehmen Sie sie einfach und erledigen Sie sie selbst. »Ach so, Sie wollen das nicht machen? In Ordnung. Dann mach' ich es.«

Es sollte nicht allzu lange dauern, bis die Beschwerdeführer merken, dass sie selbst keinen Job mehr haben, wenn sie ihrem Vorgesetzten ihre Arbeit überlassen. Oft kratzt es auch an ihrem Stolz; indem sie ihre Aufgabe an Sie übertragen, verlieren sie die Kontrolle darüber, sie geben die Verantwortung ab, und damit geben sie Ihnen mehr Verantwortung. Das kann schmerzlich sein und es kann ihre Einstellung verändern.

Aber manchmal ändert sich ihre Einstellung nicht. Es besteht die Möglichkeit, dass sie Sie einfach deren Arbeit machen lassen, weil sie keine Lust dazu haben. Vielleicht ist der Betreffende faul. Vielleicht macht es ihm nichts aus, Verantwortung abzugeben, weil er gar keine haben will. Vielleicht hat es keinerlei Auswirkungen auf sein Ego, weil er nicht stolz auf seine Arbeit ist – es ist ihm gleichgültig. Wenn dies die Reaktion ist, die Sie von einem Teammitglied bekommen, gut; das ist ein klares Anzeichen dafür, dass er seine Arbeit nicht gern tut und keinen Ehrgeiz hat, und Sie sollten nach Optionen Ausschau halten, ihn aus seiner Position zu entfernen.

Das Letzte, was Sie tun können, um Ihren Leuten nicht den Eindruck zu vermitteln, Sie würden immer die schwierigen Arbeiten abdelegieren, um sie nicht selbst erledigen zu müssen, ist, dass Sie die härtesten Aufgaben selbst ausführen. Machen Sie das richtig Unangenehme. Machen Sie sich die Hände schmutzig und erledigen Sie das Meistgehasste. Das sollte keine Aufgabe sein, die viel Zeit erfordert; Sie wollen ja nicht, dass es Ihnen die wichtige Zeit raubt, die Sie brauchen, um sich um das große Ganze zu kümmern. Natürlich können Sie nicht all Ihre Zeit mit derartigen

Aufgaben verbringen, aber wenn Sie zeigen, dass Sie mehr als bereit dazu sind, sollte dies jede Vermutung Ihrer Teammitglieder entkräften, dass Sie delegieren, um Arbeit abzuwälzen. Außerdem ist es ein deutlicher Beweis Ihrer Bescheidenheit, was Ihnen mehr Respekt verschafft.

Der Problemlöser

Die Verantwortung zu übernehmen, insbesondere für schwierige Aufgaben, bedeutet nicht, dass Sie alles für Ihr Team oder die Ihnen unterstellten Vorgesetzten tun. Wenn Sie zu viel tun, laufen Sie Gefahr, für sie zum Problemlöser zu werden. Was heißt das? Es heißt, wann immer ein Problem mit auch nur dem geringsten Schwierigkeitsgrad zu lösen ist, wollen die Teammitglieder, dass Sie es lösen. Das macht ihre Arbeit und ihr Leben leichter.

Gelegentlich einzugreifen und Probleme zu lösen ist für eine Führungskraft unerlässlich. Wird dies jedoch zum Standard und beginnen die Leute, es zu erwarten, schadet das letztlich dem Team, denn Sie verzetteln sich ständig, statt den Überblick zu behalten. Sie konzentrieren sich auf Vorgänge der taktischen Ebene, dabei sollten Sie auf das strategische Gesamtbild achten und die nächsten Züge planen.

Schlimmer noch ist aber, dass Sie das kollektive Wachstum und Vorankommen des Teams und der dazugehörigen Individuen hemmen. Die Leute lernen nicht zu denken; sie lernen nur, Sie um Lösungen zu bitten. Das bremst ihre Entwicklung, um selbst zu Führungskräften zu werden.

Als Task Unit Commander hatte ich von den Offizieren in unserer Einheit am meisten Erfahrung. Nicht nur hatte ich als Mannschaftsrang jeden Aspekt der fortgeschrittenen SEAL-Ausbildung unterrichtet, ich hatte auch sechs Auslandseinsätze hinter mir, einen davon als Platoon Commander im Irak, wo ich zahlreiche Direct-Action-Missionen gegen feindliche Ziele durchgeführt hatte. Die anderen Offiziere in der Task Unit hatten nur einen Bruchteil solcher Missionen mitgemacht, daher gingen meine Kenntnisse dessen, wie man Direct-Action-Missionen plant und durchführt, weit über die meiner Jungoffiziere hinaus. Sie wussten das. Wenn wir einen unserer Übungszyklen durchliefen, um uns auf einen Einsatz vorzubereiten, und einen Plan für eine Übungsmission brauchten, kamen meine Offiziere deshalb oft zu mir und fragten mich, wie sie es machen sollten.

Die ersten paar Male gab ich ihnen natürlich auf Grundlage meines Wissens ein paar Ideen und Richtlinien mit auf den Weg. Aber nicht lange, und ich sagte ihnen: »Findet es selbst heraus und kommt dann wieder zu mir, wenn ihr denkt, dass ihr einen guten Plan habt.« Anfangs waren sie noch nervös, wenn sie mir ihre Pläne vorlegten, weil sie vielleicht glaubten, ich würde sie für ihre schlechte Planung in der Luft zerreißen. Aber bald erkannten sie, dass ich nicht die Absicht hatte, sie auszuschimpfen oder zu beleidigen; ich wollte ihnen etwas beibringen und sie schulen. Wenn sie mir ihre Pläne präsentierten, wies ich sie auf ihre Versäumnisse hin und zeigte ihnen die taktisch unklugen Bereiche. Dann korrigierten sie diese Teile und kehrten mit besseren Plänen zurück. Im Laufe der Zeit, nach der Planung Dutzender von Einsätzen während unseres Ausbildungszyklus, hatten sie sich ein solides Wissen über Missionsplanung angeeignet. Bis wir ins Ausland gingen, musste ich mir keine Sorgen mehr um ihre Planungen machen, denn sie schafften das genauso gut oder sogar besser als ich. Das erlaubte mir, mich auf das operative Gesamtbild zu konzentrieren, mit anderen verbündeten

Einheiten zu kooperieren und sicherzustellen, dass wir die Zielvorgaben unserer übergeordneten Hauptquartiere gut unterstützten.

Ich konnte führen, weil die Jungs bei mir lernten, ihren und meinen Job zu machen. Dadurch konnte ich das große Ganze im Blick behalten, statt mich mit Kleinkram zu verzetteln. Hemmen Sie nicht das Wachstum Ihrer Teammitglieder. Lösen Sie nicht jedes Problem, mit dem sie zu Ihnen kommen. Seien Sie kein Problemlöser.

Menschen beurteilen

Als Führungskraft lernen Sie ständig neue Menschen kennen, ob Sie ein Team übernehmen, ein neues Teammitglied bekommen oder mit Personen aus anderen Teams zusammenarbeiten. Was auch immer der Fall sein mag, die Personen, die Sie kennenlernen, haben einen Ruf. Das Vergangene geht ihnen voraus. Meist haben sie irgendeine schriftliche (oder virtuelle) Akte, die bisherige Leistungen, Auszeichnungen und mögliche Bestrafungen erhält.

Beurteilen Sie sie als neue Führungskraft nicht aufgrund dessen, was Sie gehört oder gelesen haben; versuchen Sie, offen zu bleiben und sich ein eigenes Urteil zu fällen. Das heißt nicht, dass Sie die Vergangenheit eines Menschen unberücksichtigt lassen sollen; lesen Sie, hören Sie zu, nehmen Sie es zur Kenntnis. Aber räumen Sie dem Betreffenden die Chance auf einen Neustart ein.

Da Sie sich über seine bisherigen Leistungen informiert haben, können Sie schneller einschätzen, was Sie sehen. Wenn Sie wissen, dass jemand in der Vergangenheit häufig zu spät zur Arbeit kam, und er kommt auch jetzt wieder zu spät, wissen Sie sofort, dass das ein echtes Problem ist. Wenn jemand in der Vergangenheit oft emotional reagiert hat und Sie ihn wieder emotional erleben, hat er das Problem bestätigt.

Doch wenn jemand mit negativen Vermerken in seinem Lebenslauf oder seiner Akte erscheint, geben Sie ihm eine Chance. Vielleicht war sein letzter Chef ein Albtraum. Vielleicht hatte er nicht genug Erfahrung, um seine Arbeit zu machen, und ist daran gescheitert. Vielleicht hat er ein paar Jugendtorheiten begangen. All diese Probleme können sicherlich gelöst und überwunden werden, wenn jemand eine Chance bekommt und gut geführt wird. Machen Sie Ihre Arbeit und *führen* Sie.

Beeinflussung

Als Führungskraft hatte ich immer gern Leute in meinem Team, die hoch motiviert, kämpferisch und voller Eifer waren, ihre Aufgaben zu erfüllen. Es ist mir viel lieber, jemanden im Zaum zu halten, als ihn antreiben zu müssen. Das ging mir nicht nur als Vorgesetzter so. Auch als junges Mitglied des Teams habe ich es immer gemocht, wenn die anderen voller Tatendrang waren.

Doch das ist nicht immer der Fall. Nicht jeder steckt voller Energie. Genau genommen kann dieser Eifer auf Vorgesetzte und Untergebene auch negativ wirken. Wie kann das sein? Es hat im Allgemeinen mit dem Ego zu tun, doch es gibt auch noch andere Gründe. Das habe ich in meinem allerersten SEAL-Platoon als Neuling gelernt.

Als Neuer war ich extrem motiviert. Ich wollte so hart wie möglich trainieren, um auf den Krieg vorbereitet zu sein. Doch das war 1992 und es fand kein Krieg statt. Der erste Golfkrieg war sechs Monate zuvor zu Ende gegangen und hatte nur zweiundsiebzig Stunden gedauert. Ich wollte unbedingt zu den SEALs gehören, weil sie sich im Vietnam-Krieg den Ruf verdient hatten, eine wilde und unerschrockene Truppe zu sein – doch auch das war schon zwanzig Jahre her. Wir hatten eine echte Friedensarmee.

Aber ich war jung und nahm an, dass mein Krieg noch kommen würde, deshalb wollte ich dafür bereit sein. Ich machte es ein bisschen anders als die meisten anderen im SEAL Team One. Ich ging früh zur Arbeit. Ich trug bei unseren Konditionsläufen schwere Stiefel statt Laufschuhen. Ich trug einen Rucksack mit einem 40-Pfund-Sandsack darin, als wir den Hindernislauf machten. Nachts ging ich allein mit angelegtem Gurtzeug im Meer schwimmen. Ich versuchte, mir alles ein bisschen schwerer zu machen, als es normalerweise verlangt wurde. Ich dachte, das wäre das Richtige – schließlich *bereitete ich mich auf den Krieg vor!*

Leider wurde meine Einstellung von einigen der älteren Kameraden in meinem Platoon nicht gutgeheißen. Klar, die anderen Neuen, die mich kannten, verstanden meine Haltung, weil wir gemeinsam im BUD/S gewesen waren; sie wussten, dass ich einfach voller Eifer war. Aber manche von den Älteren fanden, dass ich es übertrieb. Sie waren seit sechs, acht, zehn oder sogar zwölf Jahren bei den SEALs und wussten, dass nachhaltige Leistungsstärke als SEAL kein Sprint war, sondern ein Marathon. Sie wussten, dass jede zusätzliche Belastung von Knien, Schultern, Knöcheln und Rücken beachtet und minimiert werden musste. Sie wussten, dass wir intensive und anstrengende, lange Märsche, Fallschirmsprünge, Seilklettern, Tauchen und alle möglichen anderen Übungen vor uns hatten, die enorme körperliche Anforderungen an uns stellten. Diese körperlichen Anforderungen waren sogar noch höher für diejenigen, die bereits zahlreiche Übungseinsätze und Stationierungen hinter sich hatten. Doch wir Neuen, die wir frisch aus dem BUD/S kamen, waren gesund und leistungsbereit, und ich wollte unbedingt besser werden.

Nicht lange, da hörte ich das erste Murren von einigen der erfahreneren Kameraden. Aus gewissen Kommentaren konnte ich schließen, dass sie die Sache anders sahen als ich. »Da kommt Rambo«, oder »Guckt euch bloß diesen harten Burschen an«. Zunächst hörte es sich an, als machten sie Witze. Aber der Ton wurde schärfer und bald erkannte ich, dass ihnen nicht gefiel, was ich tat.

Nun wäre es sehr leicht für mich gewesen, die Situation einzuschätzen und ihnen die Schuld zuzuweisen. Ich hätte mir sagen können: *Was ist denn mit denen los? Ich bin doch derjenige, der besonders hart arbeitet. Das sind Schwächlinge. Ich bin knallhart – viel härter als sie. Ich bereite mich auf den* Krieg *vor! Diese Typen sollten sich so wie ich anstrengen, um kampfbereit zu sein. Mal ehrlich, kann ich mich überhaupt auf die verlassen?*

Als junger SEAL, der nach Abschluss der »härtesten militärischen Ausbildung der Welt« immer noch vor Selbstbewusstsein strotzte, hätte ich mein Verhalten ohne Weiteres rechtfertigen und gleichzeitig die anderen Mitglieder meines Platoons abwerten können. Insbesondere da einige der älteren Kameraden nicht in der besten körperlichen Verfassung waren. *Natürlich wollen sie sich nicht zusätzlich anstrengen! Sie sind schwach und ich bin stark. Sie müssen sich von mir eingeschüchtert fühlen! Sie kommen nicht damit klar, dass ein Neuer wie ich hier reinkommt und die Sache in Angriff nimmt!*

Aber dann betrachtete ich es aus ihrer Perspektive. *Wer bin ich schon? Ich bin ein Neuer. Ich war noch nie im Einsatz.* Ich hatte noch nie an einem Übungseinsatz teilgenommen. Wie konnte ich über sie urteilen? Was wusste ich schon?

Dann dachte ich aus der Teamperspektive darüber nach. *Wir sind ein Platoon; wir sollen ein Team sein und zusammenarbeiten.* Und was tat ich? Ich sonderte mich von der Gruppe ab. Es bildete sich ein Graben zwischen einigen der älteren Kameraden im Platoon und mir. Das war falsch. Es zerstörte die Einheit unseres Platoons und das wirkte sich negativ auf unsere Einsatzbereitschaft aus.

Und wissen Sie, was ich tat? Ich gab nach. In meiner Freizeit machte ich weiterhin Zusatztraining, aber wenn ich im Platoon war, versuchte ich, mich so zu verhalten wie alle anderen. Kurz: *Ich passte mich an.*

Das ist etwas, was keiner hören will: dass ich mich einfach der Gruppe anpasste. Die Leute denken: *Jocko ist knallhart, der würde sich nie der kollektiven Schwäche unterordnen.* Aber das wäre falsch. Wenn ich mich hier behauptete, wenn ich »niemals klein beigäbe«, würde das bloß bedeuten, dass ich meine persönlichen Gefühle für wichtiger hielte als die des Teams. Es würde bedeuten, dass mein Ego es nicht ertragen könnte, einen Gang zurückzuschalten, sich unterzuordnen und sich an das Verhalten des Teams anzupassen. All das ist eindeutig nicht die richtige Einstellung.

Um keinen Zweifel aufkommen zu lassen – das Wichtigste bei einem Team *ist das Team.* Vielleicht denken jetzt manche, das sei schwach, aber das ist es nicht. Der einzige Grund, warum dieses Team existiert, ist die Erfüllung der Mission. Je einiger das Team ist, desto besser kann es die Mission erfüllen. Wenn ich eine Spaltung des Teams verursache, schädige ich unsere Schlagkraft.

Das geht sogar noch weiter. Nehmen wir mal an, einige der Leute in meinem Platoon wären nicht in der besten körperlichen Verfassung. Wenn das der Fall ist, möchte ich natürlich, dass sie fitter werden. Dazu müssen sie anfangen, intensiver zu trainieren. Wie kann ich sie dazu bringen? Sie arbeiten nicht für mich. Ich bin der Neue im Platoon; ich kann ihnen keine Befehle erteilen. Ich muss eine andere Methode finden. Diese andere Methode ist, sie zu *beeinflussen*. Um sie beeinflussen zu können, muss ich irgendeine Beziehung zu ihnen aufbauen. Wenn ich keine Beziehung habe, habe ich auch keinen Einfluss. Wenn ich keinen Einfluss habe, kann ich sie zu gar nichts veranlassen. Ich lernte eine wichtige Lektion: *Ich kann die Gruppe nicht verändern, wenn ich nicht zur Gruppe gehöre.* Gehöre ich jedoch dazu, kann ich sie bewegen – vielleicht nicht so stark oder so schnell, wie ich möchte, aber zumindest kann ich sie in die richtige Richtung bringen.

Um zur Gruppe zu gehören, seien Sie nicht übereifrig. Entfremden Sie sich nicht von der Gruppe. Werden Sie zu einem Teil davon und verdienen Sie sich Ihren Einfluss.

Heißt das, Sie sollen mitspielen und sich unter allen Umständen anpassen, um Teil des Teams zu sein? Absolut nicht. Sie sollten sich Ihre Individualität, Ihre besondere Persönlichkeit und Ihre eigene Perspektive bewahren. Sorgen Sie nur dafür, dass Ihre Persönlichkeit nicht Ihrer Fähigkeit im Weg steht, innerhalb der Gruppe Beziehungen aufzubauen.

Doch was, wenn die Gruppe schlecht ist? Wie schon gesagt, wenn sie etwas Unmoralisches, Illegales oder Unethisches tut, müssen Sie Widerstand leisten; Sie müssen Ihre Position klug behaupten, aber wenn Sie sich an einem solchen Verhalten beteiligen oder es passiv zulassen, machen Sie sich mitschuldig. Das habe ich im Abschnitt über Meuterei in Kapitel 1 eingehend behandelt.

Doch was, wenn die Gruppe zwar nichts Illegales oder Unethisches tut, dafür aber etwas, das sich negativ auf ihre Fähigkeit zur Missionserfüllung auswirkt? Was, wenn ihre Mitglieder eine schlechte Einstellung gegenüber der Führung oder der Mission selbst haben?

Erneut ist es nicht hilfreich, sich gegen das Team zu stellen. Wenn Sie sich von den Gruppenmitgliedern absondern, hören sie nicht auf Sie, also versuchen Sie, sich mit ihnen zu verbünden. Bauen Sie Beziehungen zu Mitgliedern der Gruppe auf, damit sie auf Sie hören. Je besser Ihre Beziehungen innerhalb des Teams sind, desto mehr Leute hören auf Sie.

Sie müssen vielleicht ein paar Kompromisse eingehen, um die Beziehungen aufzubauen – keine, die allzu weit gehen, aber weit genug, um eine Verbindung zu schaffen.

»Die Mission ist bescheuert, und der Chef auch!«, mag jemand zu Ihnen sagen.

Wenn Sie antworten: »Nein. Die Mission ist großartig, und der Chef ebenso!«, wird der andere Ihnen kaum weiterhin Gehör schenken. Und wenn er zuhört, greift er dann nur einige Ihrer Bemerkungen auf und reitet darauf herum. Die Unterhaltung nimmt kein gutes Ende.

Betrachten wir einen anderen Ansatz am anderen Ende des Spektrums: »Die Mission ist bescheuert, und der Chef auch!«, sagt Ihr Kollege.

Sie erwidern: »Du hast recht, sie ist wirklich bescheuert. Das ist die bescheuertste Mission, an der ich je teilgenommen habe. Ich kann einfach nicht glauben, dass der Chef das von uns verlangt!«

Sie haben Ihrem Kollegen definitiv gezeigt, dass Sie mit ihm solidarisch sind, aber Sie haben sich so stark gegen die Mission positioniert, dass es schwierig ist, wieder zurückzurudern. Außerdem waren Sie respektlos gegenüber Ihrem Chef und dem Unternehmen oder der Einheit. Respektlosigkeit oder Herabsetzung dem Vorgesetzten oder der Leitung gegenüber ist zwar eine billige und einfache Methode, um Bündnisse zu schmieden, aber sie ist auch kompromittierend für Ihren Charakter. Seien Sie also äußerst vorsichtig, wenn Sie über Ihre Führung und die Richtung sprechen, die man Ihnen vorgibt. Das heißt nicht, dass Sie sich für

Ihre Führung selbst verleugnen müssen, besonders wenn sie etwas tut, das wirklich fragwürdig ist. Doch selbst dann sollten Sie taktvoll sein; seien Sie nicht derjenige, der die Hierarchie oder die Vision der Führung herabwürdigt, wenn die Betroffenen nicht da sind, um sich selbst zu verteidigen. Das ist kein guter Stil.

Versuchen Sie einen maßvolleren Weg. Sie können der Aussage Ihres Kollegen teilweise zustimmen, sie aber gleichzeitig abschwächen und eine Tür für ein Gespräch darüber öffnen, damit Sie ihn in eine bessere Richtung bringen können. Wenn Ihr Kollege sagt: »Die Mission ist bescheuert, und der Chef auch«, nehmen Sie den Mittelweg zwischen unmittelbarem Widerspruch auf der einen Seite und überzeugter Zustimmung auf der anderen: »Tja, es ist wirklich schwer, die Mission aus unserer Perspektive zu verstehen. Was glaubst du, warum die Führung uns daran arbeiten lässt?«

Jetzt haben Sie und Ihr Kollege etwas zu diskutieren. Und eine zivilisierte Diskussion stärkt die Beziehung. Außerdem enthält Ihre Antwort eine Frage. Sie haben Ihren Kollegen aufgefordert, seine Meinung zu äußern, warum an dieser Mission gearbeitet werden soll. Die Antwort ermöglicht es Ihnen, seine Position besser zu verstehen, sodass Sie sie besser entkräften und ihn überzeugen können.

Wenn Sie mehr Beziehungen aufbauen und mehr ausgewogene Unterhaltungen mit den Gruppenmitgliedern führen, können Sie mehr und mehr Einfluss auf sie ausüben. Das gibt Ihnen die beste Möglichkeit, sie in die richtige Richtung zu bringen, nicht durch direkte Konfrontation, sondern indem Sie das Vertrauen der anderen gewinnen und ihre Einstellung indirekt und aus der Gruppe heraus verändern. Das ist das Gegenteil einer aggressiven Haltung und eines direkten Angriffs auf die Überzeugungen der Gruppe. Damit würden Sie sich nur von der Gruppe isolieren und sind dann nicht mehr in der Lage, deren Richtung in irgendeiner Weise zu beeinflussen. Seien Sie moderat. Bauen Sie Beziehungen auf. Führen Sie.

Alles ist gut (aber so gut auch wieder nicht)

Es wird auch schlechte Ereignisse geben. Wenn das passiert, ist es wichtig, dass die Führungskraft eine positive Einstellung bewahrt, um das Gute an der Situation zu erkennen.

- Wir haben die gewünschte Förderung nicht bekommen? Gut, so können wir lernen, effizienter zu sein.
- Die von uns geplante Mission wurde abgesagt? Gut, so haben wir mehr Zeit zur Vorbereitung.
- Der Kunde, mit dem wir den Vertrag abschließen wollten, ist abgesprungen? Gut, jetzt können wir uns darauf konzentrieren, bessere Beziehungen zu unseren anderen Kunden aufzubauen.

Egal was schiefgeht, es gibt immer etwas Positives daran zu entdecken. Eine negative Einstellung breitet sich im ganzen Team aus, genau wie eine positive, deshalb ist es wichtig, dass eine Führungskraft immer eine positive Haltung bewahrt.

Man kann es damit aber auch übertreiben. Wenn das Team die ganze Zeit nur 100 Prozent Positives vom Vorgesetzten hört, wird dieser als unverbesserlicher Optimist wahrgenommen, der die Realität der Situation nicht erkennt. Deshalb muss er das Positive immer mit Realismus mischen.

- Wir haben die gewünschte Förderung nicht bekommen? Na ja, dann dauert es also ein bisschen länger, als wir gedacht hatten, aber wenigstens können wir jetzt unsere Prozesse verschlanken und so effizient wie möglich werden.
- Die von uns geplante Mission wurde abgesagt? Tja, das ist nicht gerade ideal, aber zumindest können wir jetzt noch ein paar Details üben und uns noch besser vorbereiten.
- Der Kunde, mit dem wir den Vertrag abschließen wollten, ist abgesprungen? Das ist zwar nicht, was wir wollten, aber es gibt uns die Chance, uns auf unsere anderen Kunden zu fokussieren und noch stärkere Beziehungen zu ihnen aufzubauen, was letztlich zu besseren Geschäften führt.

Diese gemäßigteren Reaktionen stoßen bei den Leuten auf Resonanz. Wenn die Leute glauben, Sie wären blind gegenüber den Problemen der Situation, verlieren Sie an Glaubwürdigkeit.

Es ist also wichtig, eine positive Einstellung zu den Ereignissen zu bewahren, aber ignorieren Sie Probleme nicht, und versuchen Sie nicht, die Schwierigkeiten schönzureden. Seien Sie positiv, aber auch realistisch.

KAPITEL 6

MANÖVER

Führungskräfte durch die Praxis schulen und aufbauen

Wenn jemand auf eine Führungsposition gesetzt wird, verändert sich seine Perspektive, und die neue Perspektive enthüllt ihm oft die Fehler seines Vorgehens. Aus diesem Grund ist es eine meiner häufigsten Maßnahmen bei einer großen Bandbreite von Führungsproblemen, Menschen in Führungspositionen zu versetzen. Wenn es darum geht, Menschen zu schulen und zu fördern, gibt es viele Symptome, die mich dazu bringen, dieselbe Grundmedizin zu verabreichen. Diese Medizin besteht darin, den Betroffenen auf eine Führungsposition zu setzen. Führung ist ein Heilmittel für eine ganze Reihe von Problemen.

Eine negative Haltung korrigieren

Als junger Offizier und Assistant Commander eines SEAL-Platoons war ich befreundet mit dem Assistant Platoon Commander eines anderen Platoons. Eines Tages nach der Arbeit beschwerte er sich über einen der SEALs in seinem Platoon. Das heißt, eigentlich beschwerte er sich nicht wirklich über ihn, sondern suchte nach einer Lösung. Der betreffende SEAL schien über unbegrenztes Potenzial zu verfügen. Er war äußerst intelligent, charismatisch und sportlich. Er hätte ein wahrer Schatz sein können. Einen Einsatz hatte er bereits hinter sich, war also kein Neuling mehr, und befand sich in einer Position, aus der er einigen positiven Einfluss auf den Platoon hätte nehmen können. Leider war der Einfluss, den er ausübte, eher negativ. Er versuchte immer, den leichtesten Weg zu gehen, beschwerte sich über das Training, das sie durchführten, und hatte eine dauerhaft negative Einstellung zu allem. Weil er intelligent, charismatisch und sportlich war, begann diese negative Einstellung sich auf einige der anderen Platoon-Mitglieder auszuwirken, und auch sie wurden leicht negativ. Das war keine gute Situation.

Ich kannte den jungen SEAL mit der negativen Haltung, wenn auch nicht allzu gut. Ich hatte ihn im Team gesehen und wir waren uns bei ein paar Teamversammlungen begegnet. Seine Einstellung stand ihm ins Gesicht geschrieben – zu cool für diese Welt –, als ob alles unter seiner Würde oder unwichtig sei. Es war klar, dass er nicht leicht zu führen war.

Der Assistant Platoon Commander wusste nicht, was er tun sollte. Er, der Platoon Commander und der Platoon Chief versuchten schon seit Monaten, die Haltung des Kameraden unter Kontrolle zu bringen, aber das klappte einfach nicht. Sie hatten mit ihm geredet, aber das Problem blieb bestehen. Sie hatten ihm Wochenenddienste aufgebrummt, damit er über seine Einstellung »nachdenken« konnte, aber das half nichts. Sie hatten ihm sogar eine Abmahnung geschrieben, was das Problem noch zu verschlimmern schien. Der Assistant Platoon Commander war mit seiner Weisheit am Ende. Mein Vorschlag überraschte ihn.

»Befördere ihn«, sagte ich.

»Was?«, erwiderte er.

»Befördere ihn«, wiederholte ich langsam und deutlich.

»Ihn befördern?«, fragte der Assistant Platoon Commander erneut, offenbar völlig verblüfft von meinem Vorschlag.

»Ja. Befördere ihn. Lass ihn etwas Verantwortung übernehmen. Du hast mir doch erzählt, dass er klug und charismatisch ist. Hört sich nach ungenutztem Talent an. Wahrscheinlich ist er einfach unterfordert – er langweilt sich. Das könnte der Grund für seine negative Haltung sein. Lass ihn nicht in Ruhe. Gib ihm eine Aufgabe. Dann ist er gefordert.«

Der Assistant Platoon Commander wirkte nicht sehr überzeugt, aber ihm fiel auch nichts Besseres ein. »Okay«, sagte er, »ich probier's aus.«

Er ging seiner Wege und wir machten mit unseren Platoons weiter. Ich ging mit meinem Platoon für ein paar Wochen auf eine Ausbildungsfahrt, und als wir zurückkamen, kam der Assistant Platoon Commander bei mir vorbei, während ich gerade in meiner Unterkunft über administrativen Aufgaben saß.

»Wie läuft's?«, fragte ich, wobei ich mich gar nicht an das Gespräch erinnerte, das wir über den SEAL mit der negativen Haltung geführt hatten.

»Nicht besonders.«

Ich fragte mich, wovon er sprach. Dann fuhr er fort: »Er ist noch schlimmer geworden.«

Mir fiel unsere Unterhaltung wieder ein und ich war erstaunt. »Wirklich?«

»Ja, wirklich. Ich hab ihn befördert, hab ihm Verantwortung gegeben, und seine Einstellung ist sogar noch negativer geworden.«

Das überraschte mich wirklich. Ich hatte in der Vergangenheit oft erlebt, dass diese Technik funktionierte. Als ich als junger SEAL im Ausbildungskader von SEAL Team One gewesen war, hatten wir SEALs mit einem Einstellungsproblem häufig die Verantwortung für eine Übungsmission übertragen. Die Last dieser Verantwortung reichte fast immer aus, einem Kameraden den Kopf zurechtzurücken oder ihn zumindest in die richtige Richtung zu bewegen.

Auch auf mich hatte Verantwortung diese Wirkung gehabt. In meinem ersten Platoon war mir die Rolle des Ersten Funkers zugeteilt worden. Das war bei einem unerfahrenen Neuling eine Seltenheit. Funker trugen eine Menge Verantwortung, nicht nur bei der Vorbereitung der Funkgeräte, sondern auch bei der Missionsplanung, die detaillierte Informationen vom Funker verlangte. Es war eine schwere Last für einen Neuen und ich spürte den Druck. Dieser Druck brachte meine Einstellung auf den richtigen Weg; dadurch arbeitete ich fleißiger, bereitete mich besser vor und nahm meine Aufgaben viel ernster, als wenn ich mich einfach hinter einem erfahreneren Funker hätte verstecken und alles ihm überlassen können.

Noch deutlicher wurde das in meinem zweiten Platoon, als unser Platoon Commander mir und ein paar anderen Mannschaftskameraden die Planung und Durchführung von Einsätzen anvertraute. Wir alle bemühten uns, hatten eine positive Einstellung und wurden mit dieser größeren Verantwortung, die man uns übertragen hatte, bessere SEALs.

Ich konnte einfach nicht begreifen, warum diese Taktik bei der Person in diesem anderen Platoon nicht funktioniert hatte.

»Echt? Das ist ja komisch«, sagte ich.

»Echt. Genau genommen ist seine Haltung noch schlimmer geworden. Und zwar praktisch schlagartig. Sobald ich ihn befördert hatte, wurde es schlimmer.«

Das irritierte mich wirklich. Wie war es möglich, dass ein junger SEAL mit Intelligenz, Charisma und sportlichem Talent nicht führen wollte? Das ergab keinen Sinn. Ich verstand es nicht. Dann kam mir ein neuer Gedanke.

»Moment mal. Wozu hast du ihn denn eingeteilt?«, fragte ich.

»Ich hab ihn damit beauftragt, jeden Tag die Waschräume außerhalb unserer Platoon-Unterkunft zu putzen und die Mülleimer zu leeren. Das waren ja nicht mal besonders schwere Aufgaben!«, antwortete er.

Ich schüttelte den Kopf. Offensichtlich hatte ich mich nicht klar genug ausgedrückt.

»Neiiiin!«, sagte ich, ganz bestürzt, dass so etwas passiert war und ich nicht präziser gewesen war. »Du musst ihn für etwas Wichtiges einteilen. Etwas Bedeutsames, das eine Herausforderung für ihn darstellt. Kein Wunder, dass seine Einstellung sich verschlechtert hat! Die Waschräume putzen? Das ist was für Neue, die Mist gebaut haben, nicht für jemanden mit Platoon-Erfahrung und einer Menge Potenzial! Ich meinte, du solltest ihn für die Durchführung einer Übungsfahrt oder eines Übungseinsatzes einteilen.«

Der Blick des Assistant Platoon Commanders war leer. Er wusste sofort, dass er einen Fehler gemacht hatte. Natürlich hatte sich die Einstellung des Mannes verschlechtert. Für jemanden mit seinen Erfahrungen war das Putzen der Waschräume keine Führungsgelegenheit; es war eine Strafe. Der Assistant Platoon Commander schüttelte den Kopf.

»Was soll ich denn jetzt machen?«

»Lass ihn nicht länger die Klos schrubben! Sag ihm, du hast erkannt, dass er ein viel größeres Potenzial hat. Sag ihm, du willst, dass er vorankommt. Vertrau ihm eine Mission an.«

»Na ja, wir müssen diese Woche ein paar Full-Mission Profiles für Kampfschwimmer durchführen. Ich könnte ihm die Verantwortung dafür geben.«

»Perfekt«, sagte ich. Full-Mission Profiles waren Übungsmissionen, die der Platoon von Anfang bis Ende plante und dann durchführte. *Kampfschwimmer* war der Begriff, den wir bei den SEALs für unsere Unterwassereinsätze verwendeten. Im Allgemeinen bestanden sie darin, in einem Hafen zu tauchen, Sprengsätze an einem feindlichen Schiff zu befestigen und dann zu einem Ausstiegspunkt zurückzutauchen. Das wäre eine Herausforderung für ihn, aber ich glaubte, er würde damit zurechtkommen. Der Assistant Platoon Commander war einverstanden, es auszuprobieren.

Ich musste nicht lange auf eine Rückmeldung warten. Ein paar Tage später wurde dem SEAL mit der negativen Einstellung ein Full-Mission-Profile-Übungseinsatz überantwortet. Zufällig sah ich ihn das Team herumführen. Er sah tatsächlich völlig verändert aus. Er war fokussiert auf sein Tun, wirkte entschlossen und zielstrebig.

»Wie läuft's?«, fragte ich ihn, als wir im Flur aneinander vorbeigingen.

»Ganz gut«, erwiderte er.

Am nächsten Tag kam der Assistant Platoon Commander in mein Platoon-Büro, um mich zu informieren.

»Unglaublich«, sagte er, als er eintrat.

»Was denn?«

»Eine Einstellungsveränderung um hundertachtzig Grad«, antwortete er.

»Das ist schön zu hören«, sagte ich.

»Aber das ist noch nicht alles. Er hat seine Sache wirklich hervorragend gemacht. Ganz ausgezeichnet. Er hat die Planung und Umsetzung des gesamten Einsatzes überwacht. Ich dachte, er würde eine Menge Hilfe brauchen, aber er hat es geschafft. Er hat den Chief und mich ein paar Sachen gefragt, aber ansonsten hat er es ganz allein hingekriegt. Ich bin beeindruckt. Und seine Haltung war das Beeindruckendste. Und das ist wirklich dauerhaft. Den nächsten Einsatz führt er nicht durch, aber er unterstützt seinen Nachfolger. Das ist perfekt gelaufen, vielen Dank«, sagte er.

»Kein Problem, Bruder. Freut mich, dass es geklappt hat. Jetzt hast du ein gutes Werkzeug in der Hand.«

Daraufhin ging der Assistant Platoon Commander wieder und in mir festigte sich die Vorstellung, dass eines der besten Werkzeuge, über die eine Führungskraft verfügt, um andere zu schulen, die Führung selbst ist; Menschen Verantwortung zu geben und sie auf Führungspositionen zu setzen lehrt sie, in vielerlei Hinsicht besser zu werden. Und je besser Sie dieses Werkzeug verstehen, desto präziser können Sie Führungspositionen nutzen, um Mitarbeitern beizubringen, was sie lernen müssen.

BESCHEIDENHEIT LEHREN

Wir wollen, dass die uns unterstellten Führungskräfte selbstbewusst sind, aber Selbstbewusstsein kann allzu leicht aus dem Gleichgewicht geraten und sich so stark aufblähen, dass es zu Arroganz wird. Eine junge Führungskraft, die vom Erfolg beflügelt ist, lässt oft ihr Ego außer Kontrolle geraten und fällt einem Mangel an Bescheidenheit zum Opfer; sie glaubt an ihre Überlegenheit, hört anderen nicht mehr zu und hört auf, so zu planen und sich vorzubereiten, wie sie eigentlich sollte.

Wie bringt man einer arrogant gewordenen Führungskraft Bescheidenheit bei? Wie bringt man ihr Ego unter Kontrolle?

Natürlich ist das Leben selbst der ultimative Lehrer für Bescheidenheit. Wenn jemand lang genug lebt und echten Herausforderungen begegnet, wird er schließlich bescheiden. Doch das dauert seine Zeit und als Führungskräfte können wir nicht immer abwarten, bis unsere Untergebenen die Bescheidenheit durch Lebenserfahrung lernen.

Was tat ich also, wenn ich einer jungen, überheblichen Führungskraft etwas Demut beibringen musste? Ich übertrug ihr eine Mission oder ein Projekt, von der oder dem ich wusste, dass es ihre Kompetenz überstieg. »Sie haben Ihre Sache so gut gemacht, ich möchte, dass Sie diese Mission anführen. Okay?«, sagte ich dann zu ihm oder ihr.

Im Allgemeinen waren sie in ihrer Arroganz ganz begeistert; sie dachten, dass sie endlich die Führungsrolle einnehmen würden, die ihnen ihrer Meinung nach zustand.

Doch die Mission war schwierig – nicht unmöglich, absolut nicht unrealistisch, doch schwer genug, dass ich wusste: Sie würden ziemlich sicher daran scheitern.

Sobald sie die Verantwortung übernommen und mit dem Planungsprozess begonnen hatten, trat einer von zwei Fällen ein. Entweder schauten sie sich die Mission an, begannen mit dem Planungsprozess, erkannten, dass er ihnen über den Kopf wuchs, und baten um Hilfe. Das erforderte aber Demut. Ein arroganter Mensch will entweder nicht um Hilfe bitten oder glaubt, dass er die Lage schon allein in den Griff bekommt, oder beides. Doch wenn er oder sie auch nur ein Jota Bescheidenheit in sich trug, würde er oder sie ihre Unzulänglichkeit erkennen, eine gute Portion Demut erlangen und um Hilfe bitten.

Bat der oder diejenige nicht um Hilfe, so trat der zweite Fall ein: Er oder sie scheiterte. Wenn die arrogante Führungskraft sich weigert, um Hilfe zu bitten, fällt sie auf die Nase und wird durch ihr Scheitern gedemütigt; sie erkennt, dass sie gar nicht so großartig ist, wie sie dachte.

Das heißt nicht, dass ich eine arrogante junge Führungskraft in einer Mission scheitern ließ, bei der Menschenleben auf dem Spiel standen, aber bei Übungsmissionen kam das durchaus vor. Jeder, der für mich arbeitete, wurde bei Übungsmissionen auf Führungspositionen gesetzt. Die Eitlen und Arroganten bekamen die schwierigsten. Diese Missionen flößten ihnen Demut ein.

Dieselbe Technik können Sie im Geschäftsleben anwenden. Das heißt nicht, dass Sie einen arroganten Mitarbeiter bei einem wichtigen Kunden versagen lassen oder dass dem Unternehmen ein erheblicher finanzieller Verlust entsteht. Stattdessen können Sie entweder Übungsprojekte für ihn aufstellen oder ihn Projekte planen und leiten lassen, die nicht so schwerwiegende Konsequenzen haben. Sie können ihn auch aufhalten, ehe er seinen Plan tatsächlich umsetzt und Schaden verursacht. Es kommt sogar vor, dass ein arroganter junger Vorgesetzter nicht einmal weiß, was nötig ist, um einen Plan aufzustellen, deshalb reicht manchmal schon der simple Versuch, einen zusammenhängenden Plan zu erstellen, um ihm Demut beizubringen. So oder so muss kein unnötiges Risiko eingegangen werden; die Lektion kann trotzdem erteilt werden.

Oft werde ich gefragt: »Aber was ist, wenn die arrogante Führungskraft ihre Sache gut macht? Was mach ich denn dann?«

Die Antwort ist einfach. Seien Sie zunächst mal nicht enttäuscht; Sie haben eine Führungskraft mit viel Potenzial in Ihrem Team. Das ist etwas Gutes. Doch sie muss trotzdem bescheidener werden, deshalb geben Sie ihr eine noch schwierigere Mission. Wenn ihr auch diese gelingt, geben Sie ihr eine noch schwierigere. Setzen Sie das fort, bis der Mitarbeiter scheitert oder um Hilfe bittet. Hat er erst einmal Demut gelernt, können Sie beginnen, sein Selbstvertrauen wieder aufzubauen.

SELBSTBEWUSSTSEIN AUFBAUEN ODER WIEDER AUFBAUEN

Manchmal sind leitende Mitarbeiter überheblich und müssen in die Schranken verwiesen werden, dann wieder müssen wir ihr Selbstvertrauen aufbauen. Vielleicht haben Sie einen Mitarbeiter, der neu in seiner Führungsposition ist und sich mit dem Führen noch nicht recht angefreundet hat. Oder vielleicht hat er versagt oder bei einer Mission, einem Projekt oder einer Aufgabe schlechte Leistungen erbracht und sorgt sich jetzt um seine Kompetenz.

Die Medizin bei mangelndem Selbstbewusstsein ist sehr ähnlich der Medizin bei Überheblichkeit: Geben Sie demjenigen Verantwortung. Nur dass Sie ihm jetzt, wenn er aufgebaut werden muss, die Verantwortung für eine Mission geben, von der Sie wissen, dass er sie gut führen und umsetzen kann; Sie können ihm sogar eine Mission zuteilen, die für ihn recht leicht zu erfüllen ist.

Die Person bringt sich dann ein und tut, was sie tun soll, und es gibt ein positives Ergebnis. Ist die Mission erfüllt, geben Sie ihr eine etwas schwierigere, und wenn auch diese erfüllt ist, wieder eine etwas schwierigere. Mit jedem Schritt wächst ihr Selbstvertrauen und schließlich wird sie zu einer selbstbewussten Führungspersönlichkeit. Dann können Sie ihr Selbstbewusstsein mit entsprechend anspruchsvollen Missionen auf die Probe stellen.

Auch hier ist es wieder wichtig, Risiken zu vermeiden. Schicken Sie jemanden mit schwachem Selbstbewusstsein nicht auf eine entscheidende Mission. Er könnte noch nicht bereit dazu sein und deshalb scheitern, was nicht nur dem Team schadet, sondern sein Selbstvertrauen zudem noch weiter untergräbt. Lassen Sie Vorsicht walten und wählen Sie Missionen oder Projekte aus, die gerade genügend Druck ausüben und ein ausreichend geringes Risiko aufweisen, um das erwünschte Wachstum zu bewirken, ohne den Betroffenen zu überfordern oder die strategische Gesamtmission einem unnötigen Risiko auszusetzen. Gleichzeitig darf die Mission nicht zu einfach sein, sonst setzt sie den Betroffenen nicht genügend unter Stress, um sein Selbstvertrauen zu stärken. Er wird glauben, Sie hätten es ihm leichtgemacht – was ja auch stimmt –, und das bestärkt ihn in seiner Überzeugung, nicht gut genug zu sein.

Suchen Sie also das Gleichgewicht und wenden Sie das richtige Maß an Druck an, um die Weiterentwicklung des Mitarbeiters zu fördern.

STARKE TEAMPLAYER AUFBAUEN

Nicht jeder hat ein Problem damit, in eine Führungsposition versetzt zu werden. Gute Führungskräfte entwickeln ihre Teams, indem sie dem Nachwuchs Verantwortung übertragen, damit er Erfahrungen und Kenntnisse gewinnt.

In meinem zweiten SEAL-Platoon beauftragte unser Platoon Commander uns junge SEALs ständig mit Übungseinsätzen und -planungen. Nachdem ich erst einmal einige komplette Missionen geplant hatte, kam mir meine Arbeit als Funker einfach vor. Ich verstand auch besser, wie sich mein Teil der Planung in die Gesamtmission einfügte.

Diese Tradition führte ich fort, als ich selbst Offizier wurde. Als ich Assistant Platoon Commander war, teilte unser Senior Officer meinen Platoon zu einer Reihe von Einsätzen ein. Beim ersten Einsatz übergab ich meinem rangniedrigsten Petty Officer Freddie die Verantwortung für die Mission. Ich gab ihm Hilfestellungen, aber er machte den Plan, bereitete das Briefing vor und wurde mit der Umsetzung der Mission betraut.

Als wir zum Missionsbriefing zusammenkamen, war der Senior Officer anwesend, um es zu beurteilen und zu kritisieren. Zu Beginn stand ich auf und sagte: »Guten Tag, Sir. Wir wurden mit einer Mission beauftragt, die eine recht strapaziöse Mutprobe werden dürfte. Sie ist außerdem sehr komplex mit ihren vielen beweglichen Teilen und erfordert ein hohes Maß an Koordination. Unser jüngster und rangniedrigster Petty Officer ist der Ground Force Commander bei diesem Einsatz. Freddie, du hast das Wort.«

Der Gesichtsausdruck des Senior Officer war unbezahlbar. Er hatte ganz offensichtlich nicht damit gerechnet, dass ich den jüngsten und rangniedrigsten Neuling mit der Leitung der Mission beauftragen würde. Ich setzte mich neben ihn.

»Beeindruckend«, sagte er leise. »Riskant, aber beeindruckend.«

»Negativ, Sir. Geringes Risiko. Diese Männer wissen, wie man führt.« Ich lächelte ihm zu.

»Verstanden, Jocko.«

Und das wussten sie wirklich. Freddie führte ein hervorragendes Briefing durch und gab auch bei der Übungsmission keinen Anlass zur Klage.

Rangniedrigen Personen Verantwortung zu übertragen macht sie besser. Es lässt sie verstehen, was oberhalb ihrer Gehaltsstufe vor sich geht und wie sich ihre Tätigkeit in die strategische Mission einfügt. Es ist eine der besten Methoden, Mitarbeiter weiterzuentwickeln, damit sie nicht nur in ihrem Job besser werden, sondern in Zukunft auch bessere Führungskräfte abgeben.

Das Vermitteln von Demut und Selbstvertrauen sowie das Aufbauen von starken Teamplayern sind nur einige Beispiele dafür, was man erreichen kann, wenn man Mitarbeitern Führungsverantwortung überträgt. Führungsverantwortung ist ein Werkzeug, mit dem Sie Ihren Leuten helfen können. Nutzen Sie es.

Kollegen führen

Das Führen von Kollegen ist eine der anspruchsvollsten Formen von Führung. Wenn Rang und Position gleichwertig sind, wird mehr Taktgefühl benötigt, und es muss eine noch bessere Beziehung aufgebaut werden. Ist die Beziehung erst mal aufgebaut, können Sie Einfluss geltend machen, um das Team in die richtige Richtung zu führen. Das ist nichts Schlechtes, denn Einflussnahme ist immer die bevorzugte Führungsmethode. Beim Führen von Kollegen ist Einfluss besonders wichtig.

Es kann durchaus schwierig sein, unter Kollegen Einfluss aufzubauen, denn wenn alle auf demselben Rang stehen, wird das Ego oft ausgeprägter sichtbar. Jeder strebt danach, sich aufzuwerten, um sich von den anderen abzuheben. Wenn Sie in der Zusammenarbeit mit Kollegen Ihr Ego produzieren, werden auch Ihre Kollegen ihr Ego aufplustern. Das Ego muss kontrolliert werden. Beginnen Sie damit, Ihr eigenes zu kontrollieren. Wenn Ihnen das nicht gelingt, baut sich eine Konkurrenzsituation zu Ihren Kollegen auf. Das führt am Ende zu einem *Blue-on-Blue,* wie der Eigenbeschuss im Militär genannt wird, und das heißt, Sie zerstören Ihr eigenes Team. Lassen Sie das nicht zu. Handeln Sie vorbildlich und halten Sie Ihr Ego unter Kontrolle.

Eine der besten Methoden, Ihr Ego zu kontrollieren und eine Beziehung zu Ihren Kollegen aufzubauen, besteht darin, die Ideen der anderen zu unterstützen. Deren Plan mag sich ein wenig von Ihrem eigenen unterscheiden, aber wenn er tauglich ist und den Zweck erfüllt, unterstützen Sie ihn. Lassen Sie die anderen die Führung übernehmen. Seien Sie nicht eitel und bestehen Sie nicht darauf, Ihren Kopf durchzusetzen; fördern Sie stattdessen die Ideen Ihrer Kollegen. Selbst wenn Sie Ihre eigene Idee für die bessere halten – falls die Ihrer Kollegen ihr gleichkommt, entscheiden Sie sich für diese. Die Hingabe, mit der die anderen ihren Plan erfolgreich umsetzen wollen, wird viel größer sein als das müde Pflichtgefühl, mit dem sie den Ihren umgesetzt hätten. Und was noch wichtiger ist: Indem Sie den Plan der anderen akzeptieren, zeigen Sie ihnen, dass Sie offen sind für ihre Ideen, und das heißt in den meisten Fällen, dass die anderen auch Ihren Ideen gegenüber aufgeschlossen sind. Haben deren Ideen gewisse Schwächen, so erklären Sie es ihnen, und helfen Sie Ihren Teammitgliedern, Verbesserungen vorzunehmen. Und heimsen Sie nicht die Lorbeeren ein, wenn die Idee dann präsentiert wird, selbst wenn Sie mitgeholfen haben, eine überzeugende Lösung daraus zu machen; überlassen Sie das Lob einfach Ihren Kollegen. Das ist der Beginn einer Beziehung und wird Ihren Einfluss auf die anderen verstärken.

Wenn es das nächste Mal an der Zeit ist, Aufgaben zu verteilen, übernehmen Sie die schwierigen; nehmen Sie die Last für das Team auf Ihre Schultern. Wenn zusätzliche Arbeit geleistet werden muss, übernehmen Sie die Verantwortung dafür und erledigen Sie diese Arbeit. Natürlich kann man es auch hier wieder zu weit treiben. Wenn Sie so viel wie möglich übernehmen und dafür die Verantwortung tragen, sehen einige Kollegen das vielleicht als Gefahr, als wollten Sie die Kontrolle über alles an sich reißen, also übertreiben Sie es nicht. Beobachten Sie die Reaktionen Ihrer Kollegen und sorgen Sie dafür, dass Sie durch Ihren Übereifer keinen Unmut auslösen. Wenn Sie den Eindruck haben, den anderen auf den Schlips zu treten, halten Sie sich etwas zurück.

Wenn etwas schiefläuft, übernehmen Sie natürlich die Verantwortung für Probleme und beheben sie. Das ist grundlegend für die Haltung der *Extreme Ownership*, doch natürlich darf man es auch hier nicht übertreiben. So wie manche sich brüskiert fühlen können, wenn Sie zu viele Aufgaben übernehmen, kann man es Ihnen auch übelnehmen, wenn Sie versuchen, jedes Problem zu lösen. Achten Sie immer auf die Reaktion der anderen, wenn Sie Verantwortung übernehmen und Probleme lösen – Sie könnten den einen oder anderen damit vor den Kopf stoßen.

Wenn einer Ihrer Kollegen die Kontrolle über sein Ego verliert und Anstalten macht, sich selbst besser oder gar Sie schlechter dastehen zu lassen, tappen Sie nicht in die Ego-Falle. Greifen Sie ihn nicht an; liefern Sie einfach weiterhin hervorragende Arbeit ab und setzen Sie die Mission an erste Stelle. Er wird anfangs vielleicht positive Aufmerksamkeit für sein selbstsüchtiges Handeln erhalten, aber letztlich fliegt er auf. Lassen Sie sich nicht auf Spielchen ein, sonst werden Sie zur Spielfigur.

Wenn Sie das Team und die Mission über sich selbst stellen und Ihr Ego unter Kontrolle halten, beginnen Sie Beziehungen zu Ihren Kollegen aufzubauen. Das ist das ultimative Ziel; wenn Sie Beziehungen haben, können Sie Ihre Kollegen beeinflussen. Das ist Führung.

Es kann sehr schwierig sein, das Ego unter Kontrolle zu halten. Ich spiele gern ein Spiel, um Egos in Perspektive zueinander zu setzen, und es gibt viele Arten, es zu spielen. Ich nenne es »Wen würdest du einstellen?« oder »Wen würdest du befördern?«.

Es funktioniert folgendermaßen: Stellen Sie sich vor, Sie haben zwei untergebene Führungskräfte, die für Sie arbeiten. Sie sind Kollegen und leiten unterschiedliche, aber ähnliche Projekte. Beiden gelingt es nicht, ihr Projekt erfolgreich abzuschließen. Sie fragen den Ersten, was schiefgelaufen ist.

»Eine ganze Menge«, sagt er aufgewühlt. »Das Material war nicht rechtzeitig da. Unsere Subunternehmer haben ihren Teil des Projekts zu spät fertiggestellt. Wir hatten miserables Wetter, was uns ein paar Arbeitstage gekostet hat. Und obendrein gab es noch Probleme zwischen zweien meiner Schichten und sie haben sich gegenseitig keine Informationen weitergeleitet.«

Diese Führungskraft übernimmt offensichtlich für nichts die Verantwortung. Als Chef sollten Sie mit so einer Einstellung absolut nicht zufrieden sein.

Sie bitten die andere untergebene Vorgesetzte zum Gespräch und fragen sie, was bei ihrem Projekt schiefgelaufen ist. Ihre Einstellung ist eine andere. »Eine Menge ist schiefgelaufen«, sagt sie. »Erstens habe ich das Material nicht rechtzeitig bestellt, deshalb traf es teilweise zu spät ein. In Zukunft achte ich darauf, Material früher zu bestellen. Ich habe mich auch zu wenig darum gekümmert, unsere Subunternehmer in der Spur zu halten, und sie haben ihren Projektanteil zu spät abgeschlossen. Beim nächsten Mal nehme ich tägliche Überprüfungen vor, um zu sehen, welche Fortschritte sie machen, und sicherzustellen, dass sie in der Zeit sind. Wenn nicht, nehme ich Anpassungen vor, um sie wieder auf Vordermann zu bringen, und achte darauf, dass sie nicht hinterherhinken. Wir hatten auch Probleme mit dem Wetter und leider hatte ich keinen Notfallplan. Beim nächsten Projekt sage ich allen Bescheid, dass wetterbedingte Ausfalltage am Wochenende nachgearbeitet werden müssen, damit wir nicht zurückfallen. Und schließlich kamen zwei meiner Schichtgruppen nicht gut miteinander zurecht und ich muss dafür sorgen, dass sie es tun. Ich werde beim nächsten Mal eine proaktivere Rolle spielen, damit alle unsere

Teams gut miteinander klarkommen und reibungslos zusammenarbeiten. Das sind die Sachen, die ich beim nächsten Mal beheben werde.«

Das ist eindeutig eine ganz andere Einstellung, hier wird Verantwortung übernommen und es werden Probleme gelöst. Nun stellen Sie sich eine Frage: Welche dieser beiden Personen würden Sie auf die nächsthöhere Führungsposition befördern? Die Antwort liegt auf der Hand. Sie würden die Person befördern, die Verantwortung übernimmt und Probleme löst.

Doch obwohl diese Antwort so offensichtlich ist, stellen Menschen bei der Zusammenarbeit mit Kollegen diese Verbindung aus irgendeinem Grund oft nicht her. Sie weisen anderen offen die Schuld zu. Sie versuchen, die Lorbeeren einzuheimsen, wenn etwas gut gelaufen ist. Und sie glauben, dass sie alles richtig machen; sie glauben, keiner würde bemerken, dass sie versuchen, neben ihren Kollegen gut dazustehen. Aber Vorgesetzte und Kollegen bemerken das sehr wohl, genau wie sie es bemerken, wenn man jemand anderem die Schuld zuschiebt und keine Verantwortung übernimmt, und sie bemerken ebenfalls, wenn jemand in erster Linie daran interessiert ist, gut dazustehen. Tun Sie das nicht. Halten Sie Ihr Ego unter Kontrolle. Unterstützen Sie Ihre Kollegen und übernehmen Sie Verantwortung, dann sind Sie langfristig auf dem richtigen Weg.

Das heißt nicht, dass jeder Chef den eigennützigen Untergebenen sofort erkennt. Manchmal braucht es seine Zeit. Manchmal braucht es einiges an Zeit. Manchmal wird der eigennützige Untergebene sogar aufgrund seiner Winkelzüge befördert. Das kann wehtun, aber Sie müssen damit umgehen können. Werden Sie nicht ungeduldig. Spielen Sie auf Zeit. Die Wahrheit kommt irgendwann ans Licht.

Tun Sie das Richtige aus den richtigen Gründen. Unterstützen Sie Ihre

Kollegen. Bleiben Sie bescheiden. Übernehmen Sie die Verantwortung für Probleme. Reichen Sie die Lorbeeren an Ihre Teammitglieder weiter. Bauen Sie Beziehungen auf. So führen Sie Ihre Kollegen.

Misstrauische, entscheidungsunfähige und schwache Vorgesetzte

So wie es unterschiedliche Menschen gibt, gibt es auch unterschiedliche Chefs. Manche sind alles andere als perfekt und lassen aus Führungsperspektive viel zu wünschen übrig. Hier nun einige der häufigsten Probleme, die Sie mit Ihrem Vorgesetzten haben könnten.

Ein häufiger Typus ist der *Mikromanager*. Es gibt viele Gründe, warum jemand Mikromanagement betreibt. Der hauptsächliche Grund ist mangelndes Vertrauen; der Mikromanager traut seinen Untergebenen nicht. Wie gehen Sie also mit einem Mikromanager um? Sie müssen dieses Vertrauen herstellen. Ich habe Vertrauen bei Mikromanagern hergestellt, indem ich ihnen alle nur möglichen Informationen lieferte und dann gute Leistungen erbrachte. Dazu musste ich mein Ego überwinden. Aus meiner Perspektive glaube ich zu wissen, was ich tue, und dass mein Chef kein Recht hat, mir vorzuschreiben, wie ich Dinge erledigen soll, oder Informationen über die Details zu verlangen, mit denen ich mich in meinem Arbeitsalltag befasse. Aber diese Gedanken werden mir nur von meinem Ego eingegeben. Ich muss sie in meinem Kopf neu sortieren. Warum will der Chef so viele Informationen haben? Weil ihm am Ergebnis dessen liegt, was ich mache. Warum will er mir genau sagen, wie ich etwas machen soll? Weil er Erfahrungen in diesem Bereich hat und sicherstellen will, dass ich von diesem Wissen profitiere.

Zudem beruht sein Eindruck von dem, was vor sich geht, häufig darauf, was ich ihm sage; wenn ich ihm also nicht genügend Informationen liefere, dass er sich ein klares Bild von den Vorgängen machen kann, ist das mein Fehler, und ich muss ihn beheben. Schließlich ist es *meine Aufgabe,* bei meinem Chef Vertrauen aufzubauen, nicht seine, es mir zu schenken; ich muss es mir verdienen. Wenn er Informationen haben will, gebe ich ihm mehr, als er verlangt hat. Wenn er wissen will, wie mein Plan aussieht, stelle ich ihm diesen so detailliert vor, dass er keine Fragen mehr hat.

Wenn ich das immer wieder mache, erkennt mein Vorgesetzter letztlich, dass ich in meinen Denkprozessen extrem gründlich bin. Er sieht, dass ich die Details so genau durchdenke wie er, und fängt an, mir mehr Freiraum für eine selbstständige Umsetzung zu lassen.

Bei der Umsetzung muss ich dann Leistung bringen. Das ist das wichtigste Element, wenn Sie einen misstrauischen Chef dazu bewegen wollen, Ihnen ein bisschen Luft zum Atmen zu lassen: Leistung. Sie müssen eine gute Umsetzung liefern. Auch dies kann wieder erfordern, dass Sie Dinge so umsetzen, *wie Ihr Chef es haben will.* Das ist in Ordnung. Tun Sie, worum Ihr Vorgesetzter Sie bittet. Befolgen Sie Punkt für Punkt die minutiösen Vorgaben Ihres Chefs. Wenn etwas schiefgeht, übernehmen Sie dafür die Verantwortung und erläutern Sie Ihrem Chef, wie Sie es beheben werden. Beheben Sie es dann und machen Sie es beim nächsten Mal richtig.

Behalten Sie das bei. Ein Mikromanager ändert seine Haltung nicht über Nacht; Sie müssen kontinuierlich Leistung zeigen, um ihn zum Lockerlassen zu bringen. Lassen Sie sich nicht frustrieren. Lassen Sie sich nicht von Ihrem Ego kleinkriegen. Geben Sie ihm Informationen und zeigen Sie durchgehend gute Leistungen. Bauen Sie eine Beziehung zu ihm auf. Im Laufe der Zeit wird er Ihnen Vertrauen und eigenen Spielraum gewähren.

Und was ist, wenn Sie es mit dem Gegenteil eines solchen Vorgesetzten zu tun haben? Einem, der unfähig ist, Prioritäten zu setzen? Ein häufiger Schwachpunkt *entscheidungsunfähiger Chefs* ist die Unentschlossenheit, Prioritäten zu setzen und auszuführen. Sie sagen Dinge wie: »Alles hat Priorität«, oder: »Wir müssen alles geschafft kriegen.« Das Problem ist: Wenn wir unsere Ressourcen zu dünn über zahlreiche Prioritäten verteilen, kriegen wir am Ende gar nichts geschafft. Wir müssen unsere Bemühungen bündeln. Doch wenn der Chef mir nicht sagt, was am wichtigsten ist, kann mein Team sich nicht fokussieren.

Wenn ich mit derartigen Vorgesetzten zu tun hatte, verwendete ich einen recht geradlinigen Lösungsansatz: Ich sah mir die Liste der Dinge durch, die zu erledigen waren, ordnete sie nach Prioritäten und zeigte sie dann meinem Chef auf bescheidene und taktvolle Weise, um seinen Stolz nicht zu verletzen. Ich sagte so was wie: »Also, Chef, ich weiß, es gibt eine Menge zu erledigen und ich werde das alles machen. Aber um effizient zu sein, muss ich meine Ressourcen ein bisschen bündeln, deshalb wollte ich Ihnen mal diese Prioritätenliste hier vorlegen, um sicherzugehen, dass sie sinnvoll ist und das widerspiegelt, was Ihrer Vision entspricht, damit ich sie bestmöglich unterstützen kann. Können Sie mir sagen, ob Sie mit meiner Sortierung einverstanden sind?«

Im Allgemeinen klappte das. Er nahm vielleicht ein paar kleinere – oder auch größere – Korrekturen an meiner Liste vor, aber so oder so hatte ich jetzt eine Prioritätenliste, mit der ich arbeiten konnte.

Wenn es nicht funktionierte und er immer noch erklärte, dass »alles

Priorität hat«, versuchte ich zu erklären, dass ich nicht alles gleichzeitig erledigen könne, und dass ich die Aufgaben in einer gewissen Reihenfolge abarbeiten müsse, damit ich meine Mitarbeiter und Ressourcen ordentlich fokussieren könne, um voranzukommen. Manchmal half das, ihn dazu zu bringen, Prioritäten zu nennen. Wenn es immer noch nicht klappte, stimmte ich ihm einfach zu und legte dann nach meinen besten Fähigkeiten selbst Prioritäten fest, an denen ich mich orientierte.

Indem ich mir meine eigenen Prioritäten setzte, stieß ich den Chef nicht vor den Kopf und war ihm gegenüber auch nicht respektlos. Ganz im Gegenteil; wenn ich etwas für meinen Chef erledigen will, muss ich die Bemühungen meines Teams konzentrieren. Das kann ich nicht, wenn ich nicht weiß, was am wichtigsten ist, deshalb wähle ich eben selbst aus, was ich für das Wichtigste halte, und fange damit an. Ich ignoriere dabei andere Aufgaben oder Projekte nicht; ich konzentriere einfach die Bemühungen meines Teams, damit wir Fortschritte machen und letztlich alles ausführen, worum mein Chef mich gebeten hat. Noch mal: Ich tue das nicht auf beleidigende Art und Weise – ich stelle meinen Vorgesetzten damit nicht bloß. Ich setze in aller Stille für mich die Prioritäten und gehe danach vor – nach dem Prinzip: *Prioritäten setzen und ausführen* (siehe Kapitel 1, Abschnitt »Die Gesetze des Kampfes und die Prinzipien der Führung«).

Mit Takt gehe ich auch vor, wenn ich versuche, einen entscheidungsschwachen Vorgesetzten zu einer Entscheidung zu bringen. Statt zu sagen: »Also, Chef, da Sie ja keine Entscheidung getroffen haben, mach ich es jetzt so und so«, sage ich eher etwas wie: »Hören Sie, Chef, ich weiß, es gibt eine Menge zu tun, aber ich will Ihre Vision proaktiv unterstützen, also wenn wir uns mal anschauen, in welche Richtung wir gehen sollten, dann würde ich sagen, wir sollten diese hier nehmen, um unser ultimatives Ziel möglichst effizient zu erreichen. Ist das für Sie einleuchtend? Denn wenn wir nicht vorankommen, Sie wissen ja, dann können wir Ihr Projekt nicht fristgemäß abschließen.«

Ich lasse ihn die Entscheidung treffen, aber ich mache es ihm viel leichter. Statt dass er sich durch einen Haufen komplizierter Details wühlen müsste, bereite ich alles schon für ihn vor. Ich grenze die Entscheidungen ein, sodass er nur noch »Ja« sagen muss. Und ich tue es auf eine Weise, in der mein Chef immer noch eindeutig der Entscheider ist; ich stoße ihn nicht vor den Kopf oder verletze seinen Stolz. Meine Ausdrucksweise und meine Haltung sind die eines Untergebenen, das entwaffnet ihn und erlaubt ihm, mir grünes Licht für meinen Plan zu geben – der ihm, wenn er richtig präsentiert wird, lediglich wie eine Erweiterung seines eigenen vorkommt. Mit einer solchen Taktik kann man sich den Umgang mit einem unschlüssigen Chef erleichtern.

Dann gibt es noch Vorgesetzte, die völlig kraftlos sind. »Mein Chef ist so schwach, es ist einfach furchtbar!« Diese Klage habe ich immer wieder gehört.

Ich habe *schwache Vorgesetzte* nie als etwas Furchtbares betrachtet, sondern als Chance. Wenn mein Chef keinen Plan hat, was dann? Dann mache ich eben einen. Wenn mein Chef die Mission nicht näher erläutern will, was dann? Dann mache ich es eben. Wenn mein Chef die Verantwortung nicht übernehmen will, was dann? Dann übernehme ich sie eben. Und wenn mein Chef nicht führen will, was dann? Dann führe ich eben.

Aber Vorsicht. Genau wie bei misstrauischen oder unschlüssigen Chefs müssen Sie auch bei einem schwachen Vorgesetzten aufpassen, wenn Sie die Führung übernehmen. Selbst der kraftloseste und schwächste Chef hat seinen Stolz, und wenn Sie ihn kränken, bringen Sie ihn womöglich gegen sich auf. Seien Sie also nicht forsch oder übermäßig draufgängerisch, wenn Sie die Dinge in die Hand nehmen. Drücken Sie sich behutsam aus und formulieren Sie die Sache so, dass Sie das Ego des Chefs nicht herabsetzen, sondern vielmehr stärken:

- »Chef, ich weiß, Sie haben eine Menge um die Ohren, deshalb dachte ich, es könnte vielleicht hilfreich sein, wenn ich bei diesem Projekt einspringe und es voranbringe. Wäre das in Ordnung?«
- »Chef, tut mir leid, wenn ich da ein bisschen auf dem Schlauch stehe, aber ich will ganz sichergehen, dass ich Ihre Vision wirklich verstehe. Ist es richtig, wenn ich sage …«
- »Chef, ich versuche mich zu verbessern; macht es Ihnen was aus, wenn ich mal versuche, dieses nächste Projekt zu planen, damit ich ein bisschen Erfahrung sammeln kann?«

Ich achte darauf, ihm zu sagen, was ich tue und welche Entscheidungen ich treffe, und zwar auf bescheidene, zurückhaltende Weise, um ihm nicht auf den Schlips zu treten. Wenn ich ihm auf den Schlips trete, könnte er das als Machtspiel empfinden, oder es könnte sein Ego ankratzen, und das will ich nicht. Wenn ich taktvoll bin und mein Ego unter Kontrolle halte, habe ich kein Problem mit einem schwachen Vorgesetzten.

Manche Menschen klagen darüber, dass sie einen misstrauischen, entscheidungsschwachen oder schwach wirkenden Chef haben. Mir hat das nie etwas ausgemacht. Eigentlich sind sie mir alle recht.

Wenn ich für einen Mikromanager arbeite, heißt das, ich arbeite für jemanden, der sich engagiert und dem gute Arbeit wichtig ist. Und wissen Sie was? Genau das ist auch mir wichtig. Wenn die Person, für die ich arbeite, unentschlossen ist, komme ich damit ebenfalls gut klar. Es heißt, ich kann selbst Prioritäten setzen und Entscheidungen lenken. Und wenn mein Vorgesetzter schwach ist, gut so, denn wenn er nicht führt, heißt das, ich kann selbst die Initiative ergreifen und führen.

Egal welche Schwächen Ihr Chef hat, es spielt keine Rolle. Bauen Sie eine Beziehung zu ihm auf. Tun Sie, was sinnvoll ist, damit das Team die Mission erfüllt. Wenn Sie das tun, gewinnt Ihr Team, und Sie ebenfalls.

Wann Mikromanagement angebracht ist

Die reibungslosesten Einsätze, die ich als Ground Force Commander bei den SEALs geleitet habe – also als derjenige vor Ort, der für die Mission verantwortlich ist –, waren jene, bei denen meine einzige Anweisung lautete: »Umsetzen, umsetzen, umsetzen.« Sobald ich diese Worte sprach, machten sich die SEALs in meinem Platoon oder meiner Task Unit ans Werk. Die äußere Sicherheit wurde gewährleistet; es wurde auf Gelände vorgedrungen; Tore und Türen wurden aufgebrochen; Gebäude, Flure und Räume wurden gesichert; mutmaßliche Aufständische wurden gefasst; Durchsuchungen wurden vorgenommen – und das alles geschah ohne jegliche Lenkung meinerseits.

Warum? Weil die Männer wussten, was zu tun war. Sie hatten einen Plan, folgten den Standardprozeduren, nahmen Anpassungen vor, wo es nötig war, um das Ziel der Mission zu erreichen, und erledigten die Arbeit. Solche Situationen sind ideal. Wenn die Leute die Mission verstehen, die Parameter kennen, innerhalb deren sie arbeiten dürfen, und die Kompetenz zur Umsetzung haben, bleibt für den Vorgesetzten nicht mehr viel zu tun, außer dazusitzen und auf das Ergebnis zu warten. Statt sich mit den Details dessen zu befassen, was das Team macht, kann der Vorgesetzte den Überblick bewahren, beobachten, was außerhalb des Wirkungsbereichs seines Teams vorgeht, prüfen, was als Nächstes passieren könnte, und die nächsten Schritte des Teams planen. Das ist Dezentrales Kommando in seiner besten Form, das Gegenteil von Mikromanagement.

Aber Dezentrales Kommando und Führung durch Nicht-Einmischung funktionieren nicht immer. Es gibt Zeiten, da ist Mikromanagement nicht nur eine Option, sondern eine Notwendigkeit. Es wird nötig, wenn ein Individuum oder eine Gruppe ihre Arbeit nicht machen.

Natürlich ist Mikromanagement nicht die erste Option. Ehe man ein so hohes Maß an direkter Kontrolle ausübt, sollten normale Führungsabläufe stattfinden. Sorgen Sie dafür, dass die Mission, das Ziel und die spezifische Rolle jedes Einzelnen verstanden werden. Achten Sie darauf, dass alle genau begreifen, was von jedem verlangt wird und welche Erwartungen an diese Aufgabe geknüpft sind. Dies alles kann auf eine positive Art erfolgen, die zum Aufbau der Beziehung beiträgt. Wenn das nicht funktioniert, muss der Vorgesetzte ein bisschen spezifischer werden, bleibt aber immer noch indirekt. Es ist nicht übergriffig zu sagen: »Ich möchte nur sicherstellen, dass ich mich klar ausgedrückt habe und dass Sie genau verstanden haben, worin Ihre Rolle besteht und wie sie zum strategischen Ziel beiträgt.«

Doch wenn ein Einzelner dann immer noch versagt, muss die Hilfestellung verstärkt werden; dann muss die Führungskraft sehr direkt werden. »Schauen Sie, genau das müssen Sie tun, und so sollen Sie dabei vorgehen.«

An diesem Punkt müssen Sie neben der verbalen Hilfestellung als Führungskraft den Einzelnen oder das Team tatsächlich einmal mikromanagen. Vielleicht müssen Sie ihnen genau zeigen, was zu tun ist, vielleicht sogar so, dass sie mit eigenen Augen sehen, was genau von ihnen erwartet wird. Überwachen Sie sie dann genau; sehen Sie ihnen dabei zu, wie sie tun, was sie tun sollen. Bleiben Sie am Ball. Geben Sie ihnen Rückmeldungen. Mikromanagement eben. Je nach ihrer Reaktion müssen Sie ihnen vielleicht erklären, was Sie tun, und dass Sie sich durchaus bewusst sind, dass Sie mikromanagen, zum Beispiel indem Sie sagen: »Hören Sie mal, ich weiß, es kommt Ihnen so vor, als würde ich Ihnen dauernd über die Schulter gucken und Sie mikromanagen, aber ich will nur sichergehen, dass Sie ganz genau wissen, wie Sie vorgehen sollen. Sobald Sie das unter Kontrolle haben, gebe ich Ihnen den Raum und die Freiheit, die Sie brauchen, um ohne eine so intensive Überwachung zu agieren.«

Ist das Team dann wieder auf dem richtigen Weg und beginnt erfolgreich zu tun, was sie tun sollen, können Sie etwas lockerlassen. Wenn sie weiterhin erfolgreich arbeiten, können Sie sich noch weiter zurückziehen. Geraten sie jedoch wieder aus der Spur, brauchen Sie das Mikromanagement lediglich wieder etwas zu verstärken. Sind sie dann wieder im Gleis, geben Sie ihnen mehr Raum. Sobald sie ordentlich arbeiten, können Sie sich zurückziehen und sie die Sache allein machen lassen.

Natürlich besteht die Möglichkeit, dass ein Einzelner oder ein Team selbst unter scharfem Mikromanagement im Laufe der Zeit nicht besser wird. Mikromanagement ist selbstverständlich keine Dauerlösung; Führungskräfte können nicht ihren gesamten Fokus über einen längeren Zeitraum hinweg auf eine Person oder ein Team lenken; es gibt andere Leute, andere Teams und andere Themen, die ihre Aufmerksamkeit ebenfalls benötigen. Wenn ein Vorgesetzter sich lange Zeit auf das Mikromanagement einer Person oder eines Teams fokussieren muss, lässt er andere Dinge schleifen. Das ist nicht akzeptabel. Wenn das geschieht –

wenn ein Mitarbeiter oder ein Team seine Aufgaben nicht effizient erfüllen kann und Führungskräfte zu viel Zeit in diese Person oder dieses Team investieren –, muss der Vorgesetzte die Erwartungen klar formulieren und die Konsequenzen benennen, die mit der Nichterfüllung dieser Erwartungen verbunden sind: »Wenn Sie hier nicht in die Gänge kommen – wenn Sie diese Aufgabe nicht so umsetzen, wie sie umgesetzt werden soll –, können Sie diesen Job nicht behalten. Sie bekommen die Kündigung.« Bei einem leistungsschwachen Team muss der Vorgesetzte sich an den Teamleiter wenden: »Wenn Sie Ihr Team nicht auf Trab bringen und die Erwartungen erfüllen, setze ich Sie als Teamleiter ab.« Sind diese klaren Erwartungen formuliert und werden nicht erfüllt, ist der nächste Schritt klar: Kündigen Sie den Mitarbeiter beziehungsweise setzen Sie den Teamleiter ab.

Mikromanagement ist ein Tool, aber keine Dauerlösung. Sie können es ruhig hin und wieder anwenden, aber Sie müssen erkennen, wann es genug ist, und dann Beschäftigte kündigen oder ersetzen, um das Problem zu beheben.

Der Chef heimst alle Lorbeeren ein

Wenn Ihr Chef das ganze Lob für sich kassieren will, ist die Antwort einfach: Lassen Sie ihn. So simpel ist das. Das Einzige, was das schwierig macht, ist Ihr Ego. Das liegt daran, dass Sie ihm die Lorbeeren nicht überlassen wollen. Ihrer Meinung nach sind Sie derjenige, der die Hauptarbeit gemacht hat. Sie sind derjenige, der Überstunden gemacht hat. In

Ihrer Vorstellung – und vielleicht in der Realität – haben Sie alles gemacht. Warum also sollte es dem Chef angerechnet werden?

Die Antwort ist ebenfalls einfach: weil er der Chef ist. Deshalb. Und als Vorgesetzter erhält er das Lob, ob es Ihnen gefällt oder nicht. Was wollen Sie dagegen tun? Die Hand heben und sagen »Eigentlich bin *ich* es, der hier ein Lob verdient«? Nein. Das funktioniert nicht. Anerkennung einzufordern ist in jedem Szenario ein miserabler Zug. Und in einem Szenario, in dem Ihr Chef Anerkennung einfordert, ist es sogar noch miserabler, denn wenn Ihr Chef Anerkennung einfordert, heißt das wahrscheinlich, dass er unsicher ist. Er will die Anerkennung, um sein Selbstwertgefühl zu stärken. Wenn Sie also versuchen, sie ihm wegzunehmen, kommt das einem Angriff auf sein Ego gleich, und das wird ihm nicht gefallen. Er wird Ihnen nicht vertrauen und Sie werden zu Gegnern.

Tun Sie das nicht. Überlassen Sie ihm stattdessen das Lob. Seien Sie nicht eifersüchtig und verbittert. Akzeptieren Sie die Vorstellung, dass der Chef, was immer er getan hat – oder auch nicht getan hat –, es dem Team ermöglicht hat, die Mission zu erfüllen. Vielleicht hat er sich einfach aus allem herausgehalten. Vielleicht hat er das Mikromanagement auf die Spitze getrieben. Es spielt keine Rolle, denn was immer er auch getan hat, wenn die Mission erfolgreich war, hat es funktioniert. Also überlassen Sie ihm das Lob.

Das fällt manchen Leuten allerdings wirklich schwer. Sie fragen: »Was ist, wenn derjenige kein besonders guter Vorgesetzter ist und die Projekte nur deshalb abgeschlossen wurden, weil jeder im Team dazu beigesteuert hat?« Meine Antwort ist, dass wir deshalb langfristig handeln müssen. Es sei denn, der Vorgesetzte ist vollkommen unfähig, was eine Meuterei erforderlich machen könnte (siehe Abschnitt »Wann ist Meuterei zulässig?« in Kapitel 1), dann ist das bekannte Übel besser als das unbekannte.

Ein wenig fähiger Vorgesetzter, zu dem Sie eine gute Beziehung haben, kann für Sie und das Team von Vorteil sein, solange Sie bei seinen Mitgliedern Vertrauen geschaffen haben. Auf der Grundlage dieser Beziehung wird die Arbeit erledigt und das Team – und der Chef – erhalten Anerkennung.

Manche sorgen sich, dass ein leistungsschwacher Vorgesetzter befördert werden könnte, wenn er Anerkennung erhält, egal wie inkompetent er ist. Und das stimmt; wenn ein Chef wiederholt erfolgreiche Projekte oder Missionen führt, *wird* er wahrscheinlich befördert.

Aber denken Sie daran, wenn er befördert wird, muss jemand seinen Platz einnehmen. Dafür wird man wahrscheinlich jemanden auswählen, dem man zutraut, die Lücke zu füllen. Jemanden, der ihn unterstützt hat. Jemanden, der bescheiden genug war, ihn so viele Lorbeeren für die Leistungen des Teams einheimsen zu lassen, wie er wollte. Wenn Sie das Spiel richtig gespielt haben, sind Sie dieser Jemand. Vergessen Sie dann nicht, diese Beförderung ist nicht zu Ihrem eigenen Nutzen, sondern zu dem des Teams; haben Sie erst einmal die Position des Chefs eingenommen, können Sie das Team leiten und die Mission auf die bestmögliche Weise durchführen. Da Sie Vertrauen aufgebaut haben, fahren Sie fort, Ihr Team zu leiten und Ihren Vorgesetzten zu beeinflussen, damit er gute Entscheidungen zum Wohl des Teams trifft.

Manche fürchten auch, wenn sie alle Anerkennung dem Chef zukommen lassen, würden sie selbst nie die so sehr verdiente Anerkennung erhalten. Um diese Angst zu überwinden, müssen Sie natürlich erst einmal Ihr Ego unter Kontrolle bekommen. Der Hauptgrund, aus dem Sie Anerkennung haben wollen, ist die Befriedigung Ihres Egos. Und dann: Entspannen Sie sich. Wenn Sie hart arbeiten und Dinge in Bewegung setzen, wird man Sie auch dafür anerkennen. Seien Sie geduldig. Und wenn Sie unaufgefordert Anerkennung erhalten, ist das doppelt wertvoll, weil Sie gleichzeitig hoch kompetent *und* bescheiden erscheinen, was eine starke Kombination ist.

Wenn Ihr Chef also das Lob kassieren will, halten Sie Ihren Stolz im Zaum und überlassen Sie es ihm. Ihre Bescheidenheit und Führung zahlen sich auf lange Sicht aus.

Der nahezu untragbare Vorgesetzte

Es ist immer gut, Ihren Vorgesetzten zu unterstützen. Wenn Sie gegen einen Vorgesetzten arbeiten, schaden Sie nicht nur ihm, sondern auch der Moral der Leute sowie sich selbst als untergebener Führungskraft. Sie haben für andere stets Vorbildfunktion; wenn zu diesem Vorbild die Respektlosigkeit gegenüber Vorgesetzten gehört, können Sie so ziemlich dasselbe auch von den Menschen erwarten, für die Sie der Vorgesetzte sind.

Wenn Sie Ihren Leuten einen Plan vorlegen müssen, mit dem Sie nicht gänzlich einverstanden sind, könnten Sie sagen: »Also, ich bin mit diesem Plan zwar nicht einverstanden, aber der Chef will nun mal, dass wir das so machen, also machen wir es halt.« Das ist eindeutig keine gute Vorgehensweise. Die Leute merken, dass Sie nicht an den Plan glauben, und wenn Sie nicht daran glauben, warum sollte das irgendjemand anderes aus dem Team dann tun? Und wenn keiner daran glaubt, warum zum Teufel sollte das Team ihn dann überhaupt durchführen?

Wenn eine Entscheidung getroffen oder eine Maßnahme angewiesen wurde, müssen Sie sie so ausführen, als sei sie Ihre eigene. Natürlich können Sie hinter verschlossenen Türen mit dem Chef darüber diskutieren, welche Maßnahme Sie für die beste halten, aber ist die Entscheidung erst einmal getroffen, stehen Sie dahinter und setzen Sie sie nach Ihren besten Fähigkeiten um. Sie sagen den Leuten: »Der Chef und ich haben lange darüber gesprochen. Und wenn man es aus allen verschiedenen Blickwinkeln betrachtet, unter besonderer Berücksichtigung der Auswirkungen auf das Gesamtbild, ist das meiner Meinung nach die beste Lösung für unser Vorgehen. Packen wir's an.«

Die Art und Weise, wie Sie Ihren Leuten Pläne präsentieren, ist vergleichbar mit der Einstellung gegenüber Ihrem Chef. Er trifft vielleicht nicht immer die besten Entscheidungen. Er ist vielleicht unbeholfen oder sagt zur falschen Zeit die falschen Dinge. Vielleicht haben die Leute sich auf ihn eingeschossen und reden hinter seinem Rücken schlecht über ihn. Beteiligen Sie sich nicht daran. Genauer gesagt: Unterbinden Sie es. Das heißt nicht, dass Sie ihn immer und überall bedingungslos verteidigen müssen, aber erklären Sie stattdessen, dass »der Chef eine Menge um die Ohren hat« oder »der Chef ein Unternehmen führen muss und nicht zu unserer Bespaßung da ist«. Solche Aussagen machen Ihrem Team deutlich, dass der Chef zwar vielleicht nicht perfekt ist, aber dennoch für seine Arbeit respektiert werden muss.

Es kann allerdings Zeiten geben, in denen ein Vorgesetzter nahezu untragbar ist. Vielleicht ist er egoistisch oder arrogant. Vielleicht ist er herablassend gegenüber den Mitarbeitern. Oder vielleicht trifft er immer wieder schlechte Entscheidungen.

In diesem Fall bringen Sie das Team gegen sich auf, wenn Sie den Chef verteidigen; alle sehen und wissen ja, dass er furchtbar ist, und wenn Sie ihn verteidigen, schadet das Ihrer Glaubwürdigkeit. Das heißt aber nicht, dass es eine gute Option wäre, ihn öffentlich schlechtzumachen oder herabzusetzen. Ein solches Verhalten Ihrerseits führt zu vollständiger Respektlosigkeit des Teams und untergräbt Ordnung und Disziplin. Sie müssen einen Mittelweg finden zwischen der Verteidigung des Vorgesetzten und dem Zusammenhalt mit Ihren Leuten. Ich geben Ihnen ein paar Beispiele für Formulierungen, die die richtige Botschaft vermitteln. Und selbst wenn Sie nicht die allerbeste Meinung von Ihrem Chef haben, wissen Sie immer noch, wie wichtig es ist, dass die Mission erfüllt wird.

- »Hört mal, der Chef ist vielleicht nicht perfekt, aber er bringt uns zu denselben strategischen Zielen, die auch wir erreichen wollen.«
- »Wisst ihr, die Chefin ist vielleicht nicht ideal, aber immerhin gibt sie uns die notwendige Unterstützung. Je mehr wir leisten, umso mehr Unterstützung bekommen wir.«
- »Der Chef hat seine Macken, aber wir wissen, wo er steht, deshalb können wir nach bestem Bemühen mit ihm zusammenarbeiten, und das heißt, wir müssen mit diesen Macken umgehen, damit wir unsere Aufgabe erfüllt bekommen.«
- »Es führt nirgendwohin, wenn wir uns über die Chefin beklagen, und es macht uns die Arbeit nicht leichter. Wir können nur versuchen, eine gute Beziehung zu ihr aufzubauen, damit wir sie in die richtige Richtung bringen können.«

Diese Sätze gleichen den heiklen Widerspruch aus zwischen uneingeschränkter Loyalität dem Vorgesetzten gegenüber und einem erkennbaren Maß an Skepsis. Und genau das muss eine Führungskraft tun, wenn ihr Vorgesetzter nahezu untragbar ist.

Es kommt natürlich vor, dass eine Führungskraft wirklich unmöglich zu verteidigen ist. Das ist selten, aber wenn ein Vorgesetzter etwas Illegales, Unmoralisches oder Unethisches macht oder so schlechte Entscheidungen trifft, dass die Mission oder die Leute wirklich in Gefahr geraten, ist es Zeit für die untergebene Führungskraft und für die Untergebenen selbst, sich an die nächsthöhere Dienstebene zu wenden – oder gar, in den absolut seltensten Fällen, über eine Meuterei nachzudenken (siehe Kapitel 1, Abschnitt »Wann ist Meuterei zulässig?«).

Stressabbau

Fast jede Arbeit erzeugt ein gewisses Maß an Stress. Verkäufer haben mit aufgebrachten Kunden zu tun. Polizisten befassen sich tagein, tagaus mit Kriminellen. Bauarbeiter müssen mit den körperlichen Gefahren ihrer Tätigkeit und den Komplexitäten ihrer Projekte zurechtkommen. Lehrer sind mit ungehorsamen Schülern konfrontiert. Softwareentwickler müssen Fristen einhalten. Gastronomiebeschäftigte müssen mit wütenden Gästen umgehen, die aus der Haut fahren, weil ihr Steak angebrannt ist. Stress gibt es in jedem Beruf bis zu einem gewissen Grad. Wenn man sich vom Stress überwältigen lässt, kann das extrem schlecht für den Einzelnen, für das Team und für die Mission sein. Wie kann eine Führungskraft verhindern, dass eine Person am Stress scheitert?

Das Erste, was eine Führungskraft tun muss, ist etwas, das sie ohnehin bereits tun sollte: Beziehungen zu ihren Mitarbeitern aufbauen. Warum ist das ein so häufiges Thema in meinen Führungsprinzipien? Weil gute Beziehungen zu Vorgesetzten wie zu Untergebenen eines der wichtigsten

Führungselemente für jedes erfolgreiche Team sind. Und einer der Gründe, warum sie so wichtig sind, ist, dass sie dem Vorgesetzten helfen, mit dem Stress seiner Mitarbeiter umzugehen.

Wenn Sie als Führungskraft eine gute Beziehung zu Ihren Mitarbeitern haben, dann sprechen Sie mit Ihren Mitarbeitern, und Ihre Mitarbeiter mit Ihnen, und Sie *hören ihnen zu*. Die Chancen stehen gut, dass sie Ihnen mitteilen, wenn sie übermäßig gestresst sind. Das ist eine einfache, offene und ehrliche Methode herauszufinden, ob jemand in Ihrem Team einen unverhältnismäßig starken Druck empfindet.

Es besteht aber auch die Möglichkeit, dass Mitarbeiter Ihnen nicht mitteilen, wie gestresst sie sind. Vielleicht ist es ihnen peinlich. Vielleicht denken sie, es gefährde ihre Beförderung. Vielleicht empfinden sie den Stress zwar, erkennen aber die Symptome nicht, weil sie so etwas noch nie erlebt haben. Das sind einige der Gründe, warum Ihre Mitarbeiter Ihnen nicht mitteilen könnten, wenn sie gestresst sind.

Es gibt aber noch einen anderen Grund, warum Beziehungen so wichtig sind. Wenn Sie eine Beziehung zu Ihren Leuten pflegen, dann kennen Sie diese; und wenn Sie sie kennen, dann erkennen Sie, wenn sie sich verändert haben. Vielleicht sind sie plötzlich weniger mitteilsam. Vielleicht regen sie sich auf einmal leicht über Kleinigkeiten auf. Vielleicht sehen sie irgendwie derangiert aus. Wie auch immer, es ist eine Veränderung, und eine Verhaltensänderung kann ein Anzeichen für Stress sein.

Major Dick Winters, Commander des 506. Fallschirmspringerregiments im 2. Bataillon, bekannt geworden durch die HBO-Miniserie *Band of Brothers,* die sich um deren Heldentaten im Europa-Feldzug des Zweiten Weltkriegs dreht, wies auf ein Anzeichen dafür hin, wenn jemand seine Belastungsgrenze erreicht hatte. In seinem Buch *Beyond Band of Brothers* schrieb er, er wisse, dass jemand kurz vor dem Zusammenbruch stehe, wenn er ihn mit abgelegtem Helm und in die Hände gestütztem Kopf sehe. Zuerst war mir nicht ganz klar, wie er sich da so sicher sein konnte, aber dann stellte ich mir das bildlich vor, und mir wurde bewusst, dass er absolut recht hatte. Wenn man jemanden sieht, der den Kopf hängen lässt und ihn in die Hände stützt, ist offensichtlich, dass er am Ende ist.

Was machen Sie also mit einem Menschen, der mit Stress zu kämpfen hat? Gewähren Sie ihm eine Pause. Lassen Sie ihn Atem schöpfen. Nehmen Sie ihn aus der Stress erzeugenden Umgebung heraus. Wenn Major Winters sah, dass jemand seine Belastungsgrenze erreicht hatte, wies er ihm eine vorübergehende Tätigkeit abseits von der Front zu. Er sagte demjenigen nicht, dass er das tat, weil er Ruhe brauchte; das hätte Scham auslösen und dazu führen können, dass derjenige nicht gehen wollte. Stattdessen erfand Major Winters irgendeine Aufgabe, die im Hintergrund erledigt werden musste, und schickte den Betreffenden dann auf die »Mission«.

Als Platoon Commander und Task Unit Commander habe ich dasselbe getan. Wenn ich sah, dass Stress sich negativ auf einen meiner Männer auszuwirken begann, wies ich ihm für ein paar Tage eine logistische Aufgabe im Hauptquartier zu oder teilte ihn einer Einheit in einer relativ netten Gegend zu, wo er ein bisschen zur Ruhe kommen konnte. Genau wie Major Winters sagte ich meinen Männern nicht, dass ich glaubte, sie bräuchten eine Pause; ich sagte ihnen, ich hätte eine wichtige Aufgabe, die erledigt werden müsse, und ich würde ihnen zutrauen, dass sie sie ausführen könnten. Sie erhielten ein paar Tage Abstand und kamen erholt zurück.

Die beste Vorgehensweise gegen Kampfstress – und jede andere Art von Stress – ist es, den Betroffenen aus der stresserzeugenden Umgebung zu holen. Nach einer Pause kehrt er für gewöhnlich zu seinem normalen

Verhalten zurück. Ich vergleiche die gestresste menschliche Psyche gern mit einem Auto, bei dem plötzlich die Warnleuchte anspringt. Natürlich hält der Motor noch eine Weile durch, aber er braucht Wartung. Wird der Motor gewartet, ist alles in Ordnung, und er kehrt zum Normalzustand zurück. Wird er aber nicht gewartet und der Fahrer belastet ihn weiterhin, brennt der Motor letztlich durch und erleidet katastrophalen Schaden. Er geht vollkommen kaputt.

Dasselbe kann mit der menschlichen Psyche passieren, wenn sie ohne Unterbrechung unter Stress steht. Um sich davon ein Bild zu machen, können Sie sich jeden beliebigen Film über traumatisierte Soldaten aus dem Zweiten Weltkrieg anschauen. Sie wurden ohne Unterbrechung über ihre Grenzen hinausgebracht und sind daran zerbrochen. Sie waren überhaupt nicht mehr funktionsfähig.

Lassen Sie nicht zu, dass dies Ihren Leuten passiert. Lernen Sie sie kennen. Beobachten Sie sie. Und wenn sie eine Pause brauchen, geben Sie sie ihnen.

Bestrafung

Bestrafungen müssen manchmal sein, aber eine gute Führungskraft sollte nur selten davon Gebrauch machen. Wenn ein Vorgesetzter gute, klare Anweisungen gibt, was zu tun ist, wie es getan werden soll, warum es getan werden soll und welche Folgen daraus entstehen, wenn es nicht korrekt getan wird, sollten die Leute ausführen, was von ihnen verlangt wird.

Führen Ihre Leute den Plan aus irgendeinem Grund nicht aus, sollten Sie natürlich erst mal in den Spiegel schauen. Gehen Sie nicht davon aus, dass die Mitarbeiter einfach beschlossen haben, nicht zu tun, was von ihnen verlangt wurde; gehen Sie stattdessen davon aus, dass Sie ihnen nicht die angemessenen Anweisungen erteilt haben und dass dies der Grund für das Fehlverhalten ist.

Wenn feststeht, dass gegen eine Regel verstoßen oder eine Anweisung nicht befolgt wurde, obwohl sie verstanden wurde, muss eine Bestrafung erfolgen. Auch dies sollte selten sein, denn wenn eine Führungskraft ihre Arbeit richtig macht, verstehen die Teammitglieder, was sie tun, wie sie es tun und warum sie es tun, und sie führen es richtig aus. Die Notwendigkeit, jemanden aus dem Team zu bestrafen, ist fast immer eine unmittelbare Spiegelung des Vorgesetzten und seines Führungsversagens. Man kann das als extremes Verhalten betrachten – und das ist es auch. Es ist Extreme Ownership.

- Wenn ein Teammitglied zu spät kommt, hat die Führungskraft es vielleicht versäumt, zu erklären, wie wichtig Pünktlichkeit ist
- Wenn ein Teammitglied seinen Anteil an einem Projekt nicht leistet, hat die Führungskraft vielleicht nicht die notwendige Unterstützung erteilt.
- Wenn ein Teammitglied Alkohol trinkt und Ärger mit der Polizei bekommt, hat die Führungskraft vielleicht keine klaren Regeln in Bezug auf Alkoholkonsum aufgestellt.

Man könnte diese Liste unendlich fortsetzen. Eine Führungskraft ist immer verantwortlich für das Handeln ihrer Mitarbeiter. Das kann man sogar noch ausdehnen: Wenn ein Teammitglied Ärger macht, sollte die Führungskraft den Ärger im Voraus vermeiden, indem sie den Betroffenen aus dem Team entfernt.

Selbst bei vollständiger Extreme Ownership, welche die meisten Probleme mit der Regelbefolgung innerhalb eines Teams behebt, gibt es Zeiten, in denen die Teammitglieder unwillig, boshaft oder bewusst ungehorsam sind. Wenn dies geschieht und Grenzen überschritten werden, ist eine Bestrafung notwendig. Eine entscheidende Komponente dieser Aussage ist: *wenn Grenzen überschritten werden.* Das bedeutet, dass es Grenzen geben muss, die klar festgelegt sind, und Regeln, die klar verständlich sind. Jemanden für die Missachtung einer ungeschriebenen Regel zu bestrafen ist im Allgemeinen unangemessen, es sei denn, das Verhalten ist schwerwiegend genug, dass jeder vernünftige Mensch es als fehlbar betrachten würde. Abgesehen von einem solchen Grad an Fehlverhalten ist es schwierig, sofern Regeln nicht klar und dokumentiert sind, eine Person für ihre Einschätzung zu bestrafen, egal wie weit hergeholt sie auch sein mag. Das heißt nicht, dass Sie als Führungskraft nicht gegen Fehlverhalten vorgehen dürfen; natürlich sollten Sie das. Aber es ist nicht gut, jemanden für einen Verstoß zu bestrafen, der nicht klar definiert ist.

Ein gutes Vorgehen ist auch, die Konsequenzen bei Verstößen festzulegen. Keiner sollte überrascht sein, wenn er eine Bestrafung erhält, und das Wissen, welche Strafe man riskiert, wird diese weitgehend überflüssig machen.

Sind die Regeln und die Strafen bei Nichtbefolgung klar festgelegt, ist das Vorgehen im Falle eines Verstoßes einfach: die Bestrafung durchführen. Es kann natürlich ein gewisses Maß an Berücksichtigung der Umstände geben und Gnade sollte nicht als Schwäche betrachtet werden. Ein Vorgesetzter, der mildernde Umstände in Betracht zieht, wird nicht als nachlässig angesehen, sondern als vernünftig. Weisheit an den Tag zu legen macht einen nicht zum Schwächling; es beweist Verständnis. Das ist nichts Schlechtes.

Meine SEALs haben manchmal gegen die Regeln verstoßen. Der eine geriet beim abendlichen Ausgang in eine Schlägerei. Der andere lieferte die erforderlichen Akten für ein Übungsereignis nicht ab. Egal, worin der Verstoß bestand, ich wog ihn immer gegen die bisherigen Leistungen des Betroffenen ab. Hatte er einen tadellosen Lebenslauf und der Verstoß war untypisch für sein normales Verhalten, war ich weniger streng. Handelte es sich dagegen um einen gewohnheitsmäßigen Regelbrecher, erhielt er die volle Bestrafung. Wenn ein Verstoß begangen wurde und es keinen legitimen Grund dafür oder irgendwelche mildernden Umstände gibt, dann ziehen Sie es einfach durch und erteilen Sie die vorgesehene Bestrafung.

Bestrafungen durchzuführen ist eine der weniger reizvollen Führungsaufgaben, aber manchmal ist es notwendig. Je besser Sie führen, desto weniger werden Sie Bestrafungen benötigen, doch manchmal geht es nicht ohne. Gehen Sie gerecht dabei vor.

Wann man aufgeben sollte

Eins der Mantras bei den SEALs ist »Niemals aufgeben«. Das ist eine der häufigsten Aussagen während der SEAL-Grundausbildung und bei diesem Training ergibt das eine Menge Sinn, denn genau so hält man es aus: Man gibt nicht auf. Egal welche Übungen verlangt werden, egal wie hart es ist, egal wie müde, wund, frustriert, erschöpft oder sonst wie fertig man ist, *man gibt nicht auf.*

So schafft man es durch die Ausbildung und so wird man letztlich ein SEAL. Aber wenn man es dann in die tatsächlichen SEAL-Teams geschafft hat, muss diese extreme Einstellung angepasst werden. Sie muss neu eingestellt werden, denn anderenfalls kann das zur Katastrophe führen.

Ein klassisches Beispiel dafür ist ein junger SEAL, der die Grundausbildung geschafft hatte und in einem Team der SEALs anfing. Er hatte das Mantra »Niemals aufgeben« Tausende Male gehört. Er hatte es seinen Freunden zugebrüllt und sich selbst zugeflüstert. Es hatte sich ihm eingegraben.

Jetzt war er bei den SEALs und sollte einen Plan für einen Übungseinsatz entwickeln. Er tat sein Bestes, aber weil er unerfahren war, hatte der Plan seine Schwächen. Nachdem er sein Squad eingewiesen hat, brachen sie auf, um die Mission zu erfüllen. Bald wurde offensichtlich, dass der Plan ineffektiv war. Vielleicht hatte er eine schlechte Route gewählt oder die falsche Herangehensweise an das Ziel, oder vielleicht hatte er den gegnerischen Widerstand unterschätzt. Vielleicht war das Wetter schlecht und hatte seinen Zeitplan durcheinandergebracht. Er könnte irgendeine der zahllosen Variablen falsch eingeschätzt haben, die sich auf eine Mission auswirkten, aber welche es auch war, es hatte seinen Plan ineffektiv gemacht.

Doch die junge Führungskraft hatte gelernt, nicht aufzugeben. Er gab nicht auf. Er drang vorwärts und wendete all seine Ressourcen, Energie und Zeit auf, um auf Kurs zu bleiben. Dennoch scheiterte das Squad an der Mission. Doch nicht nur, dass sie gescheitert sind, sie waren auch vollkommen verausgabt, geschwächt und unfähig, etwas anderes zu tun; sie konnten nicht mal mehr bei einer anderen Mission mithelfen.

Das war falsch. Er hätte aufgeben sollen, zum Stützpunkt zurückkehren, seinen Plan umstellen, seinen Leuten Ruhe gönnen und mit neuem Schwung einen neuen Versuch unternehmen sollen, die Mission auszuführen.

Ich führte eine Übung durch, um jungen SEAL-Führungskräften das zu vermitteln. Das Szenario war eine urbane Umgebung in einem ziemlich großen Gebäude mit langen Fluren und zahlreichen Räumen. Am entgegengesetzten Ende des Flurs, gegenüber von dem Punkt, an dem der SEAL-Platoon eintrat, gab es ein großes Zimmer. In diesem Zimmer platzierte ich einen sogenannten *verbarrikadierten Schützen* mit einem riesigen, leistungsstarken Paintball-Gewehr, das verheerende Salven abfeuern konnte und über praktisch unbegrenzte Mengen an Munition verfügte.

Der verbarrikadierte Schütze hatte sich zudem eingebunkert, das heißt, er saß in einem kleinen Kasten aus Sandsäcken und Sperrholzplatten, der ihn fast vollständig umgab, mit Ausnahme des Laufs seines Paintball-Gewehrs, das aus einer kleinen Öffnung herausragte und auf den Flur gerichtet war.

Der SEAL-Platoon hatte die Aufgabe, das Gebäude zu sichern und unweigerlich brachte der Vorgesetzte rasch einen recht einfachen, aber generell zielführenden und effektiven Plan auf, der dem Standardvorgehen entsprach: zwei SEALs in den Flur zu schicken, um den ersten Raum zu sichern, dann zwei weitere für den nächsten Raum, dann wieder zwei für den nächsten Raum und so weiter, bis sie alle Räume an dem Flur gesichert hatten, was bedeutete, dass das gesamte Gebäude gesichert war.

Doch als die ersten beiden SEALs den Flur betraten, wurden sie von dem verbarrikadierten Schützen niedergeschossen. Die Übungsleiter waren vor Ort und verschärften die Lage, indem sie den ersten beiden SEALs sagten, sie seien »tot«, woraufhin sie sich auf den Boden legten.

Inzwischen hat der junge SEAL-Vorgesetzte den Tumult und die Schüsse gehört und will wissen, was vor sich geht, deshalb späht er durch die Türöffnung in den Flur. Er sieht die ersten beiden SEALs am Boden liegen, bewegungslos, eindeutig »tot«.

Welchen Befehl erteilt er also?

»Ich brauche noch zwei Männer! Los, sichert den ersten Raum!«

Daraufhin stürmen die nächsten beiden SEALs im Angriffstrupp voller Eifer an ihrem jungen Vorgesetzten vorbei in den Flur. Kaum sind sie an den beiden »toten« Kameraden vorbei, da werden auch sie in einem infernalischen Sprühregen von Paintball-Geschossen getroffen. Die Übungsleiter erklären sie ebenfalls für »tot« und sie legen sich auf den Boden.

Wieder hört der Vorgesetzte diese Vorgänge und späht um die Ecke, um eine Einschätzung vorzunehmen. Jetzt sieht er vier seiner SEALs im Flur auf dem Boden liegen, mit Farbe bedeckt. Wozu entschließt er sich?

»Noch zwei! Los!«

Bei diesen Worten eilen die nächsten beiden SEALs am Vorgesetzten vorbei, durch die Tür und in den Flur, wo auch sie von Paintball-Geschossen niedergestreckt werden.

Jetzt ist offensichtlich, dass es ein großes Problem gibt. Eindeutig herrscht verheerende Gefahr. Was tun? Der junge SEAL-Vorgesetzte glaubt es zu wissen.

»Ich brauche noch zwei Männer! Jetzt!«

Zwei weitere SEALs betreten den Korridor des Todes und finden ihr Schicksal, als Paintball-Geschosse ihre Körper treffen. Diesmal jedoch exponiert der Vorgesetzte sich ein wenig; er sieht zu, wie sie den Flur betreten und wie sie aus dem Zimmer am anderen Ende niedergeschossen werden. Er erkennt die Silhouette eines verbarrikadierten Schützen. Jetzt wird ihm die Lage klar. Also, was tut er?

»Verbarrikadierter Schütze am Ende des Flurs!«, verkündet er und teilt damit allen mit, was vor sich geht, ehe er seinen nächsten Befehl erteilt. »Noch zwei Männer! *Los!*«

Darauf treten zwei weitere SEALs in den Flur und werden prompt von dem verbarrikadierten Schützen massakriert. Der Vorgesetzte schickt zwei weitere Männer hinein, und danach noch zwei, und er schickt immer weitere hinein, bis keiner mehr übrig ist außer dem jungen SEAL-Vorgesetzten selbst. Er glaubt zu wissen, was er tun muss, also atmet er tief durch, stürmt in den Flur und wird, wie der Rest seiner Leute, von Kopf bis Fuß von Paintball-Geschossen getroffen und »stirbt« in einem glorreichen Aufleuchten.

Er war der letzte Mann. Jetzt ist jeder aus seinem Platoon tot. Das Team hat versagt.

Aber wenigstens hat der junge SEAL-Vorgesetzte nicht aufgegeben, oder?

Falsch!

Es gibt einen Zeitpunkt zum Aufgeben. In dieser Übungssituation sprach ich das anschließend mit dem jungen SEAL-Offizier durch. Wir untersuchten das Ergebnis, das eindeutig war: Das Ziel war nicht erreicht worden und alle waren tot. Offensichtlich ist das ein furchtbares Ergebnis und er würde so etwas nie wieder wollen. Ich erklärte ihm dann den Unterschied zwischen dem strategischen und dem taktischen Ziel – und dass es in Ordnung ist, einen taktischen Plan aufzugeben, wenn er nicht funktioniert, insbesondere wenn das Festhalten an einem taktischen Plan oder Ziel unsere Fähigkeit beeinträchtigt, ein strategisches Ziel zu erreichen. Was hatte sein Platoon in diesem Fall für die strategische Mission erreicht, nun, da alle tot waren? Die Antwort ist eindeutig: nichts.

Im nächsten Trainingsschritt brachte ich ihn in eine ähnliche Situation, es konnte auch genau dasselbe Szenario in genau demselben Gebäude sein. Dasselbe geschah: Die ersten beiden Männer betraten den Flur und wurden getötet. Das widerfuhr auch den nächsten beiden. Wenn der junge Vorgesetzte wieder so weitermachen wollte, intervenierte ich.

»Was machen Sie?«

»Den Flur einnehmen.«

»Sie machen genau dasselbe wie beim letzten Mal.«

»Aber wir sollen das Gebäude sichern, und das heißt, wir müssen diesen Flur entlang.«

»Worüber haben wir gerade gesprochen?«, fragte ich, überrascht, dass er die Verbindung nicht hergestellt hatte. Ich sah ihm an, dass der Groschen fiel.

»Sie meinen … ich soll aufgeben?«, sagte der junge Offizier vorsichtig.

»Sie sollen *diesen Plan* aufgeben. Er funktioniert nicht. Sie haben bereits vier Männer verloren. Ich weiß, das ist nur eine Übung, und sie werden hinterher wundersamerweise wieder aufstehen, aber wenn das hier echt wäre, wären vier unserer Jungs tot. Für immer. Darüber sollten Sie noch mal nachdenken.«

»Aber ich kann doch nicht einfach wegrennen. Wir haben eine Mission.«

»Na schön. Treten Sie einen Schritt zurück. Lösen Sie sich los. Schauen Sie sich um. Glauben Sie, es gibt vielleicht noch eine andere Option?«

»Der Flur muss gesichert werden. Er führt zu jedem Raum in diesem Gebäude.«

»Das Gebäude muss gesichert werden. Und der Flur führt zu jedem Raum. Aber gibt es noch andere Zugangsmöglichkeiten zu den Räumen, besonders zu dem Raum am Ende des Flurs mit dem verbarrikadierten Schützen?«

Der junge Offizier war ein paar Sekunden lang sprachlos. Dann nickte ich zu einem der Fenster.

»Fenster. Der Raum hat Fenster. Da können wir rein.«

»Guter Gedanke«, erwiderte ich lächelnd. Daraufhin erteilte der junge Offizier einem oder zwei Feuerteams eine kurze Beauftragung, außen um das Gebäude herumzugehen und den Raum mit dem verbarrikadierten Schützen durch das Fenster zu sichern.

Rasch machten sich die Leute ans Werk, warfen ein paar Übungsgranaten in den Zielraum, die den verbarrikadierten Schützen verwundeten oder mindestens überraschten. Dann kletterten sie durch das Fenster hinein und eliminierten ihn. Der Platoon erlernte einen neuen Problemlösungsansatz, der eigentlich ein alter ist – er nennt sich *Flankenmanöver*. Und, was noch wichtiger ist, der junge Offizier lernte, dass es in Ordnung ist, aufzugeben.

Und vielleicht versteht man besser, worum es geht, wenn man dazu nicht *aufgeben* sagt; es sollte eher *zurückziehen* heißen. Wir geben ja nicht vollkommen auf. Wir unterwerfen uns nicht. Wir geben lediglich eine Vorgehensweise auf, die nicht funktioniert, um eine andere auszuprobieren.

Das ist eine weitere wichtige Betrachtungsweise – aus einer taktischen statt aus einer strategischen Perspektive. Im militärischen Sprachgebrauch bedeutet *taktisch* die unmittelbar vor Ihnen liegende Situation, der gerade stattfindende Kampf, hier und jetzt. *Strategisch* ist das größere, langfristige Gesamtziel, das Sie erreichen wollen. Ein taktisches Ziel kann es zum Beispiel sein, einen Berg oder einen Stadtbezirk einzunehmen, während ein strategisches Ziel das Stürzen eines tyrannischen Herrschers bedeuten kann, der die Stabilität der Region bedroht, was eine klare und präsente Gefahr bedeutet.

Es ist in Ordnung, bei einem taktischen Ziel aufzugeben; vielleicht erobern Sie den Berg oder sichern den Stadtbezirk nicht jetzt sofort.

Vielleicht hat der Feind den Berg und die Stadt zu heftig verteidigt. Die Ziele zu sichern würde zu viele Männer und Material kosten, also müssen Sie diese Ziele umgehen oder sie für später aufschieben – Sie müssen die taktischen Ziele aufgeben.

Die strategische Mission dagegen darf man niemals aufgeben. Wenn Sie die strategische Einschätzung und Entscheidung getroffen haben, dass dieser tyrannische Herrscher aus Gründen der Sicherheit für Ihre Nation abgesetzt werden muss, dann müssen Sie weitermachen; Sie können Ihre strategischen Ziele nicht aufgeben.

Es kommt sogar vor, dass das Aufgeben einer taktischen Mission eine Notwendigkeit für den Erfolg der strategischen Mission ist. General George Washington leitete den Rückzug der kontinentalen Kräfte aus New York, eine Flucht, die entscheidend war, damit die revolutionäre Armee spätere Angriffe durchführen konnte.

Etwas Ähnliches geschah im Ersten Weltkrieg nach einem langen Gefecht auf der Halbinsel Gallipoli, das zahlreiche Opfer bei den britischen, australischen, neuseeländischen und französischen Truppen forderte; die Alliierten trafen die Entscheidung, den Feldzug abzubrechen – aufzugeben. Doch das ermöglichte es den abgezogenen Truppen, an anderen Konfliktschauplätzen zum Einsatz zu kommen, was letztlich zum strategischen Sieg der Alliierten beitrug.

Und natürlich kennt fast jeder den Rückzug über den Ärmelkanal von Dünkirchen. Über 300 000 alliierte Soldaten wurden abgezogen, damit sie überlebten und an anderer Stelle kämpfen konnten. Sie gaben die taktische Schlacht auf und konnten dadurch die Achsenmächte bekämpfen und besiegen.

Das sind nur ein paar von vielen Beispielen für Situationen, in denen eine Führungskraft sich entscheiden muss aufzugeben, den Rückzug anzutreten, einen Plan fallenzulassen und eine taktische Niederlage hinzunehmen, um sich neu zu ordnen und zu einem späteren Zeitpunkt für den strategischen Sieg zu kämpfen.

Manchmal müssen Sie ein kurzfristiges taktisches Ziel aufgeben – Sie müssen den Rückzug antreten. Aber geben Sie nie die strategische Mission auf. Geben Sie nie Ihre langfristigen strategischen Ziele auf.

KAPITEL 7

KOMMUNIKATION

Die Leute auf dem Laufenden halten

Die Hauptfortbewegungsmethode der SEALs ist der Fußmarsch. Natürlich nutzen wir Flugzeuge, Helikopter und Boote, um lange Distanzen zu überwinden, aber in neun von zehn Fällen nähern wir uns unserem finalen Ziel so, wie Soldaten seit Tausenden von Jahren in die Schlacht gezogen sind: zu Fuß.

Welche Entfernungen dabei zurückgelegt werden, hängt vom jeweiligen Manöver ab. Es können nur die letzten paar Hundert Meter sein, nachdem wir von einem Helikopter gleich neben einem Ziel abgesetzt wurden, aber ein Marsch kann auch viele Kilometer umfassen und mehrere Tage und Nächte dauern.

Wenn das Militär in Filmen oder im Fernsehen dargestellt wird, wirken Fußmärsche meistens wie eine einfache, recht harmlose Aktion, ganz ähnlich wie ein Spaziergang durch den Park.

Aber Fußmärsche sind kein Parkspaziergang. Sie sind ein körperlich anstrengender, geistig herausfordernder, manchmal schmerzhafter

Vorgang, der der schwierigste Teil eines Manövers sein kann. Jedes Mitglied der Marschkolonne trägt das Gewicht von Waffen, Munition, Helm und Körperpanzerung, Funkgeräten, Batterien, Granaten, medizinischer Ausrüstung, Nahrungsmitteln und Wasser sowie weiteren Spezialgeräten für bestimmte Einsätze. Jeder trägt mindestens 50 bis 70 Pfund Ausrüstung, die im Maximalfall auch an die 120 Pfund schwer sein kann. In Kombination mit unwegsamem und tückischem Gelände, der Notwendigkeit, häufig bei Nacht mit geringen Sichtweiten zu laufen, und dem Stress ständiger Wachsamkeit gegenüber feindlichen Bewegungen mutieren Fußmärsche schnell von einfachen Spaziergängen zu außerordentlich schmerzhaften Unterfangen, die an der Energie und Moral der Teilnehmer zehren.

Als junger SEAL durchlief ich gemeinsam mit den anderen Neuen, die Team One unterstellt waren, eine Übungseinheit namens SEAL Tactical Training oder STT. Das war das Erste, was wir bei den SEALs machten. Die Übung sollte auf den absoluten Grundlagen aufbauen, die wir im BUD/S erlernt hatten, und uns auf die Arbeit in einem SEAL-Platoon vorbereiten. Die Übungsleiter wollten nicht nur unsere Grundkenntnisse erweitern, sondern wir sollten auch die Grundlagen der unterschiedlichen Aufgaben in einem SEAL-Platoon kennenlernen, um eine Vorstellung von den Positionen zu bekommen, die wir möglicherweise einnehmen würden.

Das heißt, ich unternahm Fußmärsche als MG-Schütze, als Sanitäter, als Späher, als Nachhut und sogar als Patrouillenführer. Jede dieser Aufgaben entsprach einer anderen Position in der Marschordnung eines Squads. Ich hatte das Glück, bei vielen Märschen an all den unterschiedlichen Positionen gelaufen zu sein, ehe ich in meinem ersten SEAL-Platoon eine feste Aufgabe als Funker erhielt.

Beim Fußmarsch eines SEAL-Squads ist der Späher ganz vorne und weist den Weg, gefolgt vom Patrouillenführer. Dahinter kommt der Funker, dann der erste Maschinengewehrschütze, dann der Sanitäter, dann ein weiterer MG-Schütze, gefolgt vom Patrouillenführerassistenten und am Schluss von der Nachhut. Marschiert ein SEAL-Platoon, der aus zwei Squads besteht, gemeinsam, dann gehen die beiden Squads hintereinander, das eine weist den Weg und das andere bildet die Nachhut.

Die Position eines jeden SEALs bei einem Marsch ist also durch seine Aufgabe innerhalb des Platoons oder des Squads vorgegeben. Dass ich die Gelegenheit hatte, in jeder dieser Positionen zu marschieren, hat mich eine sehr wichtige Führungslektion gelehrt.

Für einen Späher waren die Fußmärsche im Allgemeinen härter, denn er bereitete den Weg, doch es gab einen Vorteil: Er wusste, was vorging. Als Späher steuert man die Patrouille; man ist vorne, schaut immer wieder auf die Karte, hält Ausschau nach Landmarken, die man sich eingeprägt hat, zählt seine Schritte, damit man weiß, welche Distanz man zurückgelegt hat, und überprüft regelmäßig, wo man ist und wie weit man noch gehen muss.

Der Nächste in der Marschordnung war der Patrouillenführer. Als Patrouillenführer musste man ebenfalls gut wissen, wo man war. In dieser Position arbeitete man eng mit dem Späher zusammen. Er hatte den Patrouillenführer in das Kartenstudium einbezogen und deutete auf besondere Landmarken hin, die anzeigten, wo man sich befand und wie lang die restliche Wegstrecke war. Immer, wenn die Patrouille eine Pause einlegte, was stündlich für zehn Minuten der Fall sein sollte, studierten der Späher und der Patrouillenführer gemeinsam ihre Karten, nahmen Kompassmessungen vor und berechneten die genaue Position der Patrouille.

Der Nächste in der Reihe war der Funker, immer in der Nähe des Patrouillenführers, damit er die Kommunikation zwischen diesem und den externen Unterstützungskräften wie Fliegern und Artillerie gewährleisten konnte. Entsprechend war auch der Funker gut informiert; er sah dem Späher und dem Patrouillenführer beim Kartenlesen zu und hörte zu, wenn sie darüber diskutierten, wie weit das Ziel noch entfernt war, welchem Gebiet sie sich näherten und wann die Patrouille wieder anhalten würde. Wenn der Patrouillenführer Informationen an die Vorgesetzten weiterleiten musste – zum Beispiel die Position der Patrouille oder die Entfernung bis zum Ziel –, ging dies außerdem ebenfalls immer über den Funker, deshalb war er jederzeit über die Ereignisse im Bilde.

Hinter dem Funker kam der erste Maschinengewehrschütze und er war oft die erste Stufe der Trennung in der Patrouille. Außer Hörweite des Patrouillenführers konnte er die Gespräche zwischen Späher und Patrouillenführer nicht verstehen. Der Sanitäter war der Nächste in der Reihe, nun fünf Personen von der Patrouillenspitze entfernt. Er war kaum in der Lage nachzuvollziehen, was wo geschah.

Dem Sanitäter folgte der zweite MG-Schütze. Oft war dieser so abgekoppelt, dass er einfach blindlings dem Mann vor ihm folgte. Hinter ihm marschierte ein weiterer Mann, und noch einer, und dann noch einer, jeder von ihnen immer weiter vom Späher und dem Patrouillenführer entfernt und demzufolge mit immer weniger Informationen versehen.

Schließlich gelangte man zu den Männern am Ende der Patrouille, die kaum noch über Informationen verfügten. Je weniger man in einer Patrouille wusste, desto unangenehmer war es. Man wusste nicht, wo man war, wie groß die Entfernung zum Ziel noch war, wann die nächste Pause stattfinden sollte, welche Geländebeschaffenheit ringsum vorzufinden war. Man hatte keine Ahnung, ob es einen steilen Berg zu erklimmen oder einen Fluss zu überqueren gab. Es blieb einem nichts anderes übrig, als einen Fuß vor den anderen zu setzen und zu leiden. Die Moral sank und man hatte den Eindruck, dass die Patrouille dabei war, komplett auseinanderzufallen.

Doch das Leiden und die schlechte Stimmung waren nicht das Schlimmste. Das Schlimmste war die taktische Situation. Man hatte keine Ahnung, wo man war. Wenn der Feind angriff, wusste man nicht wohin. Wenn man vom Rest des Platoons getrennt wurde, wäre man verloren. Den eigenen Standort zu kennen ist die wichtigste Information im Gefecht, aber darüber verfügte man nicht.

Da ich schon einmal in sämtlichen Positionen marschiert war, erkannte ich, dass man umso weniger wusste, je weiter hinten in der Formation man sich befand. Immer wenn ich als Späher, Patrouillenführer oder Funker eingeteilt war, hatte ich einen viel besseren Überblick, weil ich wusste, was vorging. War ich dagegen am Schluss der Patrouille, fühlte es sich an, als wäre ich mit einem Sack über dem Kopf im Feld. Ich hasste dieses Gefühl.

Wann immer ich Patrouillenführer war, sowohl bei Übungseinsätzen als junger SEAL als auch in meiner Offizierszeit als Squadführer, Platoon Commander und Task Unit Commander, machte ich es mir zur Aufgabe, zu gewährleisten, dass jeder in der Patrouille genau wusste, was geschah. Bei der Missionseinweisung betonte ich, wie wichtig es war, während des Marsches Signale weiterzuleiten. Ich sorgte dafür, dass alle die Strecke, die wir gehen würden, kannten und verstanden, mit besonderem Schwerpunkt auf entscheidenden Landmarken, von denen ich wusste, dass jeder sie mit Leichtigkeit würde erkennen können. Während des Marsches ging ich bei jedem Halt mit der Landkarte zu jedem einzelnen

Mann oder jedem Teamführer und erklärte, wo wir waren, wie weit es noch bis zum Ziel war und welche Geländebeschaffenheit zu erwarten war. Ich überprüfte auch ihre Situation: wie viel Wasser sie noch hatten, wie es ihren Füßen ging, wie müde sie waren.

Doch dabei ging es mir nicht nur um das Befinden und Wohlergehen der Männer. Fehlendes Wissen im Gefecht ist auch taktisch unklug für ein Squad, einen Platoon oder eine Einheit jeglicher Größe. Soldaten, die wissen, was passiert, sind jederzeit engagiert, vorbereitet und in der Lage, mit Effizienz und Zuversicht ihre Aufgaben zu erfüllen. Schlecht informierte Soldaten sind eine Katastrophe im Wartezustand.

Das gilt natürlich nicht nur für taktische Märsche. In jeder Führungssituation ist es entscheidend, dass der Vorgesetzte alle Teammitglieder so gut wie möglich auf dem Laufenden hält. Wenn die Teammitglieder nicht wissen, wo sie sind, wohin sie gehen oder wie lange sie noch brauchen, um ein Ziel zu erreichen, sind sie orientierungslos. Wenn Leute orientierungslos sind, wissen sie nicht, in welche Richtung sie sich bewegen sollen. Sie begreifen nicht, wie sich das, was sie tun, auf die strategische Mission auswirkt. Sie können ihre Aufgaben nicht mehr effektiv erfüllen. Die Moral geht verloren.

Was aus der Führungsperspektive dabei am schwierigsten ist, ist zu begreifen, dass das Team nicht immer sieht, was Sie sehen. Die Teammitglieder erhalten nicht die Informationen, die Sie haben, und einfach davon auszugehen, dass sie sie schon haben, ist nachlässig. Sie müssen die Leute proaktiv informieren. Sie müssen sie kontinuierlich über die Ereignisse auf dem Laufenden halten. Und Sie können sich auch nicht darauf verlassen, dass sie Fragen stellen; sie können ja nicht nach etwas fragen, was sie nicht wissen. Setzen Sie nicht voraus, dass sie irgendetwas wissen; gehen Sie vielmehr vom Gegenteil aus – dass sie nichts wissen –, und übernehmen Sie dann die Verantwortung als Führungskraft, sie zu jedem Zeitpunkt auf dem Laufenden zu halten.

Gerüchten entgegenwirken

Wenn in Ihrer Organisation Gerüchte die Runde machen, haben Sie eine Umgebung geschaffen, die das ermöglicht. Wenn in einem Umfeld Gerüchte entstehen, liegt es daran, dass es zu wenig Informationen gibt. Wenn Sie den Leuten nicht sagen, was vorgeht, erfinden sie ihre eigenen Versionen, und das sind keine guten.

Äußern Sie sich also, bevor Gerüchte aufkommen. Nicht nur bei einem Marsch müssen Sie die Leute auf dem Laufenden halten. Müssen Sie Mitarbeiter entlassen? Erklären Sie, warum. Müssen Sie ein Produkt vom Markt nehmen? Sagen Sie den Leuten, warum. Muss eine Niederlassung geschlossen werden? Teilen Sie Ihren Leuten die Gründe mit.

All diese Themen sind unangenehm zu besprechen. Es lassen sich leicht Ausreden finden, nicht darüber zu reden, und es ist sicherlich angenehmer, darüber zu schweigen und zu hoffen, dass es keinem auffällt. Aber es wird auffallen und die Leute werden eigene Begründungen entwickeln. Sie müssen Mitarbeiter entlassen? Das Gerücht wird umgehen: »Wir machen pleite!« Sie müssen ein Produkt vom Markt nehmen? Dasselbe: »Wir machen pleite!« Sie müssen eine Niederlassung schließen? Jetzt ist es gewiss: *»Wir machen pleite!«*

Lassen Sie das nicht zu. Seien Sie rigoros und gehen Sie gegen Gerüchte vor, indem Sie den schlechten Nachrichten zuvorkommen und Ihrem Team sagen, was vorgeht. Seien Sie aufrichtig, seien Sie direkt, und tun

Sie es rechtzeitig. Je länger Sie warten, desto wilder wuchern die Gerüchte und desto schwerer ist es, die Dinge wieder in den Griff zu bekommen. Je eher Sie die Wahrheit darüber sagen, was passiert, umso besser wird es aufgenommen und umso weniger Probleme haben Sie mit Gerüchten.

Klare Richtlinien

Wenn der Ihnen unterstellte Vorgesetzte oder die Beschäftigten an vorderster Front nicht tun, was Sie wollen, sollten Sie als Erstes sich selbst überprüfen. Die wahrscheinlichste Ursache dieses Problems sind unklare oder schlecht koordinierte Richtlinien.

Gestalten Sie die Vorgaben für Ihre Mitarbeiter einfach, klar und präzise. Noch mehr Regeln machen es nicht notwendigerweise klarer; genau genommen können noch mehr Regeln die Dinge eher verwirrender und komplizierter machen. Wichtig ist auch, dass die Richtlinien auf jeder Führungsebene miteinander abgestimmt sind. Es mag zwar Unterschiede in den Details und auf verschiedenen Organisationsebenen geben, aber Regeln, die der Botschaft zugrunde liegen, müssen dieselben sein.

Bei meinem Einsatz im irakischen Ramadi als Commander der Task Unit Bruiser waren die Angriffsregeln, die den Soldaten erklären sollten, wie und wann sie mit Tötungsmaßnahmen gegen den Feind vorgehen sollten, sehr komplex und schwer verständlich. Das Dokument war mehrere Seiten lang und voller juristischer Fachbegriffe. Die Botschaft war eingehüllt in Formulierungen wie »feindliche militärische und paramilitärische Kräfte« und »hinlängliche Gewissheit, dass es sich beim Zielobjekt um ein legitimes militärisches Ziel handelt«. Solche Begriffe mögen für eine gesetzte Person an einem bequemen Ort leicht zu verstehen sein, doch ein junger SEAL an der Front könnte sich schwer damit tun, sich an den Wortlaut eines solchen Dokuments zu erinnern, das er irgendwann gelesen hat, und dessen Bedeutung zu entschlüsseln, wenn er gerade dem Gefechtsstress ausgesetzt ist und eine Entscheidung über Leben und Tod eines anderen Menschen treffen muss.

Aufgrund dessen habe ich die Angriffsregeln für mein Team in einfache Worte übersetzt, die besser verständlich waren: »Wenn ihr den Abzug betätigt, achtet darauf, dass es ein Böser ist, den ihr tötet.« Das war die einfachste Version, die ich aus den Angriffsregeln machen konnte, und sie war sinnvoll. Wenn man Leute mit unbekannten Motiven und Absichten beobachtete, war es immer schwierig einzuschätzen, ob sie feindlich gesinnt waren oder nicht. Solche Leute verhielten sich oft verdächtig und taten unerwartete Dinge. Aber es gab eine klare Grenze der Feindschaft, wenn sie begannen, aktiv gegen die Bündnismächte zu agieren. Ist diese Linie überschritten und ergreift eine Person feindliche offensive Maßnahmen, steht fest, dass diese Person böse ist und angegriffen werden muss. Das ist für einen Schützen an der Front eine einfache Entscheidung.

Wichtig war auch, dass mein Team verstand, *warum* es so wichtig war, diese Angriffsregeln zu befolgen. Deshalb erklärte ich ihnen erneut sehr klar, dass es enorme negative Folgen für unseren gesamten Feldzug hätte, wenn einer von ihnen einen unschuldigen Zivilisten tötete oder verletzte. Ich erläuterte, dass wir da waren, um die Zivilbevölkerung zu schützen, deshalb stand alles, was ihnen Schaden zufügte, im Widerspruch zu unserer Mission und war völlig inakzeptabel.

Diese Richtlinie wurde von jedem in meiner Task Unit klar verstanden, und genau das sollten Richtlinien bewirken. In manchen Situationen ist es aber schwer zu gewährleisten, dass wirklich alle es begreifen. Die beste Methode, um sicherzustellen, dass die Leute etwas verstehen, besteht nicht einfach darin, sie zu fragen. Das führt viel zu oft bloß zu einem zustimmenden Nicken, weil die Leute ihre Verständnislücken nicht zugeben wollen. Die beste Methode ist, sie darum zu bitten, einem die Richtlinien mit eigenen Worten wiederzugeben. Vielleicht kann man einzelne Teammitglieder auch durch einige Szenarien auf die Probe stellen, für die ein Verständnis der Regeln erforderlich ist. Wenn sie das schaffen, dann haben sie es verstanden.

Wichtig ist auch, die Richtlinien auf möglichst vielen Kanälen zu kommunizieren. Verschicken Sie sie in schriftlicher Form. Sprechen Sie persönlich mit den Leuten. Nehmen Sie ein Video auf, das sie sich wiederholt ansehen können. Wiederholen Sie die Botschaft bei Konferenzgesprächen. Lassen Sie die Ihnen unterstellten Führungskräfte dasselbe tun. Unterschiedliche Menschen nehmen Informationen unterschiedlich auf. Sorgen Sie dafür, dass Ihre Regeln über möglichst viele verschiedene Kanäle vermittelt werden, damit jeder der unterschiedlichen Menschen im Team sie auf die Art bekommt, die für ihn am besten verständlich ist, sodass sie bei jedem Einzelnen ankommen.

Weil ich es sage

»Weil ich es sage!«, schreien Eltern manchmal ihre Kinder an. Räum dein Zimmer auf, weil ich es sage. Sei um zehn Uhr zu Hause, weil ich es sage. Mach den Abwasch, weil ich es sage. Trag beim Skaten einen Helm, weil ich es sage.

Wenn Sie als Elternteil so etwas sagen, tun Sie das möglicherweise auch bei Ihren Beschäftigten oder Untergebenen, wenn Sie nicht aufpassen. Und das wäre falsch. Genau genommen ist es sogar falsch, mit Kindern so zu reden.

Nehmen wir das Skateboard-Beispiel. Ich lebe in Südkalifornien in Strandnähe, wo Skaten enorm beliebt ist. Die Tricks und Stunts, die man da zu sehen bekommt, sind fast unglaublich und können gefährlich sein, wobei die größte Gefahr darin besteht, dass man mit dem Kopf auf das Pflaster knallt. Einen Helm zu tragen ist also eine gute Idee.

Wenn Sie einem Kind sagen »Trag einen Helm, weil ich es sage«, wie effektiv wird das wohl sein? Klar, wenn Sie danebenstehen und ihm diese Regel aufzwingen, wird es den Helm tragen. Aber was, wenn es ein paar Jahre älter ist und allein oder mit seinen Freunden skaten geht? Wie hoch ist die Wahrscheinlichkeit, dass es dann noch auf Sie hört? Schnell erkennt das Kind, dass Helme unbequem sind, man schwitzt darunter, sie sehen blöd aus und, was das Wichtigste ist, sie sind nicht »cool«. Sobald das Kind außer Sichtweite ist, nimmt es den Helm ab. »Weil ich es sage« hat keinerlei Gewicht, sobald ich nicht mehr dabei bin.

Aber was ist, wenn Sie Ihrer Tochter nicht einfach sagen »Weil ich es sage«, sondern ihr erklären, warum Sie wollen, dass sie einen Helm trägt? Wenn Sie ihr die Gefahr erläutern, vom Skateboard zu stürzen und sich am Kopf zu verletzen? Und wenn Sie sie womöglich in ein Krankenhaus mitnehmen und ihr ein anderes Kind zeigen, das vom Skateboard gestürzt ist, sich den Kopf angeschlagen hat und jetzt mit einem massiven Gehirnschaden im Bett liegt, unfähig zu laufen, zu sprechen oder selbstständig zu essen? Was, wenn Sie Ihre Tochter auf einen Friedhof mitnehmen und ihr das Grab eines zehn- oder elfjährigen Jungen zeigen, der an den Folgen eines Sturzes vom Skateboard gestorben ist? Würde das einen

Eindruck hinterlassen? Absolut. Es ist sehr viel wahrscheinlicher, dass Ihre Tochter dann einen Helm trüge und sogar ihre Freundinnen dazu brächte, einen zu tragen. Der Unterschied liegt im Erklären des *Warum* – *warum* es für sie wichtig ist, das zu tun, worum Sie sie bitten.

»Weil ich es sage« ist eindeutig nicht die beste Methode, jemanden dazu zu bringen, dass er Ihnen Folge leistet, und es ist keine gute Führungsmethode. Das scheint offensichtlich, aber »Weil ich es sage« wird in vielerlei Varianten verwendet: »Das ist eben meine Entscheidung« oder »Das hier ist mein Projekt« oder »Ich bin Ihnen vorgesetzt«. All das ist nur eine andere Form von »Weil ich es sage« und im Hinblick auf die Führungseffektivität ist das alles gleich ineffektiv. Keine dieser Äußerungen wird Ihre Mitarbeiter dazu bringen, sich nach Kräften für das Erfüllen der Mission einzusetzen. Sie führen einfach nur Anweisungen aus und tun das weder mit echter Begeisterung noch mit Hartnäckigkeit, weil sie gar nicht richtig verstehen, warum sie tun, was sie tun.

Führen Sie nicht auf diese Weise. Erklären Sie Ihren Mitarbeitern stattdessen, *warum* sie etwas tun. Erklären Sie, warum es auf eine bestimmte Weise gemacht werden muss. Geben Sie ihnen den Grund an, warum eine Aufgabe, ein Manöver oder eine Vorgehensweise wichtig ist, und dass sich das nicht nur auf das Team, das Unternehmen und die Mission auswirkt, sondern auch auf sie selbst.

Es gibt noch einen weiteren wichtigen Grund, nicht zu sagen »Weil ich es sage«, und zwar, weil Sie im Irrtum sein könnten. Wenn einer Ihrer Untergebenen fragt, warum Sie von ihm verlangen, etwas auf eine bestimmte Art zu tun, und der einzige Grund, den Sie ihm dafür liefern können, ist »Weil ich es sage«, weist dies darauf hin, dass *Sie* den Grund auch nicht kennen. Und wenn Sie nicht wissen, warum Sie etwas tun, *warum tun Sie es dann?*

Ich habe mal für ein Hardware-Unternehmen gearbeitet, das sein erstes großes Projekt an den Start bringen wollte. Wie viele junge Unternehmen hatte es zu wenig Personal, aber sie hatten eine Aufgabe. Ich erklärte einer großen Gruppe von Ingenieuren und dem Führungsteam, darunter dem CEO, wie wichtig es war, zu verstehen, *warum* man tut, was man tut. Ich sagte den Ingenieuren, wenn sie nicht verstünden, warum sie tun, was sie tun, sollten sie ihren Vorgesetzten fragen.

Einer der Ingenieure fragte: »Und wenn mein Vorgesetzter es auch nicht weiß?«

Ich erwiderte: »Dann fragen Sie den Vorgesetzten Ihres Vorgesetzten.«

»Und wenn der es auch nicht weiß?«, gab der Ingenieur zurück.

»Dann fragen Sie den nächsthöheren, und den darüber, und dann den darüber.« Dann sah ich den CEO an und sagte: »Sie als CEO eines Unternehmens, das dieses Gerät auf den Markt bringen will: Wollen Sie, dass irgendjemand in dieser Organisation an etwas arbeitet, wenn niemand im Team erklären kann, warum es wichtig ist?«

»Natürlich nicht«, antwortete der CEO, »auf keinen Fall. Bei all der Arbeit, die wir in diesen Launch reinstecken, muss jeder Einzelne an entscheidenden Aufgaben arbeiten. Wenn Ihnen niemand in den übergeordneten Hierarchieebenen erklären kann, warum etwas für die Umsetzung dieser Mission wichtig ist, dann will ich nicht, dass Sie es tun.«

Die Erklärung des *Warum* sorgt also nicht nur dafür, dass die Leute etwas mit Einsicht umsetzen können, sondern auch, dass sie keine Zeit und Ressourcen auf etwas verschwenden, das gar keine Rolle spielt. Und »Weil ich es sage« macht all diese Vorteile zunichte. Also, wenn Sie sich selbst sagen hören: »Weil ich es sage«, halten Sie inne, überlegen Sie und liefern Sie Ihren Untergebenen *und sich selbst* eine echte Begründung.

Die Frage nach dem Warum

Ich hatte soeben eine Rede vor den Beschäftigten eines großen Konzerns gehalten, mit dem ich zusammenarbeitete. Ich stellte die Gesetze des Gefechts und die Prinzipien von Extreme Ownership vor. Als ich fertig war, stand der CEO auf und erklärte, das Unternehmen habe sich wieder gefangen und zum ersten Mal seit zwei Jahren Gewinne verzeichnet – recht gute Gewinne sogar –, was die Shareholder sehr glücklich gemacht habe. Er war sichtlich froh darüber. Doch die Menge zeigte nicht ganz die Reaktion, die er erwartet hatte. Sie saßen einfach da und hörten schweigend zu, ohne seine Leidenschaft durch Jubelrufe oder Applaus zu kommentieren – nur verlegenes Schweigen, keinerlei Widerspiegelung seiner Begeisterung. Als er zum Ende kam, war die Diskrepanz zwischen seiner Haltung und jener der Zuhörer unübersehbar.

Er verließ die Bühne irritiert von der Reaktion seines Unternehmens. Seinem Gesicht sah ich an, wie überrascht er war, dass diese Gruppe von Beschäftigten und Führungskräften nicht ganz aus dem Häuschen war wegen der unglaublichen Kehrtwende des Unternehmens und wegen der Gewinne, die man den Shareholdern hatte vorweisen können. Der CEO, der COO und ich gingen zur Nachbesprechung ins Büro des CEO.

»Das ist nicht so gelaufen, wie ich erwartet hatte«, sagte der CEO.

»Geht mir genauso«, fügte der COO hinzu.

»Mein Fehler«, sagte ich. »Ich hätte mir Ihre Rede vorher ansehen und ein bisschen mehr darüber nachdenken sollen.«

»Was war denn nicht in Ordnung mit meiner Rede?«, fragte der CEO. »Das waren doch lauter gute Neuigkeiten. Wir haben die Kosten gesenkt. Sind überflüssiges Personal losgeworden. Und ich habe sogar das *Warum* erklärt, so wie Sie es empfohlen haben – die Tatsache, dass wir das alles tun, um profitabel zu werden! Und es hat doch auch funktioniert, wir haben zum ersten Mal in zwei Jahren Gewinne gemacht! Was kann man denn daran nicht gut finden?«

Der CEO hatte recht. Aus seiner Perspektive waren das lauter gute Neuigkeiten. Das Problem war, dass er nicht verstand, wie seine Worte sich aus der Perspektive der Beschäftigten anhörten, und ich hatte es versäumt, ihm im Vorfeld zuzuhören und das einzuschätzen. Daher sagte ich es ihm.

»Das Problem ist, dass das keine guten Nachrichten waren. Aus deren Perspektive sieht es nämlich anders aus. Ich habe während der letzten Monate mit Ihren Führungskräften und Managern gearbeitet und sie sehen und hören Dinge anders. Wenn Sie sagen: ›Wir haben die Kosten gesenkt‹, dann hören sie: ›Ihr seid einige der Betriebsmittel und Ressourcen losgeworden, auf die wir uns für unsere Arbeit verlassen haben.‹ Wenn Sie sagen: ›Wir haben uns von Personal getrennt, das nicht benötigt wird‹, dann hören sie: ›Ihr habt meine Freunde rausgeschmissen, und jetzt sind wir noch schlimmer unterbesetzt als vorher.‹ Selbst wenn sie Ihr Warum hören, ›Wir sind zum ersten Mal seit zwei Jahren profitabel‹, dann hören sie: ›Irgendwelche Aktionäre machen Geld mit der harten Arbeit und den Opfern, die wir bringen, um die Sache voranzubringen.‹ Sie haben eine ganz andere Perspektive als Sie, deshalb muss das Ganze so dargestellt werden, dass es für sie Sinn ergibt.«

Ich sah, dass der CEO die Wahrheit in meinen Worten erkannte. »Aber die Botschaft ist doch korrekt. Fakten sind Fakten und es ist eine positive Botschaft. Wie kann ich das besser darstellen? Das Unternehmen macht Gewinn und dieser Gewinn wird an die Aktionäre ausgeschüttet. So läuft das nun mal.«

»Wie schon gesagt«, erklärte ich ihm, »Sie müssen es aus deren Perspektive betrachten; es muss für die Mitarbeiter eine erkennbare Verbindung zum *Warum* geben. Diese Verbindung sieht ungefähr so aus: Wir haben zum ersten Mal seit zwei Jahren Gewinne gemacht. Das bedeutet, wir können mehr Geld in die Werbung investieren. Je mehr Werbung wir machen, desto mehr Kundenkontakte haben wir. Je mehr Kundenkontakte wir haben, desto mehr Kunden bekommen wir. Mehr Kunden bedeuten mehr Verkäufe, mehr Verkäufe bedeuten geringere Produktionskosten. Je niedriger die Produktionskosten, desto günstiger und wettbewerbsstärker können wir verkaufen. Und je günstiger wir verkaufen, desto mehr setzen wir ab, was wieder zu geringeren Produktkosten führt, wodurch wir noch mehr Gewinn machen, den wir wiederum in Werbung investieren können, um noch mehr Umsatz zu generieren. Und was dieser Kreislauf für alle in diesem Raum bedeutet, ist das Wachstum des Unternehmens, und ein Wachstum des Unternehmens bedeutet nicht nur langfristige Beschäftigungssicherheit, sondern auch Chancen – für steigende Verantwortung, für wachsende Führung und für höhere Gehälter. Das ist der Grund, *warum* Profitabilität für jeden in diesem Raum wichtig ist. Wenn dieses Unternehmen erfolgreich ist, hat auch jedes Mitglied dieses Teams Erfolg, beruflich und finanziell. Also vielen Dank Ihnen allen für Ihre harte Arbeit und Ihr Engagement. Wenn der Einzelne gewinnt, gewinnt das Team. Und wenn das Team gewinnt, gewinnt auch der Einzelne.«

Es war keine weitere Erklärung notwendig. Der CEO hatte es verstanden. »Okay, ich muss den Leuten eine Mail schicken, um das *Warum* besser zu erläutern. Vielleicht auch ein Video. Ich habe das Ziel verfehlt, aber ich kann nachbessern.«

»Das können Sie tatsächlich«, sagte ich, und wir machten uns an die

Arbeit, eine Kommunikationsstrategie für das gesamte Unternehmen zu entwickeln, um das *Warum* näher zu erläutern.

Das ist eine Lektion, die jede Führungskraft lernen muss. Das *Warum* zu erklären ist wichtig. Doch das *Warum* muss darauf heruntergebrochen werden, was es für jeden Einzelnen in der Hierarchiefolge bedeutet. Erfolg für »den Konzern« oder »Gewinn für die Anteilseigner« ist keine tolle Motivation für jedermann. Sie müssen sich überlegen, wie die Mission und die Ergebnisse dem gesamten Team nutzen, und das dann erklären. Die Leute an vorderster Front werden sich wohl nicht groß dafür interessieren, wie viel Geld die Aktionäre sich in die Taschen stecken, aber sie interessieren sich dafür, ob diese Gewinne zu ihrer Jobsicherheit beitragen und ihnen eine Chance für berufliche Weiterentwicklung bieten.

Das gilt auch für militärische Einsätze. Sie müssen erklären, warum eine Mission nicht nur strategisch wichtig für das Land ist, sondern auch, wie sie sich auf die Soldaten an vorderster Front auswirkt: »Diese Mission wird die feindlichen Granatenangriffe auf unseren Stützpunkt beenden«, oder »Diese Mission wird es dem Feind erschweren, geheime Informationen über uns zu sammeln und Angriffe gegen uns durchzuführen«, oder vor einem größeren Hintergrund so etwas wie: »Wenn wir den Feind hier auf seinem eigenen Territorium aufhalten können, bekommt er niemals die Chance, unser Territorium anzugreifen, und das heißt, unsere Familien sind in Sicherheit.«

Egal wie die Mission oder das Ziel lauten, die Leute müssen verstehen, welche positive Auswirkung das Ganze auf *sie* hat. Also sorgen Sie dafür, dass sie klar und deutlich verstehen, warum das alles auch für sie wichtig ist.

Mit Taktgefühl die Wahrheit sagen

Wenn man Kritik äußert, ist es wichtig, dies wohlüberlegt und vorsichtig zu tun. Wenn Sie jemandem die Kritik um die Ohren schlagen, geht er in die Defensive und wird sie wahrscheinlich nicht annehmen, deshalb ist ein eher indirekter Ansatz nötig.

Erstens: Sorgen Sie für Ihre Leute. Wenn Sie wirklich für sie sorgen, wissen sie das und akzeptieren Ihre Kritik eher. Und dann: Übernehmen Sie die Verantwortung für das Problem. Natürlich sollte Extreme Ownership das Grundprinzip einer jeden Führungskraft sein und es gibt Taktiken zur Anwendung von Extreme Ownership, wenn es darum geht, einen Untergebenen zu kritisieren. Der Einsatz von Extreme Ownership beim Erteilen von Feedback könnte sich ungefähr so anhören:

- Statt zu sagen: »Sie haben es nicht geschafft, das Projekt rechtzeitig zu Ende zu bringen«, sagen Sie: »Welche Unterstützung oder Hilfsmittel hätte ich Ihnen geben können, damit wir das Projekt rechtzeitig zu Ende hätten bringen können?«
- Statt zu sagen: »Sie haben das Missionsziel nicht erreicht«, probieren Sie es mit: »Ich glaube, ich habe das Ziel der Mission nicht besonders gut erklärt. Haben Sie es auch vollkommen verstanden?«
- Statt zu sagen: »Ihre Unprofessionalität hat diesen Kunden der Konkurrenz in die Arme getrieben«, sagen Sie besser: »Ich glaube, ich habe Ihnen im Hinblick auf Ihr professionelles Verhalten zu viel durchgehen lassen, und ich nehme an, das ist einer der Gründe, warum wir diesen letzten Kunden an die Konkurrenz verloren haben.«

Wichtig ist, dass dies nicht einfach Techniken sind, um Ihren nervigen Untergebenen zu maßregeln. Darum geht es nicht. Das Ziel all dieser Äußerungen – und das Ziel von Ownership überhaupt – ist, dass Sie wirklich glauben müssen, was Sie sagen. Und das sollten Sie auch, denn die Bemerkungen über Verantwortung in diesen Beispielen sind keine bloßen Lippenbekenntnisse. Sie sind die Wahrheit.

- Wenn ein Vorgesetzter ein Auge auf die Teammitglieder hat und dafür sorgt, dass sie alle notwendigen Unterstützungsmaßnahmen und Hilfsmittel haben, um ihre Aufgabe rechtzeitig zu erfüllen, dann wird sie auch rechtzeitig erfüllt.
- Wenn ein Vorgesetzter die Mission korrekt und auf einfache, deutliche, präzise Weise erklärt und dann sicherstellt, dass das Team sie verstanden hat, wird das Team die Mission erfüllen.
- Wenn ein Vorgesetzter es nicht schafft, die Wichtigkeit von Professionalität zu betonen, sollte es ihn nicht überraschen, wenn Mitarbeiter sich unprofessionell verhalten.

Ich werde häufig gefragt, ob es irgendwelche Szenarien gibt, in denen der Vorgesetzte nicht voll verantwortlich für die Leistung seines Teams ist. Die Antwort lautet *nein*. Wenn ein Team nichts leistet, ist der Vorgesetzte schuld; er hat die Teammitglieder nicht gut genug geschult und gefördert, damit sie die Mission erfüllen können. Wenn ein Team keine Zeit zum Üben hat, hat der Vorgesetzte dem Üben keine Priorität eingeräumt oder dies nicht den nächsthöheren Hierarchieebenen kommuniziert, um die benötigte Unterstützung zu erhalten. Wenn Teammitglieder einfach unfähig sind, ihre Pflicht zu erfüllen, hat der Vorgesetzte seine Aufgabe nicht umgesetzt, die Leistungsschwachen zu entlassen.

Verantwortung ist real und bei korrekter Anwendung breitet sich das Konzept der Verantwortung weiter aus. Wenn also eine Führungskraft sagt: »Welche Unterstützung oder Hilfsmittel hätte ich Ihnen geben können, damit wir das Projekt rechtzeitig zu Ende hätten bringen können?«, erwidert ein Mitarbeiter im Allgemeinen etwas wie: »Na ja, Chef, ich hätte bei einem Abschnitt des Projekts noch eine weitere Person brauchen können. Aber Fakt ist, wenn ich besser geplant und meine Mannstunden effizienter genutzt hätte, wären wir rechtzeitig fertig geworden. So was passiert nicht noch mal, Chef.«

Und damit ist das Problem gelöst.

Aber es gibt natürlich auch Situationen, in denen der fragliche Beschäftigte nicht auf indirekte Kritik reagiert. In diesen Fällen muss die Kritik direkter formuliert werden. Das ist immer noch kein Grund, übermäßig schroff zu werden; ein Vorgesetzter sollte taktvoll bleiben, auch wenn er direktere Kritik übt. Hier sind ein paar Beispiele für etwas direktere Vorgehensweisen, die immer noch keinen Angriff auf den Betroffenen darstellen:

- Statt zu sagen: »Welche Unterstützung oder Hilfsmittel hätte ich Ihnen geben können, damit wir das Projekt rechtzeitig zu Ende hätten bringen können?«, würde eine direktere Kritik lauten: »Das ist Ihr Projekt und Ihnen hatte ich zugetraut, es pünktlich fertigstellen zu können. Was brauchen Sie noch, damit Sie dies gewährleisten können?«
- Statt zu sagen: »Ich glaube, ich habe das Ziel der Mission nicht besonders gut erklärt. Haben Sie es gänzlich verstanden?«, wäre eine direktere Kritik: »Sie haben diese Mission geleitet und wir haben das Ziel nicht erreicht. Haben Sie nicht verstanden, worin das Ziel

bestand und wie wichtig es war? Falls nicht, was kann ich tun, um zu 100 Prozent sicherzustellen, dass Sie es beim nächsten Mal begreifen?«

- Statt zu sagen: »Ich glaube, ich habe Ihnen im Hinblick auf Ihr professionelles Verhalten zu viel durchgehen lassen, und ich nehme an, das ist einer der Gründe, warum wir diesen letzten Kunden an die Konkurrenz verloren haben«, könnte eine Verschärfung dieser Kritik lauten: »Ich glaube, ich habe Ihnen zu viel durchgehen lassen. Als Führungskraft müssen Sie auch Maßstäbe erfüllen. Mangelnde Professionalität passt einfach nicht in dieses Geschäft.«

Ein derartiger direkterer Ansatz kann das Problem durchaus lösen, tut er es jedoch nicht und ist eine weitere Verschärfung nötig, muss der Vorgesetzte möglicherweise erklären, dass der Mitarbeiter eine Abmahnung erhält, wenn die Situation nicht korrigiert wird. Funktioniert das nicht, muss der Vorgesetzte durchgreifen und dem Beschäftigten eine schriftliche Abmahnung erteilen, die ihm genau darlegt, worin das Problem besteht, welche Erwartungen gestellt werden, welche Korrekturmaßnahmen ergriffen werden müssen und welche Konsequenzen es hat, wenn die Erwartungen nicht erfüllt werden.

Ist diese Stufe der Eskalation erreicht, bleibt der Führungskraft nicht mehr viel zu tun übrig. Wenn der Betroffene weiterhin den Anforderungen nicht gerecht wird, ist es die Pflicht des Vorgesetzten, ihn von dieser Position zu nehmen und entweder auf eine andere Stelle zu versetzen, die auszufüllen er in der Lage ist, oder ihn vollständig aus dem Team zu entfernen.

Ausgewogenes Lob

Als ich Commander der Task Unit Bruiser war, bestand unser Manövervorbereitungstraining aus verschiedenen taktischen Übungseinheiten, die uns auf einen Kampfeinsatz vorbereiten sollten. Eine der dynamischsten und intensivsten Übungseinheiten ist das Nahkampftraining. Dafür bewegt man sich taktisch durch Gebäude, stellt sicher, dass sich keine gegnerischen Personen darin aufhalten, bringt Unschuldige in Sicherheit, befreit Geiseln und bringt sie sicher aus dem Gebäude heraus. Wir übten mit echter Munition, echtem Sprengstoff und sogar echten Scharfschützenpatronen. Insgesamt ist das ein sehr belastendes Training, das von jedem Teammitglied Höchstleistungen erfordert.

Wir hatten eine solide Task Unit. Unsere Führung war klug und engagiert. Die SEALs auf der mittleren Ebene kamen frisch aus Kampfeinsätzen zurück. Unsere neuen Männer waren bescheiden und eifrig. Wir investierten zusätzliche Zeit und Mühen, um gut vorbereitet zu sein. Ehe die Übung überhaupt anfing, wiederholten und übten wir die Standardabläufe, die zum Sichern von Gebäuden eingesetzt wurden. Wir befolgten die vier Gesetze des Kampfes. Wir gingen immer nach dem Prinzip »Deckung und Bewegung« voran, hielten unsere Pläne und unsere Kommunikation einfach, identifizierten unsere größten Probleme nach dem Prinzip »Prioritäten setzen und ausführen« und agierten komplett mit Dezentralem Kommando, wodurch jedes Teammitglied auf Grundlage seines eigenen Verständnisses von Mission Statement und Befehlsabsicht handeln und Entscheidungen treffen konnte, um die Mission zu erfüllen.

Die Prinzipien funktionierten gut. Wir bewältigten einen Durchgang nach dem anderen im Kill House, einem großen Gebäude mit ballistischen Wänden, das SEALs und andere Spezialeinheiten nutzen, um den Nahkampf zu üben. Natürlich wurden viele individuelle Fehler gemacht, und wir arbeiteten nicht immer perfekt als Team zusammen. Aber wenn wir Fehler machten, sei es aus persönlicher oder aus Führungsperspektive, standen wir immer dafür ein, entwickelten Lösungen und setzten sie schnellstmöglich um. Wenn ein Einzelner ein Problem hatte, scharte sich das gesamte Team um ihn, investierte zusätzliche Zeit und brachte ihn auf Vordermann.

Gegen Ende der zweiten Woche gaben die Ausbildungsleiter uns ein überaus komplexes Problem auf. Mehrere Gebäude, mehrere gleichzeitig aufzubrechende Türen, dynamische Bewegung – es war Chaos. Doch die Task Unit schaffte es und brachte es unter Kontrolle. Probleme wurden gelöst. Ziele wurden erreicht. Und das Problem wurde rasch, sorgfältig und effizient gelöst. Wir brachten gute Leistungen.

Doch dann kam die Katastrophe. Nicht in Form gegnerischer Kämpfer oder eines noch komplexeren Problems, sondern in Form unseres kollektiven Egos.

Nachdem wir das komplexe Problem gelöst hatten, versammelten wir uns zur Nachbesprechung um die Übungsleiter. Sie erwähnten ein paar kleinere Fehler, doch dann erhob sich der Hauptausbilder, ein erfahrener und angesehener Master Chief, und platzte heraus: »Das ist die beste Task Unit, die wir hier je hatten! Ihr seid echt der Hammer!«

Einige Jubelrufe waren aus der Task Unit zu vernehmen; sie reagierten mit hörbarer Begeisterung auf diese Worte. Doch das gab mir sofort ein unbehagliches Gefühl. Ich fürchtete, dass ihr Selbstwertgefühl überschießen und die Männer ihren Fokus verlieren könnten. »Ich wünschte, Sie hätten das nicht gesagt«, sagte ich, als ich neben dem Master Chief herging. »Die werden Sie enttäuschen.«

Er schüttelte den Kopf: »Die machen das schon.«

Ich wünschte, er hätte recht gehabt, hatte er aber nicht.

Der nächste Durchgang im Kill House war ein reines Fiasko. Die Männer verfehlten die Ziele. Sie sicherten Ecken nicht und ließen die einfachsten Standardabläufe außer Acht. Es wurde nicht durchgezählt. Angreifer blieben in Fluren und Zimmern stecken. Die Durchsuchung dauerte ewig. Es war ein Misserfolg – das genaue Gegenteil des Durchgangs, den wir gerade beendet hatten und der alles andere als makellos gewesen war. Jetzt waren wir ein Haufen Versager.

Erneut umringten wir die Übungsleiter zur Nachbesprechung. Sie hauten uns eine Litanei der Fehler und Irrtümer um die Ohren, sowohl auf individueller als auch auf Führungsebene. Aber keiner von ihnen sprach das tatsächliche Problem an, deshalb schaltete ich mich am Ende der Nachbesprechung ein.

»Wollt ihr wissen, was passiert ist?«, fragte ich die Task Unit. Keiner antwortete. »Ich sag's euch. Ihr seid selbstzufrieden geworden. Der Master Chief hat uns allen nach dem letzten Durchgang ein unglaubliches Kompliment gemacht und das war wirklich nett von ihm, und manchmal ist es schön, ein bisschen positives Feedback zu bekommen, aber es gab ein entscheidendes Problem – es ist euch allen zu Kopf gestiegen. Ihr habt daran geglaubt und den Fokus verloren. Ihr alle. Ich auch. Wir haben unsere Demut verloren. Wir waren nicht mehr auf der Hut und wir haben es in den Sand gesetzt. Lasst uns jetzt wieder da reingehen und das Ziel vernichten. Mit Aggression. Mit Präzision. Und mit Vergeltung. *Absolut kein Nachgeben.* Null. Noch Fragen?« Keiner sagte etwas. »Gut, also dann, auf geht's, und diesmal machen wir es so, wie es sein soll.«

Und genau das taten wir. Wir kamen wieder ins Gleis und brachten die Leistungen, zu denen wir imstande waren.

Die Lektion saß – oder vielleicht besser: saß *wieder* –, denn ich hatte so etwas während meiner Dienstzeit bei den SEALs immer wieder erlebt. Man muss auf der Hut sein, wenn man Lob verteilt. Zu viel davon, und jeder Einzelne, ob bewusst oder unbewusst, strengt sich etwas weniger an. Rechnen Sie das auf ein ganzes Team um und Sie haben einen negativen Einfluss.

Natürlich gibt es auch hier zwei Extreme; Lob sollte erteilt werden, wenn es gerechtfertigt ist. Aber es muss mit Bedacht erteilt werden und sollte vor dem Hintergrund eines Ziels stattfinden, für das das Team sich weiterhin anstrengen muss. Statt zu sagen: »Das ist die beste Task Unit, die wir hier je hatten«, versuchen Sie es lieber mit: »Das ist die beste Task Unit, die wir hier je hatten, und wenn ihr euch weiter anstrengt, setzt ihr einen neuen Maßstab. Mal sehen, ob ihr eure Zeit für die Durchsuchung noch um zwei Minuten kürzen könnt.« Auf diese Weise haben die Teammitglieder etwas, worauf sie hinarbeiten können. Sie werden bereit sein, sich weiterhin anzustrengen.

Gleichzeitig ist es auch wichtig, nicht zu einem Vorgesetzten zu werden, der nie zufrieden ist. Wenn Sie die Zielpfosten nach hinten versetzen, wann immer das Team etwas gut macht, kann das ebenfalls die Moral dämpfen; irgendwann sind die Teammitglieder ausgepowert und hören auf, Spitzenleistungen zu erbringen, weil sie wissen, dass sie ja doch nie ans Ziel kommen.

Um übertriebenes Lob zu vermeiden, habe ich immer lieber Einzelne direkt gelobt anstelle des gesamten Teams. Statt zu sagen: »Team, ihr habt bei diesem Einsatz großartige Arbeit geleistet«, nannte ich bestimmte Leute. »Mike, das hast du gut gemacht, wie du dieses Zimmer mit dem ganzen Gerümpel darin gesichert hast. Und Jim, du hast die Zivilisten ausgezeichnet in Sicherheit gebracht; das hast du perfekt gemeistert. Und ihr drei, wie ihr auf der Rückseite das Ziel abgeriegelt habt, hervorragend.«

Individuelles Lob machte allen deutlich, dass ich beeindruckt war und die Sache gut gelaufen war, aber es war keine pauschale Äußerung, in deren Genuss alle kamen. Um von mir anerkannt zu werden, musste man schon eine Eins abliefern. Als ich aus dem Dienst ausschied, hörte ich, dass die Jungs immer auf mein Lob erpicht waren – dass sie ihr Bestes taten in der Hoffnung, ich würde ihnen irgendein Kompliment machen. Wenn ich das tat, hatten sie das Gefühl, es wirklich verdient zu haben. Dann bemühten sie sich, es sich immer und immer wieder zu verdienen und ihr Bestes zu geben. Und das zahlte sich aus, denn wenn man diese Einstellung auf das ganze Team hochrechnet, sprechen die Resultate für sich.

Also denken Sie daran – Lob ist ein mögliches Werkzeug, aber eines, das mit Vorsicht eingesetzt werden muss. Zu viel davon kann die Leute nachlässig machen, sodass sie sich auf ihren Lorbeeren ausruhen. Zu wenig Lob, und das Team kann die Hoffnung verlieren. Was auch bedeutet, dass ein paar wohlplatzierte Komplimente viel bewirken können, wenn Ihre Teammitglieder die Hoffnung verlieren und die Moral sinkt. Und wenn Ihre Leute übermütig werden, können ein paar kritische Bemerkungen sie wieder in die Spur bringen. Egal wie, denken Sie daran, dass Ihre Worte als Vorgesetzter sich stärker auf das Verhalten Ihrer Mitarbeiter und des Teams auswirken, als Sie vielleicht glauben. Denken Sie nach, ehe Sie sprechen, und wählen Sie Ihre Worte mit Sorgfalt.

Hoffnung

»Wir hoffen, dass sich das Wetter hält.«

»Hoffentlich hat der Feind an dieser Stelle keine Wachen aufgestellt.«

»Wir hoffen, dass die Konkurrenz uns in diesem Bereich keine Marktanteile abgräbt.«

Aussagen wie diese sind natürlich nicht gut. Wie wir beim Militär sagen: Hoffnung ist kein Handlungsablauf. Man darf sich nicht auf Hoffnungen verlassen. Man braucht einen Plan. Man muss Eventualitäten einkalkulieren. Man muss die Karten zu seinem Vorteil mischen. Hoffnung darf bei Ihrer Planung oder Ausführung keine Rolle spielen.

Aber Hoffnung spielt eine Rolle in Führung und Erfolg. Hoffnung darf zwar kein Handlungsablauf und keine Säule der Planung sein, aber sie muss in den Herzen und Köpfen der Menschen vorhanden sein, die die Mission ausführen. Wenn es keine Hoffnung auf Befreiung oder Erfolg oder Sieg gibt, kann der Wille nicht aufrechterhalten werden. Ohne Hoffnung gibt der Wille sich geschlagen.

Deshalb sind Sie verantwortlich dafür, dass das Team Hoffnung hat und sie nicht verliert. Erklären Sie dem Team, dass der Sieg möglich ist. Erklären Sie, wie er erreicht werden kann. Wenn der Sieg zu weit weg erscheint, legen Sie ein paar kurzfristigere Siege fest, die erreichbar sind, damit das Team weiß, dass sie es schaffen können, und aufgrund dieses Wissens die Hoffnung nicht verliert.

Ist der Sieg unmöglich, der Rückzug jedoch keine Option, erläutern Sie, dass das Weitermachen im Angesicht der drohenden Niederlage für sich genommen auch ein Sieg ist. Durchzuhalten und alles zu geben verschafft Ihnen zumindest einen Ruf als Team. Und mit diesem Ruf kann jedes Mitglied mit hoch erhobenem Kopf die nächste Aufgabe in Angriff nehmen, bereit für die nächste Herausforderung. Eine solche Einstellung ist Hoffnung genug, um in den Kampf zu gehen.

Das Ultimatum als letztes Mittel

Das Ultimatum ist kein optimales Führungswerkzeug. Genau wie beim Verschanzen hat man damit keinen Manövrierspielraum mehr. Niemand lässt sich gern festsetzen und kontrollieren. Doch es gibt extrem seltene Anlässe, bei denen ein Ultimatum eingesetzt werden kann und sollte: wenn es wirklich genug ist. Dann kann ein Ultimatum verwendet werden, und wenn es verwendet wird, muss die Führungskraft es durchziehen und daran festhalten. Stellen Sie niemals ein Ultimatum, das Sie nicht einhalten können.

ALS CHEF EIN ULTIMATUM STELLEN

Wenn Sie meinen, Sie müssten Ihren Mitarbeitern ein Ultimatum stellen, lautet eine der ersten Fragen, die Sie sich stellen sollten: *Warum ist meine Führung gescheitert?* Denn Tatsache ist, als Führungskraft sollten Sie das, was Sie von Ihren Mitarbeitern erwarten, durch solide Führung bekommen und nicht durch ein Ultimatum erzwingen müssen. Eine Erklärung, warum eine Aufgabe für die strategische Mission wichtig ist und wie das Erreichen dieser Mission letztlich für alle im Team von Vorteil ist, sollte ausreichen, damit die Leute tun, was sie tun müssen. Das ist keineswegs einfach und es erfordert manchmal einiges an Zeit und Mühe, solche Informationen angemessen zu vermitteln.

Aber manchmal kommt die Botschaft einfach nicht an, egal wie sehr Sie sich anstrengen. In solchen Fällen ist ein Ultimatum das letzte Mittel, eine Person zu dem zu bringen, was sie tun soll, nachdem alle anderen Bemühungen gescheitert sind.

Ist ein Ultimatum erst einmal ausgesprochen, kann es nicht mehr zurückgenommen werden, was eines der größten Probleme dabei ist. Ultimaten sind per definitionem unverrückbar und können nicht angepasst werden. Das gibt den Menschen, denen sie gestellt wurden, das Gefühl, in der Falle zu sitzen, und das gefällt niemandem. Wenn Sie ein Ultimatum stellen und es dann nicht einhalten, schadet das Ihrer Glaubwürdigkeit.

Doch wenn Sie alles in Ihrer Macht Stehende getan haben, wenn Sie jemanden gecoacht, beraten und auf ihn oder sie eingeredet haben, etwas zu tun, und er oder sie es immer noch nicht tut, dann kann es trotzdem sinnvoll sein, ihm oder ihr ein Ultimatum zu stellen. Tun Sie das explizit, nicht nur bezüglich der Anforderungen dessen, was getan werden muss, sondern auch hinsichtlich der Konsequenzen, also was genau passiert, wenn das Ultimatum nicht eingehalten wird. Verwenden Sie klare Worte, und sorgen Sie dafür, dass der Betroffene es vollkommen versteht.

Während der Einsatz eines Ultimatums für Einzelpersonen in einigen seltenen Fällen sinnvoll sein kann, sollte dies bei Teams sogar noch seltener zur Anwendung kommen. Wenn Sie einem Team ein Ultimatum für etwas stellen, das es gemeinschaftlich tun muss, könnten manche Mitglieder ihre Einstellung ändern und Leistung zeigen, andere dagegen nicht. In diesem Fall müssen Sie herausfinden, wer sich um die Veränderungen bemüht hat und wer nicht, was schwierig sein kann. Wenn es also absolut notwendig ist, einem Team für eine kollektive Aufgabe ein

Ultimatum zu stellen, dann richten Sie sich explizit an den Teamleiter. Dieser kann dann mit dem Team daran arbeiten, es einzuhalten – oder nicht –, und für die Auswirkungen einstehen. Falls das Team die Aufgabe erfüllt, weiß der Teamleiter, wer sich beteiligt hat und wer nicht, und kann entsprechend mit den Teammitgliedern umgehen. Gelingt es dem Team nicht, die Aufgabe zu erfüllen und das Ultimatum einzuhalten, wissen Sie als Chef genau, mit wem Sie sich auseinandersetzen müssen: mit dem Teamleiter.

ALS UNTERGEBENER EIN ULTIMATUM STELLEN

Ein Ultimatum ist eine Drohung und ein Machtspiel, es ist also hochriskant, das gegenüber einer höheren Hierarchieebene einzusetzen. Ein naheliegendes Beispiel dafür ist, wenn ein Mitarbeiter sagt: »Wenn ich nicht befördert werde, kündige ich.« Den meisten Chefs gefällt so etwas *überhaupt* nicht. Statt Ihrem Vorgesetzten ein Ultimatum zu stellen, sollten Sie vielleicht lieber herausfinden, warum Sie eigentlich nicht befördert werden. Vielleicht erledigen Sie Ihre Arbeit nicht so gut, wie Sie glauben. Vielleicht bringen andere Kandidaten für die Beförderung bessere Leistungen. Vielleicht ist jemand anderes erfahrener als Sie. Vielleicht befördert das Unternehmen überhaupt niemanden. Vielleicht verdienen Sie einfach noch keine Beförderung. Was auch immer der Grund sein mag, es gibt nur sehr geringe Aussichten, dass die Forderung nach einer Beförderung funktioniert – und selbst wenn sie es tut und Sie befördert werden, ist ein gewisser Schaden angerichtet. Sie haben die Grenzen Ihrer Loyalität dem Team gegenüber bewiesen und die Wichtigkeit Ihrer eigenen Beförderung über die des Teams und der Mission gestellt. Das bleibt im Gedächtnis.

Derselbe negative Beigeschmack haftet fast jedem Ultimatum an, das Vorgesetzten gestellt wird. Statt ein Ultimatum zu stellen, führen Sie lieber reguläre Gespräche mit Ihrem Chef, erklären Sie Ihre Position und Ihre Überlegungen. Aber stellen Sie Menschen auf einer höheren Hierarchieebene keine Ultimaten.

Wenn Sie nun in der sehr seltenen Situation sind, dass Sie jede nur vorstellbare Option vollkommen ausgeschöpft haben, Ihren Chef von einem Ergebnis zu informieren, aber einfach nicht zu ihm durchdringen können, *und* Sie tatsächlich eine Alternativlösung aufzeigen können, dann ist es sinnvoll, Ihrem Vorgesetzten dies mitzuteilen. Aber das sehe ich eher als Warnung, nicht als Ultimatum. Wenn Sie um eine Beförderung gekämpft und alles richtig gemacht haben, die richtigen Fragen gestellt haben, lange genug in Ihrer Position und faktisch der bestgeeignete Kandidat sind, dann könnte es in Ordnung sein, Ihrem Vorgesetzten mitzuteilen: »Chef, ich arbeite hier jetzt seit sechs Jahren; ich mache das wirklich gern und möchte gern weiterhin hier arbeiten. Aber ich muss auch eine Familie ernähren und ich muss das tun, was für sie das Richtige ist. Ich weiß, es gibt noch andere Möglichkeiten in anderen Unternehmen für mich, um voranzukommen. Auch wenn ich das nicht möchte – wenn ich hier nicht eine gewisse Aufstiegsperspektive bekomme, müsste ich mich wohl nach alternativen Unternehmen umsehen, wo ich meine Karriere fortsetzen kann.«

Das ist so schonend, wie es möglich ist. Aber viele Vorgesetzte werden sich davon *trotzdem* noch angegriffen fühlen. Deshalb sollten Sie das nicht sagen, außer wenn Sie es wirklich müssen. Und Sie sollten es nicht sagen, außer wenn Sie es auch so meinen; gehen Sie ganz sicher, dass es auch tatsächlich noch andere Chancen für Sie gibt, denen Sie sich zuwenden können.

Natürlich ist die Bitte um eine Beförderung nicht die einzige Gelegenheit, bei der ein Untergebener in Betracht ziehen könnte, seinem Vorgesetzten ein Ultimatum zu stellen. Es kann auch die Bitte um mehr Unterstützung sein. Oder die Bitte um eine Gehaltserhöhung. Vielleicht ist es die Bitte um ein Arbeitsmittel oder um zusätzliche Finanzierung. Egal worin das Ultimatum besteht, es wird bei der höheren Hierarchieebene immer mit einem gewissen Missfallen wahrgenommen werden, also seien Sie damit *äußerst vorsichtig*.

WENN IHNEN EIN ULTIMATUM GESTELLT WIRD

Auch wenn niemand Ultimaten mag und sie kein gutes Führungswerkzeug sind, gibt es leider doch Führungskräfte, die ihren Mitarbeitern Ultimaten stellen. Meist ist das ein letztes Mittel und kommt in Situationen zum Einsatz, in denen alle anderen Führungsinstrumente versagt haben, was für gewöhnlich bedeutet, dass die Anforderungen unmöglich – oder fast unmöglich – zu erfüllen sind.

Was sollten Sie also tun, wenn Ihr Chef Ihnen ein Ultimatum stellt?

Sagen Sie die Wahrheit.

Fangen Sie damit an, zunächst sich selbst die Wahrheit einzugestehen. Nehmen Sie eine schonungslose, ehrliche Einschätzung der Situation vor und ergründen Sie, ob Ihnen eine Aufgabe gestellt wurde, die überhaupt lösbar ist. Unternehmen Sie jede vorstellbare Anstrengung, um die Aufgabe zu erfüllen? Gibt es noch irgendetwas, das Sie und Ihr Team unternehmen könnten, um das Problem zu lösen? Wenn die Antwort auf diese Fragen darauf hinweist, dass Sie mehr tun könnten, dann verdoppeln Sie Ihre Bemühungen und *tun Sie mehr*.

Sie sollten auch Ihren Teammitgliedern die Wahrheit sagen. Lassen

Sie sie wissen, dass Ihnen und damit dem Team ein Ultimatum gestellt wurde, und erklären Sie, warum Sie sich alle festbeißen und Ihr absolut Bestes geben werden, um die Aufgabe zu erfüllen.

Nachdem Sie alle Bremsen gelöst und sich bemüht haben wie nie zuvor, sind Sie und Ihr Team hoffentlich in der Lage, das Ultimatum einzuhalten. Sie bekommen ein Lob vom Chef, sagen Ihrem Team ein Dankeschön und machen mit der nächsten Aufgabe oder dem nächsten Projekt weiter.

Leider passiert das nicht immer. Oft werden Ultimaten deshalb gestellt, weil die Aufgabe oder das Projekt extrem schwierig, vielleicht sogar unmöglich waren. Selbst wenn Sie und Ihr Team die Schlagzahl erhöhen und Ihr Äußerstes geben, um es zu schaffen, reicht das manchmal einfach nicht aus. Was machen Sie dann?

Erneut lautet die Antwort, die Wahrheit zu sagen – aber diesmal Ihrem Chef. Überlegen Sie zuerst, ob es irgendwelche weiteren Maßnahmen gibt, die Ihnen helfen könnten zu erreichen, womit Sie beauftragt wurden. Vielleicht brauchen Sie mehr Leute. Vielleicht brauchen Sie mehr Geld. Vielleicht müssen Sie ein paar andere Aufgaben zurückstellen, während Sie sich darauf konzentrieren, das Ultimatum einzuhalten. Sobald Ihnen alle Informationen vorliegen, die Sie brauchen, um dem Chef die Situation zu erläutern, erklären Sie, dass Sie trotz des Ultimatums nicht in der Lage sind, das Verlangte zu schaffen. Schildern Sie, was Sie brauchen würden, um die Aufgabe zu erfüllen, und was passiert, wenn Sie das Benötigte nicht bekommen.

Wenn es Ihnen gut gelungen ist, mit Ihrem Chef zu kommunizieren, und wenn er genügend Bescheidenheit besitzt, Ihnen zuzuhören, sollte er nach Ihrer ausführlichen Schilderung der Situation die Wahrheit erkennen und das Ultimatum zurückziehen oder wenigstens modifizieren.

Doch dafür gibt es keine Garantie. Chefs, die Zuflucht zum Aussprechen von Ultimaten suchen, sind vielleicht nicht rational genug, um auf die Stimme der Vernunft zu hören, und könnten auf ihrem Standpunkt beharren. Ist das der Fall und Ihr Vorgesetzter bleibt dabei, können Sie sich nur auf den Hosenboden setzen, Ihr Bestes geben, Ihr Team nach Kräften schützen und die Konsequenzen erhobenen Hauptes über sich ergehen lassen. Seien Sie nicht bockig. Hegen Sie keinen Groll. Verunglimpfen Sie die Führungskraft nicht. Und geben Sie nicht auf. In einem solchen Fall ist es schon ein Sieg, wenn Sie Ihre Würde und die Moral der Leute aufrechterhalten können.

Spiegeln und abschwächen

Eine Führungskraft muss ihre Emotionen im Griff haben. Es ist ein Fehler, Entscheidungen auf der Grundlage von Gefühlen zu treffen. Das heißt nicht, dass Führungskräfte frei von Emotionen sind, aber es heißt, dass sie lernen müssen, diese zu steuern und zu beeinflussen. Es gibt Anlässe, bei denen Gefühle gezeigt werden müssen, um eine Aussage zu treffen oder eine Verbindung zu anderen herzustellen.

Sagen wir, einer Ihrer Mitarbeiter kommt mit zornesrotem Gesicht in Ihr Büro und schreit: »Das ist doch lächerlich! Die Versorgungsabteilung hat unser Material nicht pünktlich geliefert! Das ist jetzt schon die zweite Woche in Folge und wir können wahrscheinlich unsere Frist nicht einhalten!«

Natürlich muss Ihr Angestellter sich beruhigen. Aber sagen Sie ihm das nicht; wenn Sie ihm sagen: »Hören Sie mal, guter Mann, Sie müssen sich beruhigen«, haben Ihre Worte den gegenteiligen Effekt – er wird sogar noch wütender. Er ist frustriert, dass Sie nicht verstehen, worüber er sich so ärgert, und das überzeugt ihn davon, dass Sie null Ahnung davon haben, welche *katastrophale Auswirkung* das Versagen der Versorgungsabteilung für die gesamte Organisation hat! Indem Sie Ihrem Mitarbeiter sagen, er solle sich beruhigen, schaffen Sie außerdem einen Graben zwischen ihm und sich. Sie sind auf der einen Seite, der Beschäftigte auf der anderen. Statt sich zu öffnen, macht Ihr Angestellter dicht und hört überhaupt nichts mehr von dem, was Sie sagen. Es wird kein Fortschritt erzielt.

Statt also ein konfrontatives Gespräch mit Ihrem Mitarbeiter zu führen, werden Sie zu seinem Verbündeten. Eine gute Methode ist *Spiegeln und abschwächen*. Spiegeln und abschwächen bedeutet, dass Sie die Emotionen widerspiegeln, die Sie bei Ihrem Untergebenen sehen, aber sie auf ein kontrollierteres Maß herunterregeln. Wenn der Mitarbeiter also vor Wut schäumt über das Versagen der Versorgungsabteilung, die das Material nicht rechtzeitig liefert, erheben Sie, statt ihm zu sagen, er solle sich beruhigen, ein bisschen Ihre Stimme, um seinen Ärger widerzuspiegeln, aber reduzieren Sie diese Emotion ein wenig, damit sie nicht so stark ist wie seine und dadurch die Situation deeskaliert. Das könnte sich dann etwa so anhören: »Das kann ja wohl nicht wahr sein! Wie viel zu spät sind die denn mit der Lieferung?«

Mit dieser Aussage und den gespiegelten Emotionen sind Sie nun auf der Seite Ihres Untergebenen. »Zwei Tage!«, erwidert der Mitarbeiter, immer noch zornig, aber mit weniger Nachdruck.

Jetzt können Sie ihn noch ein bisschen weiter beruhigen. »Zwei Tage sind viel zu viel. Das müssen wir dauerhaft hinbekommen. Aber wir müssen auch etwas tun, um die Bredouille zu beheben, in der Sie gerade sind. Wie kann ich Ihnen dabei helfen?«

Durch diesen kurzen Austausch hat sich die Lage beruhigt und jetzt können Sie und Ihr Mitarbeiter beginnen, das tatsächliche Problem zu lösen.

Das funktioniert mit praktisch jeder Emotion. Wenn jemand traurig ist, spiegeln Sie ihm das wider, aber versuchen Sie, die Trauer ein bisschen zu verringern. Wenn jemand neidisch ist, spiegeln Sie den Neid ein wenig, damit Sie anschließend erklären können, was Neid wirklich ist (sein Ego!), und er wird Ihnen zuhören. Selbst wenn jemand findet, eine Bemerkung oder eine Situation sei witzig, und Sie finden das nicht: Ihm zu sagen, er solle sich zusammenreißen und ernst sein, sorgt nur dafür, dass er Sie für humorlos hält (und Humor ist wesentlich für Führungskräfte). Lächeln Sie also stattdessen, vielleicht kichern Sie ein bisschen, und erklären Sie dann, warum Sie *beide* die Dinge ein bisschen ernster nehmen sollten. Weil Ihr Mitarbeiter sieht, dass Sie Humor haben, und weil Sie eine Verbindung zu ihm herstellen, ist es sehr viel wahrscheinlicher, dass er auf Sie hört.

Diese Technik funktioniert in beiden Richtungen der Hierarchie. Isolieren Sie sich nicht emotional von Ihren Mitarbeitern. Fördern Sie vielmehr gemeinsame Emotionen – spiegeln Sie anderen ihre Emotionen, aber mildern Sie sie auch ab, um zu deeskalieren, und sie können sich auf die tatsächliche Problemlösung konzentrieren. Spiegeln und abschwächen.

Untergebene anbrüllen

Wann sollte man seine Untergebenen anbrüllen? Eigentlich fast nie. Es gibt natürlich Situationen, in denen Sie brüllen müssen – zum Beispiel, wenn es ringsum sehr laut ist, oder um die Aufmerksamkeit einer größeren Gruppe zu erlangen. Aber dabei geht es um Lärm, nicht um Emotionen; in diesen Fällen müssen Sie lediglich brüllen, damit man Sie hören kann. Es gibt allerdings einen großen Unterschied zwischen dem Brüllen, weil Sie Ihre Botschaft mit größerer Lautstärke vermitteln müssen, und dem Herausbrüllen von Emotionen. Brüllen aus Wut, Frustration, Panik oder sonstigen Gefühlsregungen ist schwache Führung und Ihre Teammitglieder werden Ihr Verhalten imitieren. Wenn Sie wütend werden, werden sie es auch. Wenn Sie frustriert sind, sind sie es auch. Wenn Sie in Panik geraten, tun sie dasselbe.

Wenn Sie brüllen, weil sie nicht verstehen, was Sie sagen wollen, sind Sie im Irrtum. Sie anzubrüllen gibt ihnen das Gefühl, dass *sie* etwas falsch machen; Tatsache ist aber, dass es *Ihr* Fehler ist, wenn Ihre Leute Ihre Erklärung nicht verstehen; Sie bringen es nicht klar und einfach genug auf den Punkt. Sie müssen anders vorgehen und Brüllen ist damit nicht gemeint. Beruhigen Sie sich. Versuchen Sie es auf anderem Wege. Fragen Sie, was sie nicht verstanden haben. Vielleicht bitten Sie sie zu erklären, was sie verstanden zu haben glauben, damit Sie die Verständnislücken ausfindig machen können. Dann verdeutlichen Sie, setzen Sie noch mal neu an, erklären und reden Sie so lange, bis sie es verstanden haben. Geduld wird wesentlich mehr geschätzt und respektiert als ein Temperamentsausbruch.

Ungeachtet dessen kann es vorkommen, dass Sie trotzdem brüllen müssen, aber das sollte extrem selten und wohlberechnet sein. Ich habe fast nie gebrüllt; die paar Male, die ich in meiner zwanzigjährigen Militärlaufbahn gebrüllt habe, kann ich an einer Hand abzählen. Wenn ich es doch tat, hinterließ es Eindruck. Ich brüllte nur, weil die Situation es verlangte, niemals, weil ich die Fassung verlor. Ich brüllte, um eine Botschaft zu verstärken und zu betonen, die ich einem meiner Männer vermitteln wollte, aber erst, nachdem er die Ernsthaftigkeit auch nach mehreren ungebrüllten Versuchen nicht verstanden hatte.

Sagen wir, einer meiner SEALs hat gegen eine Regel verstoßen. Ich ging ihm nicht sofort an die Kehle. Stattdessen begann ich nach der Regelverletzung ungefähr so: »Hey, du weißt schon, dass du eine Regel übertreten hast. Hast du das absichtlich getan?« Er erklärte, warum er es getan hatte, und das reichte im Allgemeinen; er tat es nicht wieder. Falls doch, musste ich etwas nachdrücklicher werden: »Das ist schon das zweite Mal, dass du diese Regel nicht befolgt hast. Das weißt du, oder? Verstehst du, warum wir diese Regel haben?« An dieser Stelle erklärte ich dem aufsässigen SEAL dann die Regel, um sicherzugehen, dass er nicht nur begriff, worin sie bestand, sondern auch, warum es wichtig war, sie einzuhalten. Danach und vielleicht nach einem weiteren Durchgang dieser Form von Verstärkung fand nur selten eine weitere Überschreitung statt. Normalerweise konnte ich meine Leute wieder ins Gleis bringen, indem ich ihnen eine gute Erklärung der Regel lieferte, warum genau sie wichtig war, wie sie sich auf unsere strategische Mission auswirkte und welche Konsequenzen ein Verstoß hatte. Manchmal brauchte es auch zwei oder drei Gespräche, um das zu klären.

Doch gelegentlich gab es einen SEAL, bei dem meine Worte auf taube Ohren stießen, und trotz meiner zahlreichen Erklärungen brach er die Regel erneut. Dann ging ich eine Stufe weiter und erhob meine Stimme zu einem Brüllen. Wie gesagt, das war ein äußerst seltenes Vorkommnis. Wenn ich das tat, dann unter vier Augen, schnell, direkt und aggressiv. Es gab keine Zweifel an meinen Emotionen zu dem Thema. *»Sie haben das erneut gemacht und das ist absolut inakzeptabel! Ich werde das nicht mehr hinnehmen. Unter keinen Umständen.«* Dann senkte ich meine Stimme zu einem kontrollierten Grollen und sagte etwas wie: »Habe ich mich klar ausgedrückt? Und haben Sie das verstanden?«

Sein Gesichtsausdruck war an dieser Stelle meist eine Kombination aus Schock, Angst und vor allem Einsicht. Da er mich zum ersten Mal hatte brüllen hören, erfasste er sofort die Ernsthaftigkeit der Situation. In meiner gesamten Laufbahn musste ich nie jemanden zweimal anbrüllen.

Dennoch ist Brüllen selten angemessen. Selbst wenn Sie sich bewusst dafür entscheiden, vermitteln Sie immer noch den Eindruck, dass Sie die Kontrolle verloren haben, wenn Sie brüllen. Die Alternative wäre, jemanden abzumahnen. Nachdem Sie ihn mehrmals gewarnt haben, können Sie ihm drohen, ihn schriftlich abzumahnen und die Verfehlung zu dokumentieren. Das jagt vielen Menschen Furcht ein. Aber wenn jemand wiederholt gegen eine Regel verstößt, müssen Sie ihn abmahnen – was einen ähnlichen Effekt haben sollte wie das Brüllen – und ihn wieder auf die richtige Spur bringen.

Es gibt natürlich Menschen, die ihr Verhalten nicht ändern, egal was Sie mit ihnen machen. Sie als Führungskraft müssen dann die Versäumnisse dieser Menschen dokumentieren und sie letztlich aus dem Team entfernen.

Andere zum Zuhören bringen

Im Zuge Ihres beruflichen Aufstiegs müssen Sie sich immer mal wieder zu etwas äußern. Wenn Sie sprechen, möchten Sie, dass man Ihnen zuhört. Aber manchmal hören die Leute nicht zu, unterbrechen Sie oder reden über Sie hinweg. Wie gehen Sie damit um? Die Antwort ist recht einfach: Lassen Sie sie reden. Lassen Sie die Person etwas einwerfen und sagen, was sie will, und lassen Sie sie ihren Gedanken zu Ende führen. Das funktioniert aus mehreren Gründen.

Wenn jemand viel reden will, dann hören Sie zu. Es gibt kein besseres Heilmittel für Vielredner, als ihnen zu ermöglichen, ihre Gedanken loszuwerden. Lassen Sie ihn sagen, was er sagen will. Wenn nichts mehr übrig ist, können Sie Ihre Argumentation anbringen.

Das hat noch einen weiteren Vorteil: Wenn er all seine Ideen äußert, wissen Sie anschließend nicht nur alles, was Sie wissen, sondern auch alles, was er weiß. Mit diesem Wissen ausgerüstet können Sie die Gedanken des anderen einschätzen. Sie können Gegenargumente oder Empfehlungen auf der Grundlage seiner Gedanken formulieren. Das klappt ebenso gut oder sogar noch besser in einer Gruppe, wo Sie zuhören, wie mehrere Personen ihre Ideen vorstellen, miteinander diskutieren und einander Fragen über Details ihrer Vorstellungen stellen. Auch hier erhalten Sie die ganze Zeit über einen besseren Einblick in die Gedanken anderer, während Sie im Stillen Ihre eigenen Gedanken oder Ideen zum Thema untermauern. Haben Sie endlich die Gelegenheit, das Wort zu ergreifen, verfügen Sie über die ausführlichsten und ausgereiftesten Überlegungen.

Je weniger Sie sprechen, desto mehr hören andere Ihnen zu. Seien Sie nicht derjenige, der immer spricht. Sprechen Sie, wenn es nötig ist, aber nicht einfach um des Sprechens willen. Sie werden feststellen: Wenn Sie zuhören, wie andere reden, und ihre Worte in sich aufnehmen, können Sie den relevantesten und wirkungsvollsten Beitrag zur Diskussion leisten, und das erhöht Ihren Einfluss auf die Situation. Selbst wenn Ihnen bei einer Auseinandersetzung unter Kollegen nichts weiter hinzuzufügen bleibt als Ihre Zustimmung, hat diese wohlformulierte

Zustimmung mehr Gewicht als irgendein Geplapper, nur um sich selbst reden zu hören.

Verschwenden Sie Ihre Worte nicht. Lassen Sie andere das tun; äußern Sie sich stattdessen pointiert und wirkungsvoll.

Entschuldigungen

Manche Führungskräfte halten Entschuldigungen für ein Zeichen von Schwäche, aber das liegt im Allgemeinen daran, dass sie schwach und ihrer Führungsposition unsicher sind.

Es ist nichts verkehrt daran, sich zu entschuldigen, wenn Sie einen Fehler gemacht haben. Das ist Teil der Verantwortung. Besonders gilt das für Beziehungssituationen, in denen Sie etwas getan haben, das sich negativ auf jemanden ausgewirkt hat. Sie haben ihn übergangen, nicht berücksichtigt oder anderweitig missachtet. In solchen Fällen sind Entschuldigungen völlig akzeptabel; eine Entschuldigung ist sogar mehr als akzeptabel – sie ist das einzig Richtige.

Wenn Sie sich entschuldigen, weil eine Entscheidung getroffen wurde, muss die Entschuldigung von einer Erklärung begleitet werden. Erklären Sie dem Team, warum Sie so gehandelt haben: was Sie gesehen haben, wie Sie die Lage interpretiert haben, was Sie von der Entscheidung erwartet haben, was tatsächlich geschah und wie Sie verhindern wollen, denselben Fehler noch einmal zu machen. Entschuldigen Sie sich dann für den Fehler – solange Sie es auch so meinen. Entschuldigen Sie sich nicht für jeden kleinen Ausrutscher – nicht weil es schlecht ist, sich zu entschuldigen, sondern weil es schlecht ist, sich zu entschuldigen, obwohl es eigentlich gar nichts zu entschuldigen gibt. Wenn die falsche Entscheidung keine deutlich negativen Folgen hatte, erfordert sie wahrscheinlich keine Entschuldigung. Doch wenn Sie das Gefühl haben, einen Fehler begangen zu haben und Abbitte leisten zu müssen, dann tun Sie es.

Wenn Sie der Ansicht sind, dass Sie sich nicht entschuldigen müssen – Sie finden, dass es nicht Ihr Fehler war –, prüfen Sie als Erstes Ihr Ego; mit einiger Wahrscheinlichkeit gibt es etwas, das Sie hätten anders machen können. Entschuldigen Sie sich dafür. Und wenn Sie wirklich glauben, Sie hätten keine Schuld, wissen Sie was? Haben Sie doch. Und das Übernehmen von Verantwortung ist immer noch ein effektives Werkzeug. Entwaffnen Sie jene, die die Schuld auf andere schieben wollen, indem Sie um Verzeihung bitten und die Schuld auf sich nehmen. Suchen Sie dann nach einer Lösung und arbeiten Sie darauf zu.

Es fällt mir schwer, mir Situationen vorzustellen, in denen eine Entschuldigung schlecht wäre. Ich habe keine Angst davor, mich zu entschuldigen. Wenn ich einen Fehler mache, stehe ich dafür gerade. Wenn jemand anderes einen Fehler macht und niemand es gewesen sein will, stehe ich ebenfalls dafür gerade. Vielleicht ist das der Grund, warum ich so oft in Führungspositionen gelangt bin; ich war bereit, für etwas geradezustehen. Ich war bereit, die Zurechtweisung auf mich zu nehmen und sie anderen zu ersparen. Ich war bereit, mich zu entschuldigen, Fehler einzugestehen und dann nach vorne zu schauen. Ich empfehle Ihnen, dasselbe zu tun.

Seien Sie nahbar, aber wählen Sie Ihre Worte mit Bedacht

Nur allzu leicht kommt es zu einer Spaltung zwischen Vorgesetzten und Mitarbeitern, und diese Distanz – verursacht durch physische Trennung, durch Gehaltsunterschiede, die zu sozialen Unterschieden führen, oder durch die Hierarchiestruktur einer Organisation – kann manchmal zu groß werden. Um das zu vermeiden, achten Sie darauf, all diese Gräben nach Kräften zu vermeiden. Verbringen Sie Zeit mit Ihren Leuten – seien Sie mit ihnen vor Ort, besuchen Sie ihre Büros, halten Sie sich an ihren Arbeitsplätzen auf. Protzen Sie nicht mit Ihren finanziellen Vorteilen, indem Sie mit Geld um sich werfen oder über Ihr Vermögen sprechen oder über Ihren Skiurlaub in St. Moritz. Und lassen Sie Ihren Rang gute Gespräche nicht beeinträchtigen. Reden Sie mit Ihren Leuten nicht nur über die Arbeit, sondern auch über das Leben, über Familie und Zukunft. Bringen Sie so viel wie möglich über sie in Erfahrung. Lernen Sie sie kennen. Wenn eine Führungskraft eine gute Beziehung zu all ihren Untergebenen aufbaut, schließt sich der Graben. Die Mitarbeiter sind eher bereit, Probleme zu besprechen, Bedenken zu äußern und Themen anzusprechen, die möglicherweise unter der Oberfläche brodeln. Das ist entscheidend, um das echte Klima und die Atmosphäre innerhalb einer Organisation zu erfassen.

Aber vergessen Sie nicht, selbst wenn Sie diese Lücke schließen, gibt es immer noch eine Trennlinie. Als Führungskraft müssen Sie darauf achten, nicht zu vertraulich, locker und sorglos mit den Leuten umzugehen. Klatsch, Sarkasmus und flapsige Bemerkungen haben zu viel Gewicht, wenn ein Vorgesetzter damit um sich wirft. Neckereien, die unter Freunden harmlos scheinen mögen, können einen Untergebenen schwer treffen. Selbst berechtigte Kritik muss vorsichtig geäußert werden, vorzugsweise unter vier Augen, um die Würde des anderen zu wahren. Das heißt nicht, dass erhebliche Fehler nicht besprochen werden sollten, damit das ganze Team daraus lernen kann, aber Kritik muss konstruktiv sein und nicht auf das Potenzial des Einzelnen abzielen, sondern auf den spezifischen Fehler als solchen.

Eine Führungskraft muss ihre Worte sehr sorgsam wählen und bedenken, dass sie enorme Auswirkungen haben können; positive Bemerkungen können Begeisterung auslösen und verstärken, während negative Bemerkungen völlig niederschmetternd wirken können. Seien Sie also umsichtig und besonnen mit allem, was Sie sagen, wem Sie es sagen und wie Sie es sagen.

Mit gutem Beispiel vorangehen

Wenn Sie in einer Führungsposition sind, werden Sie vom Team beobachtet. Die Leute achten auf Ihre Einstellung. Sie achten auf Ihr Verhalten und ihnen entgeht nichts. Wenn Sie zu spät zu einem Meeting kommen, merken sie das. Wenn Sie die Augen verdrehen, merken sie das. Wenn Sie gähnen, merken sie das und denken, Sie wären müde oder gelangweilt oder beides.

Die Teammitglieder achten auf alles, und überdies ahmen sie nach, was sie sehen. Wenn Sie zu spät kommen, tun sie das auch. Wenn Sie sich nachlässig kleiden, tun sie dasselbe. Wenn Sie Regeln überschreiten, halten sie sich ebenfalls nicht daran, also müssen Sie sich jederzeit korrekt verhalten. Sie müssen das Ideal sein.

Sie werden auch, ob bewusst oder unbewusst, Ihre Emotionen spiegeln. Wenn Sie ruhig bleiben, tun sie das ebenfalls. Wenn Sie in Panik geraten, werden auch sie panisch. Wenn Sie eine negative Einstellung haben, legen sie sich eine ebenso negative Haltung zu.

Haben Sie jedoch eine positive Einstellung, dann gilt das auch für Ihre Mitarbeiter. Wenn Sie Menschen mit Respekt behandeln, bescheiden bleiben und professionell agieren, wird Ihr Team im Großen und Ganzen dasselbe tun.

Viele Vorgesetzte scheitern daran, dass sie nicht begreifen, wie aufmerksam ihre Untergebenen sind. Untergebene merken alles. Sie beobachten, sie machen sich Notizen, sie besprechen das Verhalten des Vorgesetzten miteinander. Ich weiß das, weil ich selbst Untergebener war. Ich war der jüngste und unerfahrenste Mann in meinen ersten beiden SEAL-Platoons. Wir beobachteten ständig unsere Vorgesetzten.

Weil Ihre Mitarbeiter so genau hinschauen, werden sie auch merken, wenn Sie etwas zu überspielen versuchen. Wenn Sie einen Fehler machen, versuchen Sie nicht, es zu verbergen. Geben Sie es zu. Stehen Sie dafür gerade. Erklären Sie, was Sie tun wollen, damit so etwas nicht noch einmal passiert. Lügen Sie sie nicht an; sie durchschauen Sie.

Als Führungskraft müssen Sie immer daran denken, dass Sie beobachtet werden. Und bei allem, was Sie tun, müssen Sie *mit gutem Beispiel vorangehen.*

ZUM ABSCHLUSS:

ALLES HÄNGT VON IHNEN AB – ABER ES GEHT NICHT UM SIE

Wenn Sie eine Führungskraft sind, gibt es keine Ausreden und keinen sonst, der die Schuld trägt. Sie müssen Entscheidungen treffen. Sie müssen Beziehungen aufbauen. Sie müssen so kommunizieren, dass jeder Sie versteht. Sie müssen Ihr Ego und Ihre Emotionen unter Kontrolle haben. Sie müssen Abstand gewinnen können. Sie müssen dem Team Stolz einflößen. Sie müssen das Team schulen. Sie müssen ausgeglichen und taktvoll und achtsam sein und Sie müssen Verantwortung übernehmen. Die Liste ließe sich ewig fortsetzen und bildet dieses unglaublich komplexe Konstrukt, das wir als *Führung* bezeichnen. Und wenn Sie all diese Dinge gut machen – wenn Sie gut führen –, wird das Team erfolgreich sein, und die Mission wird erfüllt. Führen Sie jedoch nicht gut, dann scheitern Sie, und das Team erfüllt die Mission nicht.

In der Führung hängt alles von Ihnen ab.

Aber gleichzeitig geht es bei der Führung *nicht um Sie*. Absolut nicht. Bei der Führung geht es um das Team. Das Team ist wichtiger als Sie.

Sobald Sie Ihre eigenen Interessen über die des Teams oder über die Mission stellen, haben Sie als Führungskraft versagt. Wenn Sie denken, Sie kämen damit durch – wenn Sie denken, das Team würde Ihr eigennütziges Vorgehen nicht bemerken –, liegen Sie falsch. Ihre Leute sehen es und sie wissen es.

Die Führungsstrategien und -taktiken in diesem Buch dienen nicht dazu, *Sie* erfolgreich zu machen; diese Strategien und Taktiken sollen *das Team* erfolgreich machen. Wenn Sie sie anwenden, um Ihre eigene Karriere oder Ihre eigenen Interessen zu verfolgen, gehen diese Strategien und Taktiken nach hinten los und bringen Sie zu Fall. Sie scheitern als Führungskraft und als Mensch.

Doch wenn Sie diese Strategien und Taktiken mit dem Ziel einsetzen, anderen zu helfen, dem Team bei der Erfüllung seiner Mission zu helfen, dann wird das Team erfolgreich sein. Und wenn das Team Erfolg hat, sind Sie als Führungskraft erfolgreich und als Mensch auf dem richtigen Weg. Doch was unvergleichlich viel wichtiger ist – Ihre Leute sind erfolgreich. Und das ist echte Führung.

ÜBER DEN AUTOR

Jocko Willink ist Autor und pensionierter Navy SEAL-Offizier. Nach seinem Studium war er 20 Jahre bei der Eliteeinheit. Danach bildete er SEAL-Führungskräfte aus. 2010 quittierte er seinen Dienst und gründete die Unternehmensberatung Echelon Front mit. Im Redline Verlag sind von ihm bereits *Extreme Ownership – mit Verantwortung führen* und *Die zwei Seiten der Führung* erschienen.

Vom Schlachtfeld in die Chefetage

Viele Führungskräfte profitieren bereits vom praxiserprobten Wissen der Elitesoldaten Jocko Willink und Leif Babin. In ihrem Bestseller *Extreme Ownership – mit Verantwortung führen erläutern sie die effektivsten* Führungsprinzipien, die sie aus ihren Militäreinsätzen in der Eliteeinheit der Navy SEALs gelernt haben.
In Ihrem neuen Werk *Die zwei Seiten der Führung* beweisen die Autoren nun, wie wichtig es ist, die richtige Balance zwischen Führen und Folgen zu finden. Nicht nur im Feld führt das richtige Maß an übernehmen und delegieren von Verantwortung langfristig zum Erfolg. Ausgehend von ihren Erfahrungen zeigen Sie, wie jede dieser Lektionen auch auf das unternehmerische Umfeld angewendet werden kann. Und welche Fähigkeiten über Sieg oder Niederlage entscheiden.

320 Seiten
Softcover
19,99 € (D) | 20,60 € (A)
ISBN 978-3-86881-764-5